建筑施工专业技术人员职业资格培训教材

建筑测量员
专业与实操

Jianzhu Celiangyuan
Zhuanye Yu Shicao

游　浩　主　编

宋江霞　副主编

中国建材工业出版社

图书在版编目（CIP）数据

建筑测量员专业与实操／游浩主编. —北京：中
国建材工业出版社，2015.1（2019.1重印）
建筑施工专业技术人员职业资格培训教材
ISBN 978-7-5160-1109-6

Ⅰ.①建… Ⅱ.①游… Ⅲ.①建筑测量－技术培训－
教材 Ⅳ.①TU198

中国版本图书馆CIP数据核字（2015）第006842号

建筑测量员专业与实操
游 浩 主编

出版发行：中国建材工业出版社
地 址：北京市海淀区三里河路1号
邮 编：100044
经 销：全国各地新华书店
印 刷：北京紫瑞利印刷有限公司
开 本：850mm×1168mm 1/32
印 张：15
字 数：418千字
版 次：2015年1月第1版
印 次：2019年1月第2次
定 价：42.00元

本社网址：www.jccbs.com.cn 微信公众号：zgjcgycbs
本书如出现印装质量问题，由我社营销部负责调换。电话：(010)88386906
对本书内容有任何疑问及建议，请与本书责编联系。邮箱：dayi51@sina.com

内 容 提 要

本书以《工程测量规范》（GB 50026—2007）及相关建筑工程测量标准规程为依据，结合典型建筑工程测量实践，详细阐述了建筑工程测量员工作必备的专业基础和岗位实操知识。全书主要内容包括绪论、建筑工程测量员必备基础、工程测量仪器、测量误差基本知识、水准测量、角度测量、距离测量与直线定向、控制测量、全站仪测量、大比例尺地形图测绘、建筑施工测量基本工作、民用建筑施工测量、工业建筑施工测量、建筑物变形观测等。

本书内容翔实，充分体现了"专业与实操"的理念，具有较强的实用价值，既可作为建筑工程测量员职业资格培训的教材，也可供建筑工程施工现场其他技术及管理人员工作时参考。

前　言

　　职业资格是对从事某一职业所必备的学识、技术和能力的基本要求，反映了劳动者为适应职业劳动需要而运用特定的知识、技术和技能的能力。职业资格与学历文凭是不同的，学历文凭主要反映学生学习的经历，是文化理论知识水平的证明，而职业资格与职业劳动的具体要求密切结合，能更直接、更准确地反映特定职业的实际工作标准和操作规范，以及劳动者从事该职业所达到的实际工作能力水平。

　　职业资格证书是表明劳动者具有从事某一职业所必备的学识和技能的证明，是劳动者求职、任职、开业的资格凭证，是用人单位招聘、录用劳动者的主要依据。职业资格证书认证制度是劳动就业制度的一项重要内容，是指按照国家制定的职业技能标准或任职资格条件，通过政府认定的考核鉴定机构，对劳动者的技能水平或职业资格进行客观公正、科学规范的评价和鉴定，对合格者授予相应的国家职业资格证书的一种制度。

　　建筑业是国民经济发展的支柱性产业，在建筑业的生产操作人员中实行职业资格证书制度具有十分重要的现实意义与作用，同时也是适应社会主义市场经济和国际形势的需要，是全面提高劳动者素质和企业竞争能力、实现建筑行业长远发展的保证，是规范劳动管理、提高建设工程质量的有效途径。建筑工程施工现场常见的施工员、质量员、安全员、造价员、资料员、监理员等，他们既是项目经理进行工程项目管理的执行者，也是广大建筑施工工人的领导者，其管理能力和技术水平的高低，直接关系到千千万万个建设项目能否有序、高效、高质量地完成，关系到建筑施工企业的信誉、前途和发展，甚至是整个建筑业的发展。由此可以看出，加强对建筑工程施工现场管理人员的职业技能培训工作，对于确保建筑工程施工现场管理人员持证上岗，提升工程项目的管理水平，保证工程项目的施工质量具有十分重要的意义。

为更好地促进建筑行业的发展，广泛开展建筑业职业资格培训工作，全面提升建筑工程施工企业专业技术与管理人员的素质，我们根据建筑行业岗位与形势发展的需要，组织有关方面的专家学者，编写了本套《建筑施工专业技术人员职业资格培训教材》。本套教材从专业岗位的需要出发，既重视理论知识的讲述，又注重实际工作能力的培养，是建筑工程施工专业技术人员职业资格培训的理想教材。全套教材包括《建筑施工员专业与实操》《建筑质量员专业与实操》《建筑材料员专业与实操》《建筑安全员专业与实操》《建筑测量员专业与实操》《建筑监理员专业与实操》《建筑造价员专业与实操》《安装造价员专业与实操》《建筑资料员专业与实操》《建筑合同员专业与实操》《现场电工专业与实操》《项目经理专业与实操》《甲方代表专业与实操》等分册。

为配合和满足专业技术人员职业资格培训工作的需要，教材各分册均配有一定量的课后练习题和模拟试卷，从而方便学员课后复习参考和检验测评学习效果。

为保证教材内容的先进性和完整性，在教材编写过程中，我们参考了国内同行的部分著作，部分专家学者还对我们的编写工作提出了很多宝贵意见，在此我们一并表示衷心地感谢！由于编写时间仓促，加之编者水平所限，教材内容能否满足建筑工程施工专业技术人员职业资格培训工作的需要，还望广大读者多提出宝贵的意见，以利于教材能得以不断修订完善。

编　者

目 录

上篇 专业基础知识

中篇 仪器操作

下篇　职业技能实务

上篇　专业基础知识

第一章　绪　论

第一节　工程测量基本知识

一、测量学的内容与分类

(一)测量学内容

测量学是一门研究地球的形状和大小以及确定地面点空间位置的科学。其主要内容包括以下两部分：

(1)测定，又称测图。它是将地球表面的形状和大小，按一定比例尺，使用测量仪器和工具，通过测量和计算，运用各种符号及数字缩绘成地形图，供科学研究、经济建设、国防建设和规划设计使用。

(2)测设，又称放线。它是将图纸上已设计好的建(构)筑物的位置，按照设计的要求，根据施工的需要，运用测量仪器和工具，使用各种标志在地面上标定出来，作为施工的依据。

(二)测量学分类

随着社会生产和科学技术的不断发展，根据研究对象和范围的不同，测量学又分为大地测量学、普通测量学、摄影测量学、工程测量学及地图制图学等学科。

1. 大地测量学

大地测量学是研究在广阔地面上建立国家大地控制网，测量地球形状、大小和地球重力场的理论、技术和方法的学科(范围大，必须考虑地球曲率的影响)。

2. 普通测量学

普通测量学是研究地球表面较小区域内(半径≤10km)测绘工作的理论、技术和方法的学科(不考虑地球曲率的影响)。

3. 摄影测量学

摄影测量学是研究利用地面的摄影相片来绘制成地形图的学科。

4. 工程测量学

工程测量学是研究工程建设在勘测、设计、施工和管理阶段进行的各种测量工作的学科。

5. 地图制图学

地图制图学是研究如何利用各种地图投影方法,将测量成果资料编绘和制作各种地图的科学。

二、工程测量的工作内容与任务

(一)工程测量的工作内容

建筑工程测量是测量学的一个重要组成部分,它包括建筑工程在规划设计、施工建筑和运营管理阶段所进行的各种测量工作。

1. 规划设计阶段测量工作内容

规划设计阶段是运用各种测量仪器和工具,通过实地测量和计算,把小范围内地面上的地物、地貌按一定的比例尺测绘出工程建设区域的地形图;为规划设计提供各种比例尺的地形图和测绘资料。

2. 施工建筑阶段测量工作内容

施工建筑阶段是图纸上设计好的建筑物或构筑物的平面位置和高程,按设计要求在实地上用桩点或线条标定出来,作为施工的依据。

3. 运营管理阶段测量工作内容

工程完工后,要测绘竣工图,供日后扩建、改建、维修和城市管理使用,对重要建筑物或构筑物,在建设中和建成以后都需要定期进行变形观测,监测建筑物或构筑物的水平位移和垂直沉降,以了解建筑物或构筑物变形规律,以便采取措施,保证建筑物安全。

工程测量常用术语

(1)工程测量。在工程建设的勘察设计、施工和运营管理各阶段,应用测绘学的理论和技术进行的各种测量工作。

(2)精密工程测量。采用的设备和仪器,其绝对精度达到毫米量级,相对精度达到 10^{-5} 量级的精确定位和变形观测等进行的测量工作。

(3)摄影测量。利用摄影影像信息测定目标物的形状、大小、性质、空间位置和相互关系的测量工作。

(4)摄影测量。在工程建设的勘察设计、施工和运营管理各阶段中进行的各种摄影测量工作。

(5)子午线。通过地面某点并包含地球南北极点的平面与地球表面的交线,也称子午圈。

(6)中央子午线。地图投影中各投影带中央的子午线。

(7)任意中央子午线。选择任意一条子午线为某区域的中央子午线。

(8)高斯平面直角坐标系。根据高斯-克吕格投影所建立的平面直角坐标系。

(9)独立坐标系。任意选用原点和坐标轴的平面直角坐标系。

(10)建筑坐标系。坐标轴与建筑物主轴线成某种几何关系的平面直角坐标系。

(11)高程。地面点至高程基准面的铅垂距离。

(12)控制点。以一定精度测定其几何、天文和重力数据,为进一步测量及为其他科学技术工作提供依据具有控制精度的固定点。包括平面控制点和高程控制点。

(13)测量控制网。由相互联系的控制点以一定几何图形所构成的网,简称控制网。

(二)工程测量的任务

(1)测图,测绘大比例尺地形图。测图是指使用测量仪器和工具,依照一定的测量程序和方法,通过测量和计算,得到一系列测量数据,或者把局部地球表面的形状和大小按一定的比例尺和特定的符号缩绘到图纸上,供规划设计以及工程施工结束后,绘制竣工图;供日后管理、维修、扩建使用。依照规定的符号与比例尺绘制成地形图,并把工程所需的数据用数字表示出来,为规划设计提供图纸和资料。

(2)用图。用图是指识别地形图、断面图等的知识、方法和技能。用图是先根据图面的图式符号识别地面上地物和地貌,然后在图上进行测量,从图上取得工程建设所必需的各种技术资料,从而解决工程设计和施工中的有关问题。

(3)施工放样和竣工测量。施工放样是测图的逆过程。放样是将图纸上设计好的建(构)筑物按照设计要求通过测量的定位、放线、安装,将其位置和高程标定到施工作业面上,作为工程施工的依据;并配合建筑施工进行各种测量工作,并为开展竣工测量提供资料依据。

(4)变形观测。对某些有特殊要求的建(构)筑物,在施工过程中和使用期间,还要测定有关部位在建筑荷载和外力作用下,随着时间推移而产生变形的规律,定期进行监测,以了解其变形规律,监视其安全性和稳定性,观测成果是验证设计理论和检验施工质量的重要资料。

三、工程测量的目的与作用

(一)工程测量的目的

建(构)筑物设计之后就要按设计图纸及相应的技术说明进行施工。设计图纸中主要是以点位及相互关系表示建(构)筑物的形状及大小。施工测量目的是将设计图纸上建(构)筑物的主要点位测设到实地并标定出来,作为工程施工的依据。实现这一目的的测量工作又称为工程放样,简称"放样"。这些经过施工测量在实地标出来的点位称为施工点位,将成为施工点或放样点。

(二)工程测量的作用

测量是国家经济建设和国防建设的一项重要的基础性、先行性的工作,从建设规划设计到每项具体工作具体工程的建设,都需要有精确的测量成果作为依据。其主要体现在以下几方面:

(1)建筑用地的选择,道路、管线位置的确定等,都要利用测量所提供的资料和图纸进行规划设计。

(2)施工阶段需要通过测量工作来衔接,配合各项工序的施工,才能保证设计意图的正确执行。

(3)竣工后的竣工测量,为工程的验收、日后的扩建和维修管理提供资料。

(4)在工程管理阶段,对建(构)筑物进行变形观测,确保工程安全使用。

第二节　地面点位的确定与表示

一、地球的形状与大小

测量工作是在地球表面进行的。地球的自然表面极为复杂,有高山、丘陵、平原、盆地、湖泊、河流和海洋等高低起伏的形态,其中海洋面积约占71%,陆地面积约占29%。世界第一高峰珠穆朗玛峰高出海平面8844.43m,而在太平洋西部的马里亚纳海沟低于海水面达11022m。尽管有这样大的高低起伏,但相对于地球半径6371km来说仍可忽略不计。因此,测量中把地球总体形状看作是由静止的海水面向陆地延伸所包围的球体。

1. 测量的基准线

根据牛顿万有引力定律可知,在地球的自转运动中,地球上任一质点都要受到地球引力和离心力的双重作用,这两个力的合力称为重力,重力的方向线称铅垂线。铅垂线是野外测量工作的基准线。在地球的任意一点上,通过用细线悬挂重锤,用重锤静止后细线的方向来取得该点铅垂线的方向,如图1-1所示。

2. 水准面

处于静止状态的水面称为水准面,水准面有无数个,按照类型分为大地水准面和假定水准面。

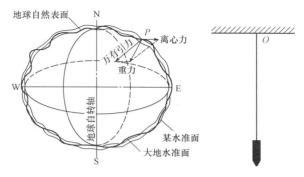

图 1-1 地球自然面和铅垂线

（1）大地水准面。为了使我国各地区、各部门的高程有一个统一的系统，以便于进行各种测图及各项工程建设，在全国范围内必须确定一个统一的基准面。通常采用大地水准面作为基准面。所谓大地水准面是假定海洋或湖泊的水面在静止状态下，穿过大陆和岛屿而成为一个闭合的曲面，在这个曲面上，任意一点的铅垂线都垂直于该点的曲面，这样的曲面称为大地水准面。由于海水面受潮汐和风浪的影响，完全静止的水面实际上在大自然中是不存在的。

为此，我国在青岛设立验潮站，长期观测和记录黄海海水面的高低变化，取其平均值作为我国的大地水准面位置（其高程为零）。为了测绘方便，在青岛设立了水准原点，作为全国高程的统一起算点，称为"中华人民共和国水准原点"，其高程值为 72.260m。

特别提示

大地水准面

由于地表高低起伏和地球内部质量分布不均，铅垂线的方向产生不规则变化，这就导致与铅垂线垂直的大地水准面也出现微小的起伏变化，如图 1-2 所示，成为一个不很光滑的复杂曲面。可见，在大地水准面上无法进行精确的数学计算。

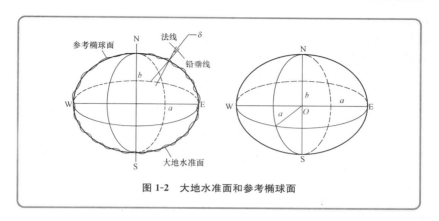

图 1-2　大地水准面和参考椭球面

（2）假定水准面。如果在某一局部地区,距国家统一的高程系统较远,也可以选定任意一个水准面作为高程起算的基准面,这个水准面称为假定水准面。

地球参考椭球面形状与大小的决定因素

地球参考椭球面的形状与大小由其长半径 a 和短半径 b（或扁率 α）决定。我国目前采用的椭球参数是 1975 年国际大地测量与地球物理联合会通过并推荐的值。

$$a = 6378140\text{m}$$

$$b = 6356755\text{m}$$

$$\alpha = a - b/a$$

由于地球椭球的扁率很小,当测区面积不大时,可以把地球看作是圆球,其半径为:

$$R = 2a + b/3$$

二、地面点平面位置的确定

（一）大地坐标

大地坐标又称大地地理坐标,即地面点在参考椭球面上投影位置的坐标,用大地坐标系统的大地经度 L 和大地纬度 B 表示。大地经纬度是根据大地原点(该点的大地经、纬度与天文经、纬度相一致)的起算数据,再按大地测量的数据推算而得。地面点在参考椭球面上投影位置的坐标时,可以用大地坐标系统的经度和纬度表示。

用大地坐标来确定地面点平面位置的方法

如图 1-3 所示,O 为地球参考椭球面的中心,N、S 为北极和南极,NS 为旋转轴,通过旋转轴的平面称为子午面,它与参考椭球面的交线称为子午线,其中通过原英国格林尼治天文台的子午线称为首子午线。通过 O 点并且垂直于 NS 轴的平面称为赤道面,它与参考椭球面的交线称为赤道。地面点 P 的经度,是指过该点的子午面与首子午线之间的夹角,用 L 表示,经度从首子午线起算,往东自 $0°\sim180°$ 称为东经,往西自 $0°\sim180°$ 称为西经。地面点 P 的纬度,是指该点的法线与之赤道面间的夹角,用 B 表示,纬度从赤道面起算,往北自 $0°\sim90°$ 称为北纬,往南自 $0°\sim90°$ 称为南纬。我国大地地理坐标的大地原点采用的是陕西省泾阳县永乐镇的某一点。

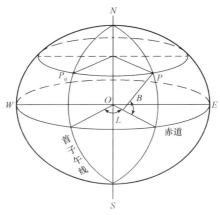

图 1-3 大地坐标

（二）独立平面直角坐标

在普通测量工作中，当测量区域较小，一般半径不大于10km的面积内，可将这个区域的地球表面当作水平面，用平面直角坐标来确定地面点的平面位置。这种坐标系的确定方法适用于国家设有控制点的地区。

用平面直角坐标来确定地面点平面位置的方法

如图1-4所示，平面直角坐标系与高斯平面直角坐标系一样，规定南北方向为纵轴 x，东西方向为横轴 y；x 轴向北为正，向南为负，y 轴向东为正，向西为负。地面上某点 A 的位置可用 x_A 和 y_A 来表示。平面直角坐标系的原点 O 一般选在测区的西南角以外，使测区内所有点的坐标均为正值。

为了定向方便，测量上的平面直角坐标系与数学上的平面直角坐标系的规定不同，x 轴与 y 轴互换，象限的顺序也相反。因为轴向与象限顺序同时都改变，测量坐标系的实质与数学上的坐标系是一致的，因此数学中的公式可以直接应用到测量计算中。

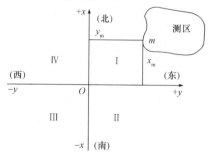

图1-4　独立平面直角坐标系

三、地面点高程的确定

一般来说，地面点的高程有绝对高程、相对高程两种确定方法。

(一)绝对高程

地面点到大地水准面的铅垂距离,称为该点的绝对高程或海拔,简称高程,用 H 表示。如图 1-5 所示,地面点 A、B 的高程分别为 H_A、H_B。数值越大表示地面点越高,当地面点在大地水准面的上方时,高程为正;反之,当地面点在大地水准面的下方时,高程为负。

高程基准

"海拔"一词是 13 世纪我国元朝科学家郭守敬最早提出的。公元 1275 年,郭守敬奉命踏勘黄淮平原地形和通航水路,自河南省孟津县东南以东,沿黄河故道,在方圆几百里的范围内进行了地形测绘和水利规划工作。在这项工作中,郭守敬以海平面为基准,比较大都(今北京)和汴梁(今河南开封)地形的高低。

我国曾以 1950—1956 年间青岛验潮站 7 年记录的黄海平均海水面作为大地水准面,由此建立的高程系统称为"1956 年黄海高程系"。因 1956 年黄海高程系验潮时间短,还不到潮汐变化的一个周期(一个周期一般为 18.61 年),加上存在粗差,后来根据青岛验潮站 1953—1977 年间 25 年的验潮资料计算确定新的国家高程基准,依此基准面建立的高程系统称为"1985 国家高程基准"。

国家水准原点设立于青岛观象山,水准原点在 1956 年黄海高程系的高程是 72.289m,在 1985 国家高程基准的高程为 72.2604m。

1985 国家高程基准从 1988 年 1 月 1 日开始启用。此后凡涉及高程基准时,一律由原来的"1956 年黄海高程系统"改用"1985 国家高程基准"。进行各等级水准测量、三角高程测量以及各种工程测量,尽可能与新布测的国家一等水准网点联测,即使用基于 1985 国家高程基准的国家一等水准测量成果作为计算高程的起算值。

(二)相对高程

如果有些地区引用绝对高程有困难时,可采用相对高程系统。相对高程是采用假定的水准面作为起算高程的基准面。地面点到假定水准面的垂直距离叫该点的相对高程。由于高程基准面是根据实际情况假定的,所以相对高程有时也称为假定高程。如图 1-5 所示,地面点 A、B 的相对高程分别为 H'_A 和 H'_B。

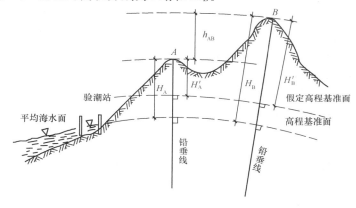

图 1-5 高程和高差

(三)高差

如图 1-5 所示,地面点 A、B 的相对高程分别为 H'_A 和 H'_B。地面点到水准面的铅垂距离,称为两点的绝对高程,简称海拔或标高,地面点 A、B 的高程分别为 H_A、H_B。两个地面点之间的高程差称为高差,用 h 表示,A 点到 B 点的高程差为:

$$h_{AB} = H_B - H_A = H'_B - H'_A$$

当 h_{AB} 为正时,B 点高于 A 点;当 h_{AB} 为负时,B 点低于 A 点。高差的方向相反时,其绝对值相等而符号相反,即:

$$h_{AB} = -h_{BA}$$

第三节 用水平面代替水准面的限度

确定平面上点的位置比确定球面上点的位置测算要容易,表示更方便。人们总想将小范围的球面看成平面,即把水准面看作水平面来简化测算及绘图工作。

当用水平面代替水准面对距离、角度的影响忽略不计时,就认为水准面可以当作水平面,这样在地球表面上直接观测即可得到水平距离、水平角,通过推算得到地面点的坐标表示该点平面位置。

用水平面代替水准面在测量上所产生的误差一般认为有距离误差、高程误差和角度误差三种。讨论区域面积达到多少的时候,可忽略不计这些误差。

一、对距离的影响

如图 1-6 所示,地面上 C、P 两点在大地水准面上的投影点是 c、p,用过 c 点的水平面代替大地水准面,则 p 点在水平面上的投影为 p'。设 cp 的弧长为 D,cp' 的长度为 D',球面半径为 R,D 所对圆心角为 θ,则以水平长度 D' 代替弧长所产生的误差 ΔD 为:

$$\Delta D = D' - D = R\tan\theta - R\theta = R(\tan\theta - \theta)$$

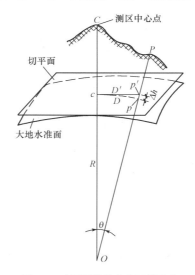

图 1-6　水平面代替水准面的影响

将 $\tan\theta$ 用级数展开可得 $\tan\theta = \theta + \dfrac{1}{3}\theta^3 + \dfrac{5}{12}\theta^5 + \cdots$。因为 θ 角很

小，所以只取前两项代入 ΔD 的公式得：

$$\Delta D = R\left(\theta + \frac{1}{3}\theta^3 - \theta\right) = \frac{1}{3}R\theta^3$$

又因 $\theta = \dfrac{D}{R}$，则

$$\Delta D = \frac{D^3}{3R^2}, \qquad \frac{\Delta D}{D} = \frac{D^2}{3R^2}$$

取地球半径 $R = 6371\text{km}$，并以不同的距离 D 值代入 ΔD、$\Delta D/D$ 公式，则可求出距离误差 ΔD 和相对误差 $\Delta D/D$，见表 1-1。

表 1-1　　　　　　水平面代替水准面的距离误差和相对误差

距离 D/km	距离误差 $\Delta D/\text{mm}$	相对误差 $\Delta D/D$
10	8	1/1220000
20	128	1/200000
50	1026	1/49000
100	8212	1/12000

从表中可以看出，当地面距离为 10km 时，用水平面代替水准面所产生的距离误差仅为 0.8cm，其相对误差为 1/1220000。而实际测量距离时，大地测量中使用的精密电磁波测距仪的测距精度为1/1000000，地形测量中普通钢尺的

在半径为10km的范围内，进行距离测量时，可以用水平面代替水准面，而不必考虑地球曲率对距离的影响。

量距精度约为 1/2000。所以，只有在大范围内进行精密量距时，才考虑地球曲率的影响，而在一般地形测量中测量距离时，可不必考虑这种误差的影响。

二、对水平角的影响

野外测量的"基准线"和"基准面"是铅垂线和水准面。把水准面近似地看作圆球面，则野外实测的水平角应为球面角，三角测量构成的三角形是球面三角形。这样用水平面代替水准面之后，角度就变成

用平面角代替球面角,平面三角形、多边形代替球面三角形、球面多边形的问题。

从球面三角学可知,同一空间多边形在球面上投影的各内角和,比在平面上投影的各内角和大一个球面角超值 ε。

$$\varepsilon = \rho \frac{P}{R^2}$$

式中　ε——球面角超值(″);

　　　　P——球面多边形的面积(km²);

　　　　R——地球半径(km);

　　　　ρ——弧度的秒值,$\rho = 206265″$。

以不同的面积 P 代入 ε 公式,可求出球面角超值。

由表 1-2 可知,当面积 P 为 100km² 时,球面角超引起的水平角闭合差仅有 0.51″,引起的测角误差远小于 2″ 级精密经纬仪测角精度;1000km² 面积因球面角超引起的水平角闭合差仅有 5.1″,引起的测角误差远小于地形测量中使用 6″ 级经纬仪测角精度。

在100km²范围内进行测量时,实测的水准面上的长度和角度可以看作是水平面上的长度和角度,在这一范围进行距离测量和水平角测量时,可用水平面代替水准面,而不必考虑地球曲率对它们的影响。

表 1-2　　　　　　　　水平面代替水准面的水平角的影响

球面多边形面积 P/km²	球面角超值 ε/(″)	角度误差/(″)
10	0.05	0.02
50	0.25	0.08
100	0.51	0.17
300	1.52	0.51
1000	5.07	1.69

三、对高程的影响

如图 1-6 所示,地面点 P 的绝对高程为 H_P,用水平面代替水准面后，P 点的高程为 H'_P，H_P 与 H'_P 的差值，即为水平面代替水准面产生的高程误差，用 Δh 表示，则：

$$(R+\Delta h)^2=R^2+D'^2$$

$$\Delta h=\frac{D'^2}{2R+\Delta h}$$

上式中，可以用 D 代替 D'，相对于 $2R$ 很小，可略去不计，则

$$\Delta h=\frac{D^2}{2R}$$

以不同距离的 D 值代入 Δh 公式，可求出相应的高程误差 Δh，见表 1-3。

表 1-3　　　　　　　　水平面代替水准面的高程误差

距离 D/km	0.1	0.2	0.3	0.4	0.5	1	2	5	10
Δh/mm	0.8	3	7	13	20	78	314	1962	7848

当距离为 1km 时，高程误差为 7.8cm；随着距离的增大，高程误差会迅速增大。这说明用水平面代替水准面时对高程的影响是很大的。因此，在进行高程测量时，即使距离很短，也应顾及地球曲率对高程的影响，也就是说，高程测量不得用水平面代替水准面。

特别提示

面积小于 100km² 的平坦块状区域，通常用测区平均高程面为水平面代替该测区的水准面，狭长的带状工程测量应当根据工程要求，顾及其对角度、距离的影响。

任何测区，必须基于水准面进行高程测量，不得用水平面代替水准面。

思考与练习

一、单项选择题

1. 测量学是研究地球的形状和大小以及确定地面点（　　　）位置的科学。

　　A. 空间　　　　B. 高程　　　　C. 平面　　　　D. 曲面

2. 测量学中的水准面是一个(　　　)。

　　A. 水平面　　B. 曲面　　　　C. 斜平面　　　　D. 竖直面

3. 在普通测量工作中,当精度要求不高时,可以把地球近似看成圆球,其半径为(　　　)km。

　　A. 7361　　　B. 6731　　　　C. 6371　　　　D. 7631

二、多项选择题

1. 工程测量的任务有(　　　)。

　　A. 计算　　　　　B. 测定　　　　　C. 测设　　　　　D. 测量

　　E. 测绘

2. 在测量学中,把地面点到大地水准面的铅垂距离称为(　　　)。

　　A. 绝对高程　　　　　　　　B. 海拔

　　C. 假定高程　　　　　　　　D. 相对高程

　　E. 高差

三、简答题

1. 建筑工程测量的基本任务是什么?

2. 什么是大地水准面? 它在测量中的主要作用是什么?

3. 什么叫绝对高程、相对高程及高差?

4. 测量上的平面直角坐标系和数学上的平面直角坐标系有什么区别?

5. 地球参考椭球面形状与大小的决定因素有哪些?

6. 确定地球表面上点的位置常用哪几种坐标系?

7. 什么是水平面? 简述用水平面代替水准面对水平距离的影响。

第二章　建筑工程测量员必备基础

第一节　工程测量员岗位职责与工作要求

一、测量员岗位职责

工程测量是对整个工程平面位置和高程进行测设的工作,是工程施工中很重要的工作,要做好工程测量工作,测量人员要履行以下岗位职责:

(1)学习各种计量测量技术、规章制度、标准、规定。

(2)测量前了解设计意图,了解施工部署,制定测量放线方案。

(3)会同建设单位、监理单位对红线桩测量控制点进行实地校测(标高和坐标),进行导线测量。

(4)按照规定时间把测量仪器送到权威检测部门进行检验、校正。

(5)在整个施工的各个阶段和各主要部位做好放线、验线工作,并要在审查测量放线方案和检查测量放线工作等方面加强工作,避免错误和返工。

(6)经常对水准仪进行校核,准确地测设标高。

(7)做好建筑物的沉降和位移观测工作,记录整理观测结果(形成书面数据和曲线图表)。

(8)做好测量结果的整理;测量图的绘制;测量资料的汇总、整理、递交、保管等工作,确保各个数据资料准确无误。

(9)做好测量仪器的保养、维护、维修、保管工作。

二、测量员工作要求

以下主要讲述初级、中级、高级工程测量员,工程测量技师和高级技师的相关工作要求。

(一)初级工程测量员工作要求

初级工程测量员的工作要求见表2-1。

表 2-1　　　　　　　　　初级工程测量员工作要求

职业功能	工作内容	技能要求	相关知识
一、准备	(一)资料准备	1. 能理解工程的测量范围和内容 2. 能理解测量工作的基本技术要求	1. 各种工程控制网的布点规则 2. 地形图、工程图的分幅与编号规则
	(二)仪器准备	能进行常用仪器设备的准备	常用仪器设备的型号和性能常识
二、测量	(一)控制测量	1. 能进行图根导线选点、观测、记录 2. 能进行图根水准观测、记录 3. 能进行平面、高程等级测量中前后视的仪器安置或立尺(镜)	1. 水准测量、水平角与垂直角测量和距离测量知识 2. 导线测量知识 3. 常用仪器设备的操作知识
	(二)工程与地形测量	1. 能进行工程放样、定线中的前视定点 2. 能进行地形图、纵横断面图和水下地形测量的立尺 3. 能现场绘制草图、放样点的点之记	1. 施工放样的基本知识 2. 角度、长度、高度的施工放样方法 3. 地形图的内容与用途及图式符号的知识

职业功能	工作内容	技能要求	相关知识
三、数据处理	(一)数据整理	1. 能进行外业观测数据的检查 2. 能进行外业观测数据的整理	水平角、垂直角、距离测量和放样的记录规则及观测限差要求
	(二)计算	1. 能进行图根导线、水准测量线路的成果计算 2. 能进行坐标正、反算及简单放样数据的计算	1. 图根导线、水准测量平差计算知识 2. 坐标、方位角及距离计算知识
四、仪器设备维护	仪器设备的使用与维护	1. 能进行经纬仪、水准仪、光学对中器、钢卷尺、水准尺的日常维护 2. 能进行电子计算器的使用与维护	常用测量仪器工具的种类及保养知识

(二)中级工程测量员工作要求

中级工程测量员的工作要求见表 2-2。

表 2-2   中级工程测量员工作要求

职业功能	工作内容	技能要求	相关知识
一、准备	(一)资料准备	1. 能根据工程需要,收集、利用已有资料 2. 能核对所收集资料的正确性及准确性	1. 平面、高程控制网的布网原则、测量方法及精度指标的知识 2. 大比例尺地形图的成图方法及成图精度指标的知识
	(二)仪器准备	1. 能按工程需要准备仪器设备 2. 能对 DJ_2 型光学经纬仪、DS_3 型水准仪进行常规检验与校正	1. 常用测量仪器的基本结构、主要性能和精度指标的知识 2. 常用测量仪器检校的知识

续一

职业功能	工作内容	技能要求	相关知识
二、测量	（一）控制测量	1. 能进行一、二、三级导线测量的选点、埋石、观测、记录 2. 能进行三、四等精密水准测量的选点、埋石、观测、记录	1. 测量误差的概念 2. 导线、水准和光电测距测量的主要误差来源及其减弱措施的知识 3. 相应等级导线、水准测量记录要求与各项限差规定的知识
	（二）工程测量	1. 能进行各类工程细部点的放样、定线、验测的观测、记录 2. 能进行地下管线外业测量、记录 3. 能进行变形测量的观测、记录	1. 各类工程细部点测设方法的知识 2. 地下管线测量的施测方法及主要操作流程 3. 变形观测的方法、精度要求和观测频率的知识
	（三）地形测量	1. 能进行一般地区大比例尺地形图测图 2. 能进行纵横断面图测图	1. 大比例尺地形图测图知识 2. 地形测量原理及工作流程知识 3. 地形图图式符号运用的知识
三、数据处理	（一）数据整理	1. 能进行一、二、三级导线观测数据的检查与资料整理 2. 能进行三、四等精密水准观测数据的检查与资料整理	1. 等级导线测量成果计算和精度评定的知识 2. 等级水准路线测量成果计算和精度评定的知识

续二

职业功能	工作内容	技能要求	相关知识
三、数据处理	(二)计算	1. 能进行导线、水准测量的单结点平差计算与成果整理 2. 能进行不同平面直角坐标系间的坐标换算 3. 能进行放样数据、圆曲线和缓和曲线元素的计算	1. 导线、水准线路单结点平差计算知识 2. 城市坐标与厂区坐标的基本原理和换算的知识 3. 圆曲线、缓和曲线的测设原理和计算的知识
四、仪器设备维护	仪器设备使用与维护	1. 能进行 DJ_2、DJ_6 经纬仪、精密水准仪、精密水准尺的使用及日常维护 2. 能进行光电测距仪的使用和日常维护 3. 能进行温度计、气压计的使用与日常维护 4. 能进行袖珍计算机的使用和日常维护	1. 各种测绘仪器设备的安全操作规程与保养知识 2. 电磁波测距仪的测距原理、仪器结构和使用与保养的知识 3. 温度计、气压计的读数方法与维护知识 4. 袖珍计算机的安全操作与保养知识

(三)高级工程测量员工作要求

高级工程测量员的工作要求见表 2-3。

表 2-3　　　　　　　　高级工程测量员工作要求

职业功能	工作内容	技能要求	相关知识
一、准备	(一)资料准备	1. 能根据各种施工控制网的特点进行图纸、起算数据的准备 2. 能根据工程放样方法的要求准备放样数据	1. 施工控制网的基本知识 2. 工程测量控制网的布网方案、施测方法及主要技术要求的知识 3. 工程放样方法与数据准备知识

建筑测量员专业与实操

职业功能	工作内容	技能要求	相关知识
一、准备	(二)仪器准备	能根据各种工程的特殊需要进行陀螺经纬仪、回声测深仪、液体静力水准仪或激光铅直仪等仪器设备准备和常规检验	陀螺经纬仪、回声测深仪、液体静力水准仪或激光铅直仪等仪器设备的工作原理、仪器结构和检验知识
二、测量	(一)控制测量	1. 能进行各类工程测量施工控制网的选点、埋石 2. 能进行各类工程测量施工控制网的水平角、垂直角和边长测量的观测、记录 3. 能进行各种工程施工高程控制测量网的布设和观测、记录 4. 能进行地下隧道工程控制导线的选点、埋石和观测、记录	1. 测量误差产生的原因及其分类的知识 2. 水准、水平角、垂直角、光电测距仪观测的误差来源及其减弱措施的知识 3. 工程测量细部放样网的布网原则、施测方法及主要技术要求 4. 高程控制测量网的布设方案及测量的知识 5. 地下导线控制测量的知识 6. 工程施工控制网观测的记录和限差要求的知识
	(二)工程测量	1. 能进行各类工程建、构筑物方格网轴线测设、放样及规划改正的测量、记录 2. 能进行各种线路工程中线测量的测设、验线和调整 3. 能进行圆曲线、缓和曲线的测设、记录 4. 能进行地下贯通测量的施测和贯通误差的调整	1. 各类工程建、构筑物方格网轴线测设及规划改正的知识 2. 各种线路工程测量的知识 3. 地下工程贯通测量的知识 4. 各种圆曲线、缓和曲线测设方法的知识 5. 贯通误差概念和误差调整的知识

续二

职业功能	工作内容	技能要求	相关知识
二、测量	(三)地形测量	1. 能进行大比例尺地形图测绘 2. 能进行水下地形测绘	1. 数字化成图的知识 2. 水下地形测量的施测方法
三、数据处理	(一)数据整理	1. 能进行各类工程施工控制网观测的检查与整理 2. 能进行各类工程施工控制网轴线测设、放样及规划改正测量的检查与整理 3. 能进行各种线路工程中线测量的测设、验线和调整的检查与整理	各种轴线、中线测设、调整测量的计算知识
	(二)计算	1. 能进行各种导线网、水准网的平差计算及精度评定 2. 能进行轴线测设与细部放样数据准备的平差计算 3. 能进行地下管线测量的计算与资料整理 4. 能进行变形观测资料的整编	1. 高斯投影的基本知识 2. 衡量测量成果精度的指标 3. 地下管线测量数据处理的相关知识 4. 变形观测资料整编的知识
四、质量检查与技术指导	(一)控制测量检验	1. 能进行各等级导线、水准测量的观测、计算成果的检查 2. 能进行各种工程施工控制网观测成果的检查	1. 各等级导线、水准测量精度指标、质量要求和成果整理的知识 2. 各种工程施工控制网观测成果的限差规定、质量要求

职业功能	工作内容	技能要求	相关知识
四、质量检查与技术指导	(二)工程测量检验	1. 能进行各类工程细部点放样的数据检查与现场验测 2. 能进行地下管线测量的检查 3. 能进行变形观测成果的检查	1. 各类工程细部点放样验算方法和精度要求的知识 2. 地下管线测量技术规程、质量要求和检查方法的知识 3. 变形观测成果计算、精度指标和质量要求的知识
	(三)地形测量检验	1. 能进行各种比例尺地形图测绘的检查 2. 能进行纵横断面图测绘的检查 3. 能进行各种比例尺水下地形测量的检查	1. 地形图测绘的精度指标、质量要求的知识 2. 纵横断面图测绘的精度指标、质量要求的知识 3. 水下地形测量的精度要求,施测方法和检查方法的知识
	(四)技术指导	能在测量作业过程中对低级别工程测量员进行技术指导	在作业现场进行技术指导的知识
五、仪器设备维护	仪器设备使用与维护	1. 能进行精密经纬仪、精密水准仪、光电测距仪、全站型电子经纬仪的使用和日常保养 2. 能进行电子计算机的操作使用和日常维护 3. 能进行各种电子仪器设备的常规操作及相互间的数据传输	1. 各种精密测绘仪器的性能、结构及保养常识 2. 电子计算机操作与维护保养知识 3. 各种电子仪器的操作与数据传输知识

第二节　工程识图

一、建筑工程图的概念

建筑工程图就是在建筑工程上所用的,一种能够十分准确地表达出建筑物的外形轮廓、大小尺寸、结构构造和材料做法的图样。

建筑工程图是房屋建筑施工时的依据,施工人员必须按图施工,不得任意变更图纸或无规则施工。看懂图纸,记住图纸内容和要求,是搞好施工必须具备的先决条件,同时学好图纸、审核图纸也是施工准备阶段的一项重要任务。

二、建筑工程常用图例

1. 图纸幅面

图纸幅面简称图幅,是指图纸尺寸的大小。为了使图纸整齐,便于保管和装订,在国标中规定了所有设计图纸的幅面及图框尺寸。图纸幅面及图框尺寸应符合表 2-4 的规定,常用图幅格式如图 2-1～图 2-4 所示。

表 2-4　　　　　　　　　幅面及图框尺寸　　　　　　　　　mm

幅面代号 尺寸代号	A0	A1	A2	A3	A4
$b \times l$	841×1189	594×841	420×594	297×420	210×297
c		10		5	
a			25		

注:表中 b 为幅面短边尺寸,l 为幅面长边尺寸,c 为图框线与幅面线间宽度,a 为图框线与装订边间宽度。

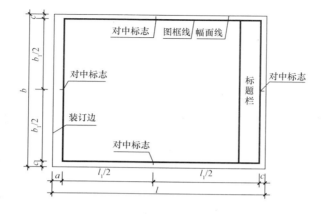

图 2-1　A0～A3 横式幅面(一)

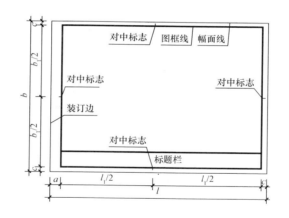

图 2-2　A0～A3 横式幅面(二)

2. 图线

为了使图样主次分明,形象清晰,工程建设制图采用的线型有实线、虚线、单点长画线、双点长画线、折断线和波浪线六种。其中有的线型还分粗、中、细三种线宽。各种线型的规定及一般用途见表 2-5。

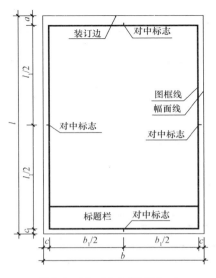

图 2-3　A0～A4 立式幅面(一)

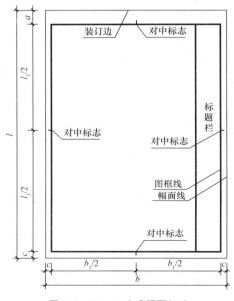

图 2-4　A0～A4 立式幅面(二)

表 2-5 图线

名称		线　型	线宽	用　途
实线	粗		b	主要可见轮廓线
	中粗		$0.7b$	可见轮廓线
	中		$0.5b$	可见轮廓线、尺寸线、变更云线
	细		$0.25b$	图例填充线、家具线
虚线	粗		b	见各有关专业制图标准
	中粗		$0.7b$	不可见轮廓线
	中		$0.5b$	不可见轮廓线、图例线
	细		$0.25b$	图例填充线、家具线
单点长画线	粗		b	见各有关专业制图标准
	中		$0.5b$	见各有关专业制图标准
	细		$0.25b$	中心线、对称线、轴线等
双点长画线	粗		b	见各有关专业制图标准
	中		$0.5b$	见各有关专业制图标准
	细		$0.25b$	假想轮廓线、成型前原始轮廓线
折断线	细		$0.25b$	断开界线
波浪线	细		$0.25b$	断开界线

3. 尺寸标注

建筑工程图除了按一定比例绘制外,还必须注有详尽准确的尺寸才能全面表达设计意图,满足工程要求,才能确保准确无误地施工。所以,尺寸标注是一项重要的内容。

图样上的尺寸,应包括尺寸界线、尺寸线、尺寸起止符号和尺寸数字(图 2-5)。

(1)尺寸界线。在尺寸标注中,尺寸界线应用细实线绘制,应与被注长度垂直,其一端离开图样轮廓线不应小于 2mm,另一端宜超出尺寸线 2~3mm。图样轮廓线可用作尺寸界线,如图 2-6 所示。

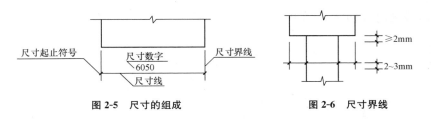

图 2-5　尺寸的组成　　　　　　图 2-6　尺寸界线

（2）尺寸线。尺寸线应用细实线绘制，与被注长度平行。图样本身的任何图线均不得用作尺寸线。尺寸线与图样最外轮廓线的间距不宜小于 10mm，平行排列的尺寸线的间距宜为 7～10mm，并保持一致，如图 2-7 所示。

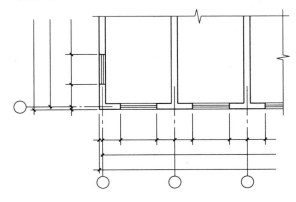

图 2-7　平行排列的尺寸线

（3）尺寸起止符号。尺寸起止符号用中粗斜短线绘制，其倾斜方向应与尺寸界线成顺时针 45°角，长度宜为 2～3mm。半径、直径、角度与弧长的尺寸起止符号，宜用箭头表示（图 2-8）。

> 图样上的尺寸单位，除标高及总平面以米为单位外，其他必须以毫米为单位，图中尺寸后面可以不写单位。

（4）尺寸数字。图样上的尺寸，应以尺寸数字为准，不得从图上直接量取。

尺寸数字的方向，应按图 2-9（a）的规定注写。若尺寸数字在 30°

斜线区内,也可按图 2-9(b)所示形式注写。

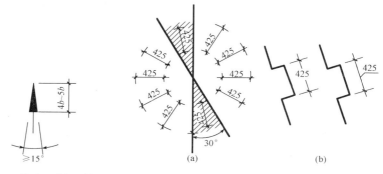

图 2-8　箭头尺寸起止符号　　　　图 2-9　尺寸数字的注写方向

　　尺寸数字应依据其方向注写在靠近尺寸线的上方中部。如没有足够的注写位置,最外边的尺寸数字可注写在尺寸界线的外侧,中间相邻的尺寸数字可上下错开注写,引出线端部用圆点表示标注尺寸的位置(图 2-10)。

图 2-10　尺寸数字的注写位置

尺寸的排列与布置

　　在工程图样上,尺寸的排列及布置如图 2-11 所示。各尺寸的位置及要求如下:

　　(1)尺寸宜标注在图样轮廓以外,不宜与图线、文字及符号等相交(图 2-12)。

　　(2)互相平行的尺寸线,应从被注写的图样轮廓线由近向远整齐排列,较小尺寸应离轮廓线较近,较大尺寸应离轮廓线较远。

　　(3)图样轮廓线以外的尺寸界线,距图样最外轮廓之间的距离,不宜小于 10mm。平行排列的尺寸线的间距,宜为 7~10mm,并应保持一致。

(4)总尺寸的尺寸界线应靠近所指部位,中间部分尺寸的尺寸界线可稍短,但其长度应相等。

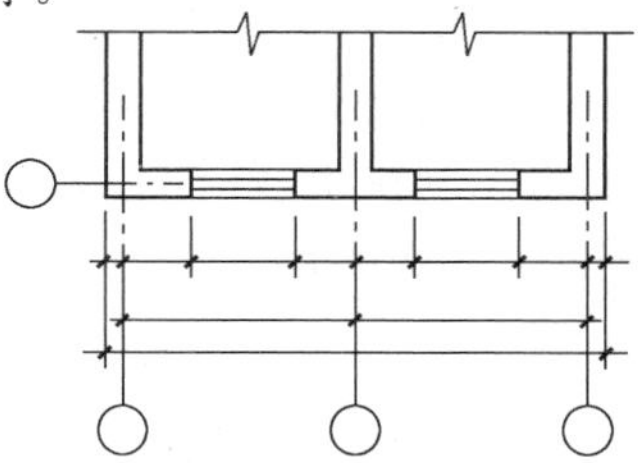

图 2-11　尺寸的排列及布置

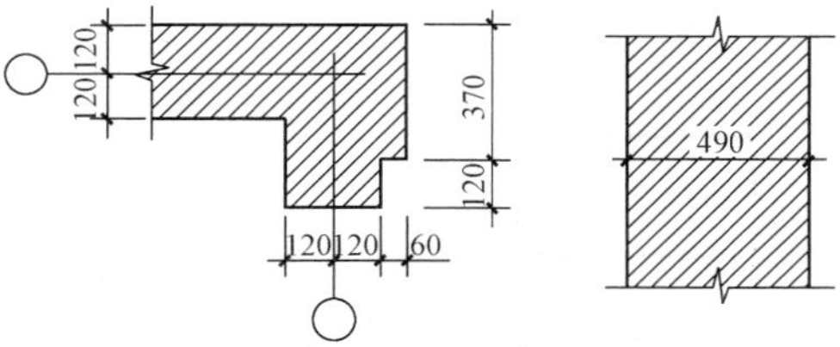

图 2-12　尺寸数字的注写

三、建筑施工图识读

(一)建筑总平面图

　　建筑总平面图是新建房屋在基地范围内的总体布置图。将拟建工程周围一定范围内的新建、拟建、原有和拆除的建筑物、构筑物连同其周围的地形地物状况,用水平投影的方法和相应图例所画出的图样,即为总平面图(总平面布置图)。它反映新建房屋与原有建筑的平面形状、位置、朝向以及与周围环境

　　　　总平面图是新建建筑物与其他相关设施定位的依据;是土石方施工以及绘制水、电等管线总平面布置图和施工总平面布置图的依据。

之间的关系。

1. 总平面图的表示方法

总平面图包括的范围较大,《总图制图标准》(GB/T 50103—2010)中规定:总平面图的比例一般用 1:50、1:1000、1:2000 绘制。

由于总平面图采用的比例较小,各种有关设施均不能按照投影关系如实反映出来,而只能用图例的形式绘制。表 2-6 列出了常用的总平面图图例。

表 2-6 　　　　　　　　　常用总平面图图例

序号	名称	图　例	备　注
1	新建建筑物	$X=$ $Y=$ ① 12F/2D $H=59.00m$	新建建筑物以粗实线表示与室外地坪相接处±0.00外墙定位轮廓线。 建筑物一般以±0.00高度处的外墙定位轴线交叉点坐标定位。轴线用细实线表示,并标明轴线号。 根据不同设计阶段标注建筑编号,地上、地下层数,建筑高度,建筑出入口位置(两种表示方法均可,但同一图纸采用一种表示方法)。 地下建筑物以粗虚线表示其轮廓。 建筑上部(±0.00以上)外挑建筑用细实线表示。 建筑物上部连廊用细虚线表示并标注位置
2	原有建筑物		用细实线表示

序号	名称	图　　例	备　　注
3	计划扩建的预留地或建筑物		用中粗虚线表示
4	拆除的建筑物		用细实线表示
5	建筑物下面的通道	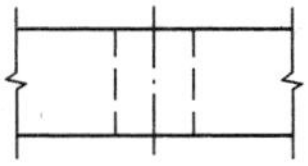	—
6	散状材料露天堆场	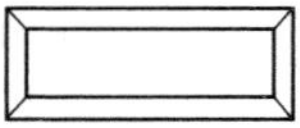	需要时可注明材料名称
7	其他材料露天堆场或露天作业场	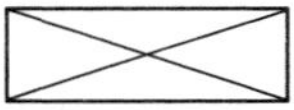	需要时可注明材料名称
8	铺砌场地	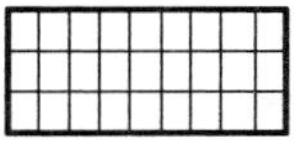	—
9	敞棚或敞廊	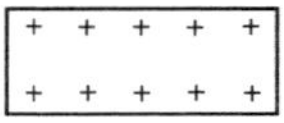	—
10	高架式料仓	 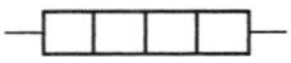	—
11	漏斗式贮仓	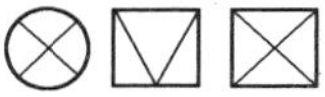	左、右图为底卸式中图为侧卸式
12	冷却塔（池）		应注明冷却塔或冷却池
13	水塔、贮罐	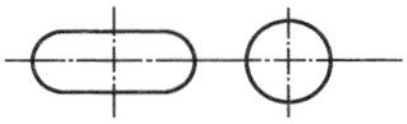	左图为卧式贮罐右图为水塔或立式贮罐

序号	名称	图　　例	备　　注
14	水池、坑槽		也可以不涂黑
15	明溜矿槽(井)		—
16	斜井或平硐		—
17	烟囱		实线为烟囱下部直径,虚线为基础,必要时可注写烟囱高度和上、下口直径
18	围墙及大门		—
19	挡土墙	5.00 1.50	挡土墙根据不同设计阶段的需要标注 墙顶标高 墙底标高
20	挡土墙上设围墙		—
21	台阶及无障碍坡道	1. 2.	1. 表示台阶(级数仅为示意) 2. 表示无障碍坡道
22	露天桥式起重机	$G_n=$ (t)	起重机起重量 G_n,以吨计算 "+"为柱子位置
23	露天电动葫芦	$G_n=$ (t)	起重机起重量 G_n,以吨计算 "+"为支架位置

续三

序号	名称	图 例	备 注
24	门式起重机	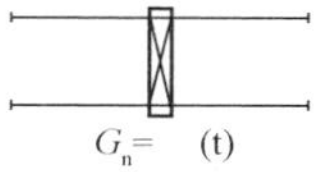 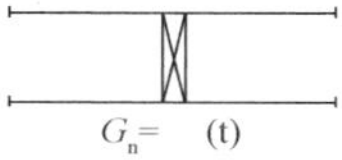 $G_n=$ (t) $G_n=$ (t)	起重机起重量 G_n,以吨计算 上图表示有外伸臂 下图表示无外伸臂
25	架空索道	 ——I——I——	"I"为支架位置
26	斜坡 卷扬机道	 —+—+—+—+—+—	—
27	斜坡栈桥 (皮带廊等)	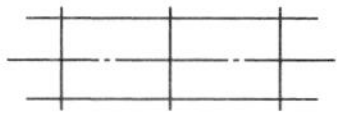	细实线表示支架中心线位置
28	坐标	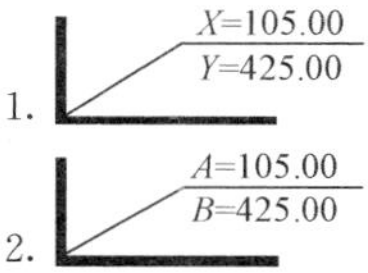 1. $X=105.00$ $Y=425.00$ 2. $A=105.00$ $B=425.00$	1. 表示地形测量坐标系 2. 表示自设坐标系 坐标数字平行于建筑标注
29	方格网 交叉点标高	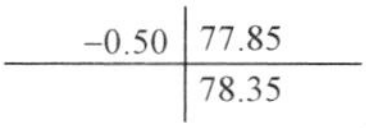 -0.50 │ 77.85 78.35	"78.35"为原地面标高 "77.85"为设计标高 "−0.50"为施工高度 "−"表示挖方("+"表示填方)
30	填方区、 挖方区、 未整平区 及零线	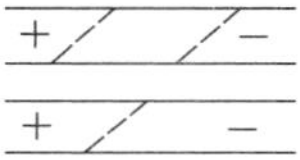 $+$ ╱ ╱ $+$ ╱ $-$	"+"表示填方区 "−"表示挖方区 中间为未整平区 点画线为零点线
31	填挖边坡		—

序号	名称	图　　例	备　　注
32	分水脊线 与谷线	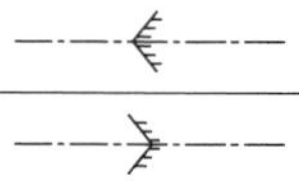	上图表示脊线 下图表示谷线
33	洪水淹没线		洪水最高水位以文字标注
34	地表 排水方向		—
35	截水沟	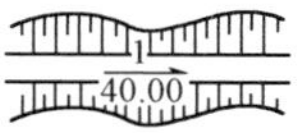	"1"表示1%的沟底纵向坡度，"40.00"表示变坡点间距离，箭头表示水流方向
36	排水明沟	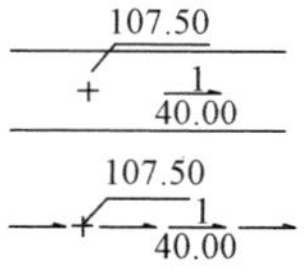 107.50 40.00 107.50 40.00	上图用于比例较大的图面 下图用于比例较小的图面 "1"表示1%的沟底纵向坡度，"40.00"表示变坡点间距离，箭头表示水流方向 "107.50"表示沟底变坡点标高（变坡点以"+"表示）
37	有盖板 的排水沟	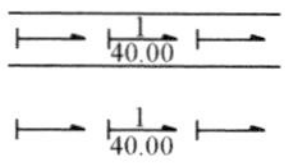 40.00 40.00	—
38	雨水口	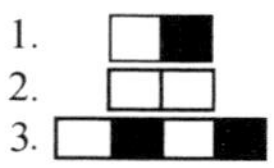 1. 2. 3.	1. 雨水口 2. 原有雨水口 3. 双落式雨水口
39	消火栓井		—
40	急流槽	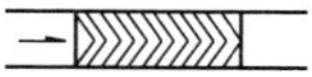	箭头表示水流方向
41	跌水		
42	拦水（闸） 坝	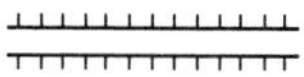	—

续五

序号	名称	图　　例	备　　注
43	透水路堤	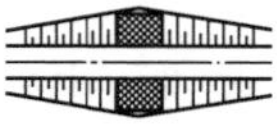	边坡较长时,可在一端或两端局部表示
44	过水路面	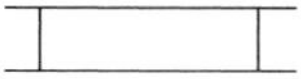	—
45	室内地坪标高	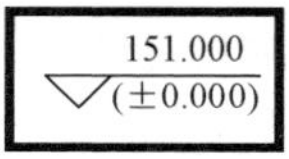 151.000 ▽(±0.000)	数字平行于建筑物书写
46	室外地坪标高	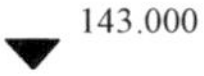 ▼ 143.000	室外标高也可采用等高线
47	盲道		—
48	地下车库入口	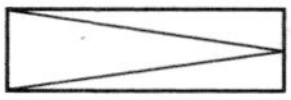	机动车停车场
49	地面露天停车场		—
50	露天机械停车场	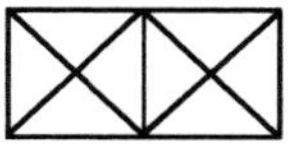	露天机械停车场

2. 总平面图的内容

(1)表明新建区的总体布局。如拨地范围,各建筑物及构筑物的位置、道路、管网的布置等。

(2)确定新建、改建或扩建工程的具体位置。一般根据原有房屋或道路定位。修建成片住宅、较大的公共建筑物、工厂或地形复杂时,用坐标确定房屋及道路转折点的位置。

(3)注明新建房屋的层数以及室内首层地面和室外地坪、道路的绝对标高。

（4）用指北针或风向频率玫瑰图表示建筑物朝向和该地区的常年风向频率。

（5）根据工程的需要,有时还有水、暖、电等管线总平面图,各种管线综合布置图,道路纵横剖面图及绿化布置等。

新建建筑物的定位

新建建筑物的定位一般常采用两种方法,一种是按原有建筑物或原有道路定位;另一种是按坐标定位,坐标定位又分为测量坐标定位和建筑坐标定位两种。

（1）根据原有建筑物定位。按原有建筑物或原有道路定位是扩建中常采用的一种方法。拟建建筑物位置均可按比例从现有建筑物或道路确定出来。

（2）根据坐标定位。为了保证在复杂地形中放线准确,总平面图中也常用坐标表示建筑物、道路等的位置。常采用的方法有以下几种。

1）测量坐标:国土管理部门提供给建设单位的红线图是在地形图上用细线画成交叉十字线的坐标网,南北方向的轴线为 X,东西方向的轴线为 Y,这样的坐标称为测量坐标。坐标网络常采用 100m×100m 或 50m×50m 的方格网。一般建筑物的定位标记有两个墙角的坐标。

2）建筑坐标:建筑坐标一般在新开发区,房屋朝向与测量坐标方向不一致时采用。建筑坐标是将建筑区域内某一点定为"O"点,采用 100m×100m 或 50m×50m 的方格网,沿建筑物主墙方向用细实线画成方格网通线,横墙方向(竖向)轴线标为 A,纵墙方向的轴线标为 B。

3. 总平面图的识读要点

（1）熟悉图例、比例。这是识读和绘制总平面图应具备的基本知识,应熟练掌握常见的几种平面图例。主要建筑物的尺寸及其附件、旧建筑及道路边沿的距离应严格遵照比例画出。

（2）工程性质及周围环境。工程性质是指规划设计的建筑物干什么用,是商店、教学楼、办公楼、住宅还是厂房等。了解周围环境的目的在于弄清周围环境对建筑物的影响。

（3）定位依据。确定新建筑物的位置是总平面图的主要作用，在无法严格遵照比例绘制新旧建筑物的距离时，必须标出新建建筑的定位坐标。

（4）道路与绿化。道路与绿化是主体配套工程。从道路了解建成后的人流方向；从绿化可以看出建成后的环境好坏。

总平面图的线型比较简单，新建建筑一般采用粗实线，拟建建筑采用粗虚线，拟拆除建筑采用中虚线，其他建筑物轮廓线及道路线条多用细实线。

（二）建筑平面图

假想用一个水平的剖切平面沿房屋窗台以上的部位剖开，移去上部后向下投影所得的水平投影图，称为建筑平面图，简称平面图。

1. 平面图的表示方法

（1）比例。平面图常用 1∶50、1∶100、1∶200 的比例进行绘制。

（2）定位轴线与图线。承重墙、柱，必须标注定位轴线并按顺序编号。被剖切到的墙、柱断面轮廓线用粗实线画出；没有剖到的可见轮廓线（如台阶、梯段、窗台等）用中实线画出；轴线用细点画线画出，标注尺寸线、尺寸界线、引出线用细实线画出。

> 由于比例较小，平面图中许多构造配件(如门、窗、孔道、花格等)均不按真实投影绘制，而按规定的图例表示。

（3）尺寸标注。

1）外部尺寸。外部尺寸一般标注在平面图的下方和左方，分三道标注：最外面一道是总尺寸，表示房屋的总长和总宽；中间一道是定位尺寸，表示房屋的开间和进深；最里面一道是细部尺寸，表示门窗洞口、窗间墙、墙厚等细部尺寸，同时还应注写室外附属设施，如台阶、阳台、散水、雨篷等尺寸。

2）内部尺寸。一般应标注室内门窗洞、墙厚、柱、砖垛和固定设备（如厕所、盥洗室等）的大小位置，及需要详细标注出的尺寸等。

(4)符号及指北针。底层平面图中应标注建筑剖面图的剖切位置和投影方向，并注出编号。套用标准图集或另有详图表示的构配件、节点，均需标注出详图索引符号。

底层平面图中，应注写室内外地面的标高。

2. 平面图的内容

(1)表明建筑物形状、内部的布置及朝向。包括建筑物的平面形状，各房间的布置及相互关系，入口、走道、楼梯的位置等。一般平面图中标明房间的名称和编号，首层平面图还标注指北针，标明建筑物的朝向。

(2)表明建筑物的结构形式及主要建筑材料。

(3)表明各层的建筑地面标高，首层室内地面标高一般定为±0.00，并标明室外地坪标高。其余各层均注有地面标高。有坡度要求的房间内还应注明地面的坡度。

(4)表明门窗及其过梁的编号、门的开启方向。

(5)标明剖面图、详图和标准配件的位置及其编号。

(6)综合反映其他各工种(工艺、水、暖、电)对土建的要求。各工种要求的坑、台、水池、地沟、电闸箱、消火栓、雨水管等及其在墙或楼板上的预留洞，应在图中表明其位置及尺寸。

(7)表明室内装修做法。包括室内地面、墙面及顶棚等处的材料及做法。一般简单的装修，在平面图内直接用文字注明；较复杂的工程则另列房间明细表和材料做法表，或另画建筑装修图。

(8)文字说明。平面图中不易表明的内容，如施工要求、砖及灰浆的强度等需用文字说明。

3. 平面图的识读要点

(1)识读底层平面图的要求。

1)根据底层平面图中的指北针，应能明确房屋的朝向、形状、主要房间的布置及相互关系。

2)熟悉房屋的主要定位与定形尺寸，掌握建筑物尺寸的复核方法。复核的方法是将局部构造的尺寸相加，是否等于轴线尺寸；轴线尺寸的总和与房屋两端外墙厚的尺寸相加,是否等于总体尺寸。

3)了解标高设计内容,掌握房间、卫生间、厨房、楼梯间和室外地面的标高。

4)熟悉门窗种类、尺寸及樘数,并能够结合平面图的识读对门窗表进行校核。

5)明确附属设施的平面位置。如雨水口、雨水管的位置,卫生间中的洗涤槽、厕所蹲位位置等。

6)熟悉建筑设计总说明,掌握建筑施工及装修材料的要求和做法。

(2)识读房屋其他层平面图的要求。

1)掌握房间布置、尺寸、通道与底层的不同之处。

2)掌握墙身尺寸及材料质量自底层起的变化情况。在现代建筑中,墙、柱的断面尺寸一般变化不大或不变化,但墙、柱的施工、技术与外部饰面构造要求通常有所不同,需结合结构施工图进一步明确,但尺寸的变化必须明确并掌握。

3)掌握门窗、建筑施工及装修材料自底层起的变化情况。

4)掌握顶层楼梯间的变化情况。

5)掌握高层建筑设备层和地下层的房间类型、平面布置、标高及通道设计。

(3)识读屋顶平面层(包括屋顶夹层)平面图的要求。

1)掌握屋面的排水方向、坡度、排水分区(屋脊线位置)、雨水口及水落管位置。

2)掌握屋面及各局部构造的类型、位置及做法(需结合详图)。

(三)建筑立面图

对建筑物各个立面所做的正投影图,称为建筑立面图,简称立面图。

建筑立面图可按房屋里面的主次来命名,如正立面图、立面图、背立面图;也可按房屋的朝向来命名,如南立面图、北立面图、西立面图等;也可按立面左、右轴线的编号来命名。

1. 立面图的表示方法

(1)比例。立面图常用 1∶50、1∶100、1∶200 等比例绘制。

(2)图线。立面图中地坪线用特粗线表示;房屋的外轮廓线用粗实线表示;房屋构配件如窗台、窗套、阳台、雨篷、遮阳板的轮廓线用中实线表示;门窗扇、勒脚、雨水管、栏杆、墙面分隔线,及有关说明的引出线、尺寸线、尺寸界线和标高均用细实线表示。

(3)尺寸标注。立面图不标注水平方向的尺寸,只画出最左、最右两端的轴线。立面图上应标出室外地坪、室内地面、勒脚、窗台、门窗顶及檐口处的标高,并宜沿高度方向注写各部分高度尺寸。立面图上一般可用文字说明各部分的装饰做法。

2. 立面图的内容

(1)表明建筑物外部形状,主要有门窗、台阶、雨罩、阳台、烟囱、雨水管等的位置。

(2)用标高表示出各主要部位的相对高度,如室内外地面标高、各层楼面标高及檐口的标高。

(3)立面图中的尺寸。立面图中的尺寸是表示建筑物高度方向的尺寸,有两种表达方式。若用尺寸线,一般用三道尺寸线表示。最外面一道为建筑物的总高,即从室外地坪到檐口女儿墙的高度。中间一道尺寸线为层高,即下一层地面到上一层楼面的高度。最里面一道为门窗洞口的高度及与楼地面的相对位置。另一种表达方式就是直接采用标高符号表示各层及门窗标高。

(4)外墙面的装修。外墙面装修一般用索引号表示具体做法。具体做法需查找相应的标准图集或说明。

3. 立面图的识读要点

(1)对应平面图识读。查阅立面图与平面图的关系,这样才能有助于建立起立体感,加深对平面图、立面图的理解。

(2)了解建筑物的外部形状。

(3)查阅建筑物各部位的标高及相应的尺寸。

(4)查阅外墙面各细部的装修做法,如门廊、窗台、窗檐、勒脚等。

（5）其他。结合相关的图,查阅外墙面、门窗、玻璃等的施工要求。

(四)建筑剖面图

假想用一个或多个垂直于外墙轴线铅垂剖切平面将房屋剖开,移去靠近观察者的部分,对立面留下部分作正投影所得到的投影图称为建筑剖面图,简称剖面图。

1. 剖面图的表示方法

（1）比例。建筑剖面图常选用比平面图、立面图较大的比例绘制,常用比例为1∶50、1∶100等。

（2）图线及定位轴线。室内外地坪线用加粗实线表示;剖切到的墙身、楼板、屋面板、楼梯段、楼梯平台等轮廓线用粗实线表示;未剖切到的可见轮廓线用中粗线表示;门、窗扇及其分格线,水斗及雨水管

> 剖面图是主要表示建筑物的结构形式、建筑物内部垂直高度及内部分层情况的重要图样。要更清楚地识读建筑物内部构造及配件情况,必须有平面图、立面图、剖面图相配合。

等用细实线表示。定位轴线一般只画出两端的轴线及编号,以便与平面图对照。

（3）剖切位置与数量选择。剖切平面的位置应选择通过门、窗洞,借此来表示门、窗洞的高度和在竖直方向的位置和构造,以便施工。剖切数量视建筑物的复杂程度和实际情况而定,编号用阿拉伯数字（如1—1、2—2）或英文字母（如 $A—A$、$B—B$）命名。

（4）尺寸和标高。剖面图上应标注垂直尺寸,一般注写三道:最外侧一道应注写室外地面以上的总尺寸;中间一道注写层高尺寸;里面一道注写门窗洞及洞间墙的高度尺寸。另外还应标注某些局部尺寸,如室内门窗洞、窗台的高度等。

剖面图上应注写的标高包括:室内外地面、各层楼面、楼梯平台面、檐口或女儿墙顶面、高出屋面的水箱顶面、烟囱顶面、楼梯间顶面等处。

2. 剖面图的内容

（1）重要承重构件的定位轴线及编号。

(2)表示建筑物各部位的高度。

(3)表明建筑主要承重构件的相互关系,指梁、板、柱、墙的关系。

(4)剖面图中不能详细表达的地方,应引出索引号另画详图。

3. 剖面图的识读要点

(1)结合底层平面图识读,对应剖面图与平面图的相互关系,建立起建筑物内部的空间概念。

(2)结合建筑设计说明或材料做法表识读,查阅地面、楼面、墙面、顶棚的装修做法。

(3)查阅各部位的高度。

(4)结合屋顶平面图识读,了解屋面坡度、屋面防水、女儿墙泛水、屋面保温、隔热等做法。

(五)建筑详图

由于平、立、剖面图主要反映建筑物的形状及布局,选用比例较小,使许多建筑物的细部构造无法表达清楚。为了满足施工需要,把建筑物的细部用比较大的比例绘制出来,这样的图样就称为详图。详图不仅可以将建筑物各细部的形状绘制出来,而且还能将各细部的材料做法、尺寸大小标注清楚。根据房屋构造的复杂程度,一幢房屋的施工图一般需绘制以下几种详图:外墙节点详图、楼梯详图、厨房详图、厕所详图、雨篷详图、阳台详图和台阶详图等,这里只介绍外墙节点、楼梯、阳台的详图。

1. 详图的表示方法

为了满足施工要求,通常采用较大的比例,如1∶50,1∶20,1∶10甚至1∶5来绘制建筑物细部构造的要求。这种另外放大绘制的图样也称为建筑详图,又称大样图。

详图的表达方法和数量,可根据房屋构造的复杂程度而定。有的只用一个剖面详图就能表达清楚(如墙身详图),有的需加平面详图(如楼梯间、卫生间),或用立面详图(如门窗详图)。

2. 建筑详图的分类及特点

建筑详图分为局部构造详图和构配件详图。局部构造详图主要表示房屋某一局部构造做法和材料的组成,如墙身详图、楼梯详图等。构配件详图主要表示构配件本身的构造,如门、窗、花格等详图。

建筑详图具有以下特点:

(1)图形详。图形采用较大比例绘制,各部分结构应表达详细,层次清楚,但又要详而不繁。

(2)数据详。各结构的尺寸要标注完整齐全。

(3)文字详。无法用图形表达的内容采用文字说明,要详尽清楚。

3. 建筑详图的识读要点

(1)外墙身详图识读。外墙身详图实际上是建筑剖面图的局部放大图。它主要表示房屋的屋顶、檐口、楼层、地面、窗台、门窗顶、勒脚、散水等处的构造;楼板与墙的连接关系。

外墙身详图的主要内容包括以下几项:

1)标注墙身轴线编号和详图符号。

2)采用分层文字说明的方法表示屋面、楼面、地面的构造。

3)表示各层梁、楼板的位置及与墙身的关系。

4)表示檐口部分如女儿墙的构造、防水及排水构造。

5)表示窗台、窗过梁(或圈梁)的构造情况。

6)表示勒脚部分如房屋外墙的防潮、防水和排水的做法。外墙身的防潮层,一般在室内底层地面下 60mm 左右处。外墙面下部有 30mm 厚 1:3 水泥砂浆,面层为褐色水刷石的勒脚。墙根处有坡度 5% 的散水。

7)标注各部位的标高及高度方向和墙身细部的大小尺寸。

8)文字说明各装饰内、外表面的厚度及所用的材料。

特别提示

外墙身详图阅读注意事项

外墙身详图阅读时应注意以下问题:

1)±0.000 或防潮层以下的砖墙以结构基础图为施工依据,看墙身剖面图时,必须与基础图配合,并注意 ±0.000 处的搭接关系及防潮层的做法。

2)屋面、地面、散水、勒脚等的做法、尺寸应和材料做法对照。

3)要注意建筑标高和结构标高的关系。建筑标高一般是指地面或楼面装修完成后上表面的标高,结构标高主要指结构构件的下皮或上皮标高。在预制楼板结构楼层剖面图中,一般只注明楼板的下皮标高。在建筑墙身剖面图中只注明建筑标高。

(2)楼梯详图识读。楼梯是房屋中比较复杂的构造,目前多采用预制或现浇钢筋混凝土结构。楼梯由楼梯段、休息平台和栏板(或栏杆)等组成。

楼梯详图一般包括平面图、剖面图及踏步栏杆详图等。它们表示出楼梯的形式,踏步、平台、栏杆的构造、尺寸、材料和做法。楼梯详图分为建筑详图与结构详图,并分别绘制。对于比较简单的楼梯,建筑详图和结构详图可以合并绘制,编入建筑施工图和结构施工图。

1)楼梯平面图。一般每一层楼都要画一张楼梯平面图。三层以上的房屋,若中间各层的楼梯位置及其梯段数、踏步数和大小相同时,通常只画底层、中间层和顶层三个平面图。

楼梯平面图实际是各层楼梯的水平剖面图,水平剖切位置应在每层上行第一梯段及门窗洞口的任一位置处。各层(除顶层外)被剖到的梯段,按规定,均在平面图中以一根45°折断线表示。

在各层楼梯平面图中应标注该楼梯间的轴线及编号,以确定其在建筑平面图中的位置。底层楼梯平面图还应注明楼梯剖面图的剖切符号。

平面图中要注出楼梯间的开间和进深尺寸、楼地面和平台面的标高及各细部的详细尺寸。通常把梯段长度尺寸与踏面数、踏面宽的尺寸合写在一起。

2)楼梯剖面图。假想用一铅垂平面通过各层的一个梯段和门窗洞将楼梯剖开,向另一未剖到的梯段方向投影,所得到的剖面图,即为楼梯剖面图。

楼梯剖面图表达出房屋的层数,楼梯梯段数,步级数以及楼梯形式,楼地面、平台的构造及与墙身的连接等。

若楼梯间的屋面没有特殊之处,一般可不画。

楼梯剖面图中还应标注地面、平台面、楼面等处的标高和梯段、楼层、门窗洞口的高度尺寸。楼梯高度尺寸注法与平面图梯段长度注法相同。如 $10 \times 150 = 1500$,10 为步级数,表示该梯段为 10 级,150 为踏步高度。

楼梯剖面图中也应标注承重结构的定位轴线及编号。对需画详图的部位注出详图索引符号。

3)节点详图。楼梯节点详图主要表示栏杆、扶手和踏步的细部构造。

四、建筑结构施工图识读

(一)结构施工图的基本内容

结构施工图用以指导施工,以保证建筑物的使用与安全,因为建筑物除了要满足使用功能、美观、防火等要求外,还应按照建筑各方面的要求进行力学与结构计算,决定建筑承重构件(如基础、梁、板、柱等)的布置、形状、尺寸和详细设计的构造要求,并将其结果绘制成图样。结构施工图的基本内容包括:结构设计说明、结构布置图及构件详图。

1. 结构设计说明

结构设计说明主要用于说明结构设计依据、对材料质量及构件的要求,有关地基的概况及施工要求等。

2. 结构平面布置图

结构布置平面图与建筑平面图一样,属于全局性的图纸,通常包括基础平面图、楼层结构平面布置图、屋顶结构平面布置图。

3. 构件详图

构件详图属于局部性的图纸,表示构件的形状、大小,所用材料的强度等级和制作安装等。其主要内容包括基础详图,梁、板、柱等构件详图,楼梯结构详图以及其他构件详图等。

```
┌─────────────────────────────────────────────────┐
│ 特别提示                                          │
│                                                   │
│                    结构设计                        │
│      结构设计是根据建筑各方面,即各相关设计专业(建筑、给水排水、电 │
│  气、暖通等)对结构的要求,经过结构选型和构件布置,并通过结构计算, │
│  确定建筑物各承重构件,如基础、承重墙、柱、梁、板、屋架等的形状、尺寸、 │
│  材料、内部构造及相互关系。                           │
└─────────────────────────────────────────────────┘
```

(二)结构施工图识读方法

1. 基础结构图识读

基础结构图又称基础图,是表示建筑物室内地面($\pm 0.0.000$)以下基础部分的平面布置和构造的图样,包括基础平面图、基础详图和文字说明等。

(1)基础平面图。

1)基础平面图的形成。基础平面图是假想用一个水平剖切面在地面附近将整幢房屋剖切后,向下投影所得到的剖面图(不考虑覆盖在基础上的泥土)。基础平面图主要表示基础的平面位置,以及基础与墙、柱轴线的相对关系。在基础平面图中,被剖切到的基础墙轮廓要画成粗实

> 在基础平面图中,必须注出与建筑平面图一致的轴间尺寸。此外,还应注出基础的宽度尺寸和定位尺寸。宽度尺寸包括基础墙宽和大放脚宽;定位尺寸包括基础墙、大放脚与轴线的联系尺寸。

线。基础底部的轮廓线画成细实线。基础的细部构造不必画出。它们将详尽地表达在基础详图上。图中的材料图例可与建筑平面图画法一致。

2)基础平面图的内容。基础平面图主要包括以下几项:

①图名、比例。

②纵横定位线及其编号(必须与建筑平面图中的轴线一致)。

③基础的平面布置,即基础墙、柱及基础底面的形状、大小及其与轴线的关系。

④断面图的剖切符号。

⑤轴线尺寸、基础大小尺寸和定位尺寸。

⑥施工说明。

(2)基础详图。基础详图是用放大的比例画出的基础局部构造图,它表示基础不同断面处的构造做法、详细尺寸和材料。基础详图主要包括以下几项:

1)轴线及编号。

2)基础的断面形状,基础形式,材料及配筋情况。

3)基础详细尺寸。表示基础的各部分长宽高,基础埋深,垫层宽度和厚度等尺寸;主要部位标高,如室内外地坪及基础底面标高等。

4)防潮层的位置及做法。

2. 楼层(屋顶)结构平面布置图识读

楼层结构平面布置图也叫梁板平面结构布置图,内容包括定位轴线网、墙、楼板、框架、梁、柱及过梁、挑梁、圈梁的位置,墙身厚度等尺寸,要与建筑施工图一致(交圈)。

(1)梁。梁用点画线表示其位置,旁边注以代号和编号。L 表示一般梁(XL 表示现浇梁);TL 表示挑梁;QL 表示圈梁;GL 表示过梁;LL 表示连系梁;KJ 表示框架。

> 梁、柱的轮廓线,一般画成细虚线或细实线。圈梁一般加画单线条布置示意图。

(2)墙。楼板下墙的轮廓线,一般画成细或中粗的虚线或实线。

(3)柱。截面涂黑表示钢筋混凝土柱,截面画斜线表示砖柱。

(4)楼板。

1)现浇楼板。在现浇板范围内划一对角线,线旁注明代号 XB 或 B、编号、厚度。如 XB1 或 B1、XB−1 等。

现浇板的配筋有时另用剖面详图表示,有时直接在平面图上画出受力钢筋形状,每类钢筋只画一根,注明其编号、直径、间距。如① $\phi 6@200$,② $\phi 8/\phi 6@200$ 等,前者表示 1 号钢筋,HPB300 级钢筋,

> 有时采用折断断面(图中涂黑部分)表示梁板布置支承情况,并注出板面标高和板厚。

直径 6mm,间距为 200mm;后者表示直径为 8mm 及 6mm 的钢筋交替放置,间距为 200mm。分布配筋一般不画,另以文字说明。

2)预制楼板。常在对角线旁注明预制板的块数和型号,如4YKB339A2 则表示 4 块预应力空心板,标志尺寸为 3.3m 长,900mm宽,A 表示 120mm 厚(若为 B,则表示 180mm 厚),荷载等级为 2 级。

(5)楼梯的平面位置。楼梯的平面位置常用对角线表示,其上标注"详见结施××"字样。

(6)剖面图的剖切位置。一般在平面图上标有剖切位置符号,剖面图常附在本张图纸上,有时也附在其他图纸上。

(7)构件表和钢筋表。一般编有预制构件表,统计梁板的型号、尺寸、数目等。钢筋表常标明其形状尺寸、直径、间距或根数、单根长、总长、总重等。

> 为表明房间内不同预制板的排列次序,可直接按比例分块画出。
>
> 板布置相同的房间,可只标出一间板布置并编上甲、乙或B1、B2(现浇板有时编XB1、XB2),其余只写编号表示类同。

(8)文字说明。用图线难以表达或对图纸有进一步的说明,如说明施工要求、混凝土强度等级、分布筋情况、受力钢筋净保护层厚度及其他等。

3. 钢筋混凝土构件详图识读

钢筋混凝土构件有现浇、预制两种。预制构件因有图集,可不必画出构件的安装位置及其与周围构件的关系。现浇构件要在现场支模板、绑钢筋、浇混凝土,需画出梁的位置、支座情况。

(1)现浇钢筋混凝土梁、柱结构详图。梁、柱的结构详图一般包括梁的立面图和截面图。

1)立面图(纵剖面)。立面图表示梁、柱的轮廓与配筋情况,因是现浇,一般画出支承情况、轴线编号。梁、柱的立面图纵横比例可以不一样,以尺寸数字为准。图上还有剖切线符号,表示剖切位置。

2)截面图。可以了解到沿梁、柱长、高方向钢筋的所在位置、箍筋的肢数。

3)钢筋表。钢筋表包括构件编号、形状尺寸直径、单根长、根数、总长、总重等。

普通钢筋的一般表示方法应符合表 2-7 的规定。

表 2-7　　　　　　　　　　　普通钢筋

序 号	名 称	图 例	说 明
1	钢筋横断面	●	—
2	无弯钩的钢筋端部	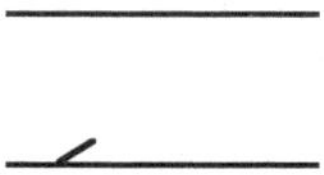	下图表示长、短钢筋投影重叠时，短钢筋的端部用45°斜画线表示
3	带半圆形弯钩的钢筋端部		—
4	带直钩的钢筋端部		—
5	带丝扣的钢筋端部		—
6	无弯钩的钢筋搭接		—
7	带半圆弯钩的钢筋搭接		—
8	带直钩的钢筋搭接		—
9	花篮螺丝钢筋接头		—
10	机械连接的钢筋接头		用文字说明机械连接的方式(如冷挤压或直螺纹等)

（2）预制构件详图。为加快设计速度，对通用、常用构件常选用标准图集。标准图集有国标、省标及各院自设的标准。一般施工图上只注明标准图集的代号及详图的编号，不绘出详图。查找标准图时，先要弄清是哪个设计单位编的图集，看总说明，了解编号方法，再按目录页次查阅。

第三节　工程构造

一、民用建筑构造

房屋即建筑物，是人们进行生产、生活、办公和学习等各种活动的场所，与人类的生存和发展密切相关。按使用功能不同，房屋可分为工业建筑、民用建筑两大类，其中民用建筑是在日常生活中最常见的，又分为居住建筑和公共建筑。居住建筑是指供人们休息、生活起居所用的建筑物,如住宅、宿舍、公寓等;公共建筑则是指供人们进行政治、经济、文化、体育、医疗等活动所需的建筑物,如学校、医院、办公楼、体育馆、影剧院等。典型的工业建筑有工业厂房、仓库、动力站等;典型的农业建筑有畜禽饲养场、水产养殖场和农产品仓库等。

虽然各种房屋的使用要求、空间组合、外形处理、结构形式和规模大小等各有不同,但基本上是由基础、墙、柱、楼面、屋面、门窗、楼梯以及台阶、散水、阳台、走廊、天沟、雨水管、勒脚、踢脚板等组成,如图2-13所示。

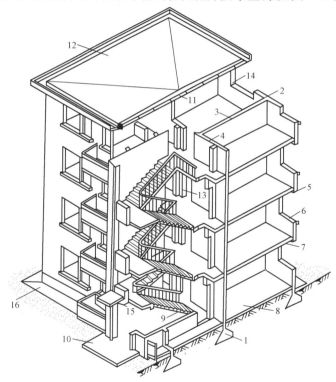

图2-13 房屋的基本组成

1—基础;2—外墙;3—内横墙;4—内纵墙;5—过梁;

6—窗台;7—楼板;8—地面;9—楼梯;10—台阶;

11—屋面板;12—屋面;13—门;14—窗;15—雨篷;16—散水

(一)基础

基础位于建筑物的最下部,是地下的承重构件,将建筑物的所有荷载传递到下层的土层或岩石层(即地基)。因此,基础必须牢固、稳定,并能够经受地下水及其化学物质的侵蚀。

知识链接

地基、基础与荷载的关系

地基承受着由基础传来的建筑物的全部荷载。地基在建筑物荷载作用下的应力和应变随着土层深度的增加而减小,在达到一定深度后就可以忽略不计。直接承受荷载的土层称为持力层,持力层以下的土层称为下卧层,如图 2-14 所示。

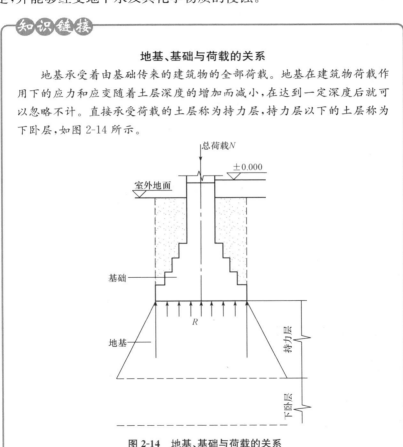

图 2-14　地基、基础与荷载的关系

基础的埋置深度是指自室外设计地面标高至基础底部的垂直高度,如图 2-15 所示。室外地坪分为自然地坪和设计地坪。自然地坪是指施工地段的现有地坪,而设计地坪是指按设计要求工程竣工后室外场地整平的地坪。根据基础埋置深度的不同,常分为深基础和浅基础,通常把埋置深度大于 5m 的称为深基础,埋置深度小于 5m 的称为浅基础。

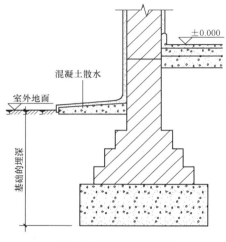

图 2-15　基础的埋置深度

(二)墙体和柱

墙体是建筑物的重要组成部分。对于墙承重结构的建筑来说,墙承受屋顶和楼板层传给它的荷载,并把这些荷载连同自重传给基础。

> 墙体应具有足够的强度、刚度、稳定性、良好的热性能及防火、隔声、防水、耐久性能。

墙的分类

墙按位置分为内墙和外墙。外墙是一种围护构件,能够抵御自然界风、雨、雪及寒暑变化对室内的影响;内墙主要起分割空间及保证舒适环境的作用,能把建筑物的内部空间分隔成若干相互独立的空间,避免使用时的互相干扰。若按受力情况分,墙可分为承重墙和非承重墙。

当只用柱作为建筑物的承重构件时,填充在柱间的墙只起围护、分隔作用,此时的墙就是非承重墙。墙按方向还可分为纵墙和横墙,房屋两端的墙则称为山墙。

(三)楼地面

楼地面是房屋的水平承重构件和竖向分隔部分,包括楼板和地面两部分。楼板层承受着家具、设备和人的荷载及其自身的重量,并把这些荷载传给墙或柱,同时还对墙体起着水平支撑的作用。地面直接承受各种使用荷载,并把这些荷载传递给下面的土层(持力层)。

楼地面的构造是指楼板层和地坪层的地面层的构造做法。楼地面按其材料和做法可分为四大类型,即整体类地面、块材类地面、粘贴类地面、涂料类地面。

楼地面的细部构造

(1)踢脚线与墙裙。为保护墙面,防止外界碰撞损坏墙面,或擦洗地面时弄脏墙面,通常在墙面靠近地面处设踢脚线(又称踢脚板)。踢脚线的材料一般与地面相同,故可看做是地面的一部分,即地面在墙面上的延伸部分。踢脚线通常凸出墙面,也可与墙面平齐或凹进墙面,其高度一般为 100~150mm。

(2)楼地层变形缝。地面变形缝包括温度伸缩缝、沉降缝和防震缝。其设置的位置和大小应与墙面、屋面变形缝一致。构造上要求变形缝应贯通楼地层的各个层次,并在构造上保证楼板层和地坪层能够满足美观和变形需求。缝内常用可压缩变形的玛蹄脂、金属调节片、沥青麻丝等材料做封缝处理。

(四)楼梯

楼梯一般由楼梯段、楼梯平台、栏杆(板)扶手三部分组成,是楼房建筑中联系上下各层的垂直交通设施,供人们上下楼层和紧急疏散使用。楼梯应坚固、安全、有足够的疏散能力。

(1)楼梯段。楼梯段是指两平台之间带踏步的斜板,是由若干个踏步构成的。每个踏步一般由两个相互垂直的平面组成,供人行走时踏脚的水平面称为踏面,其宽度为踏步宽。踏步的垂直面称为踢面,其数量称为级数,高度称为踏步高。

> 为了消除疲劳,每一楼梯段的级数一般不应超过18级,同时,考虑人们行走的习惯性,楼梯段的级数也不应少于3级。

(2)楼梯平台。楼梯平台是两楼梯段之间的水平连接部分。根据位置的不同分中间平台和楼层平台。中间平台的主要作用是楼梯转换方向和缓解人们上楼梯的疲劳,故又称休息平台。

平台宽度

　　平台宽度分为中间平台宽度和楼层平台宽度。对于平行和折行多跑楼梯等类型的楼梯,其转向后的中间平台宽度应不小于梯段宽度,以保证通行和梯段同股数人流,同时,应便于家具搬运,医院建筑还应保证担架在平台处能转向通行,其中间平台宽度应不小于1800mm。对于直行多跑楼梯,其中间平台宽度等于梯段宽,或者不小于1000mm。对于楼层平台宽度,则应比中间平台更宽松一些,以利于人流分配和停留。

(3)栏杆(板)扶手。栏杆(板)扶手是设在梯段及平台边缘的安全保护构件。当梯段宽度不大时,可只在梯段临空面设置;当梯段宽度较大时,非临空面也应加设靠墙扶手;当梯段宽度很大时,则需在楼梯中间加设中间扶手。

合理确定栏杆的高度

　　要合理确定栏杆的高度,即确定踏步前缘至上方扶手中心线的垂直距离。一般室内楼梯栏杆高度不应小于0.9m;室外楼梯栏杆高度不应小于1.05m;高层建筑室外楼梯栏杆高度不应小于1.1m。如果靠楼梯井一侧水平栏杆长度超过0.5m,其高度不应小于1.0m。

楼梯转弯处扶手高差的处理

上行和下行梯段的扶手在平台转弯处往往存在高差,应进行调整和处理。当上行和下行梯段在同一位置起止步时,可以把楼梯井处的横向扶手倾斜设置,并连接上下两段扶手,如图2-16(a)所示,如果把平台处栏杆外伸约1/2踏步或将上下梯段错开一个踏步,就可以使扶手顺利连接,如图2-16(b)、(c)所示。但这种做法栏杆占用平台尺寸较多,楼梯的占用面积也要增加。

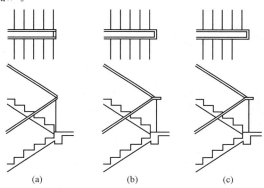

(a)　　　　　　(b)　　　　　　(c)

图 2-16　楼梯转弯处扶手高差的处理

(a)设横向倾斜扶手;(b)栏杆外伸;(c)上下梯段错开一个踏步

(五)屋顶

屋顶也称屋盖,是房屋顶部的围护和承重构件。它一般由承重层、防水层和保温(隔热)层三大部分组成,主要承受着风、霜、雨、雪的侵蚀、外部荷载以及自身重量。

屋顶的类型与建筑物的屋面材料、屋顶结构类型以及建筑造型要求等因素有关。按照屋顶的排水坡度和构造形式,屋顶分为平屋顶、坡屋顶和曲面屋顶三种类型。

(1)平屋顶。平屋顶是指屋面排水坡度小于或等于10%的屋顶,如图2-17所示。

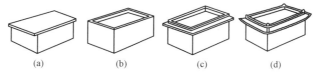

图 2-17　平屋顶的形式

（a）挑檐平屋顶；（b）女儿墙平屋顶；（c）挑檐女儿墙平屋顶；（d）盝顶平屋顶

（2）坡屋顶。屋面坡度大于 10% 的屋顶称为坡屋顶，如图 2-18 所示。

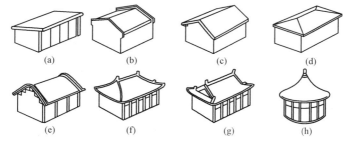

图 2-18　坡屋顶的形式

（a）单坡顶；（b）硬山两坡顶；（c）悬山两坡顶；（d）四坡顶；

（e）卷棚顶；（f）庑殿顶；（g）歇山顶；（h）圆攒尖顶

（3）曲面屋顶。曲面屋顶是由各种薄壳结构、悬索结构以及网架结构等作为屋顶承重结构的屋顶，如双曲拱屋顶、扁壳屋顶、鞍形悬索屋顶等，如图 2-19 所示。

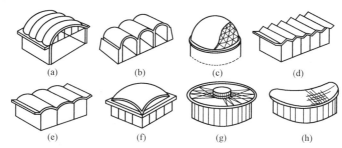

图 2-19　曲面屋顶的形式

（a）双曲拱屋顶；（b）砖石拱屋顶；（c）球形网壳屋顶；（d）V 形折板屋顶；

（e）筒壳屋顶；（f）扁壳屋顶；（g）车轮形悬索屋顶；（h）鞍形悬索屋顶

屋顶坡度

　　屋顶坡度主要是为屋面排水而设定的,坡度的大小与屋面选用的材料、当地降雨量大小、屋顶结构形式、建筑造型等因素有关。屋顶坡度太小容易渗漏,坡度太大又浪费材料。要综合考虑各方面因素,合理确定屋顶排水坡度,常用的屋面坡度表示方法有斜率法、百分比法和角度法。

　　斜率法是以屋顶斜面的垂直投影高度与其水平投影长度之比来表示,如 1∶5 等。较小的坡度则常用百分率,即以屋顶倾斜面的垂直投影高度与其水平投影长度的百分比值来表示,如 2%、5% 等。较大的坡度有时也用角度,即以倾斜屋面与水平面所成的夹角表示。

(六)门窗

　　门窗是房屋的围护构件。门主要供人们出入通行。窗主要是供室内采光、通风、眺望之用。同时,门窗还具有分隔和围护作用。

二、工业建筑构造

(一)厂房内部的起重运输设备

　　在生产过程中,为装卸、搬运各种原材料和产品以及进行生产、设备检修等,在地面上可采用电瓶车、汽车及火车等运输工具;在自动生产线上可采用悬挂式运输起重机或输送带等;在厂房上部空间可安装各种类型的起重机。起重机是目前厂房中应用最为广泛的一种起重运输设备。常见的起重机有单轨悬挂起重机、梁式起重机和桥式起重机等。

1. 单轨悬挂起重机

　　单轨悬挂起重机是在屋架或屋面梁下弦悬挂梁式钢轨,轨梁上设有可水平移动的滑轮组,利用滑轮组升降起重的一种起重设备,有手动和电动两种类型,如图 2-20 所示。单轨悬挂起重机起重量一般在 5t 以下,由于轨架悬挂在屋架下弦,因此对屋盖结构的刚度要求比较高。

2. 梁式起重机

　　梁式起重机由梁架和电动葫芦组成,可分为悬挂式和支承式两

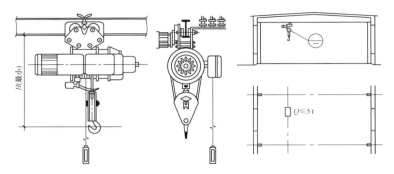

图 2-20　单轨悬挂起重机

种,其起重量一般不超过 5t。

(1)悬挂式。悬挂式是在屋架(或屋面梁)下弦悬挂梁式钢轨,钢轨成两平行直线,钢轨梁上安放滑行的单梁,单梁上设有可移动的滑轮组(电动葫芦),以升降重物,如图 2-21 所示。

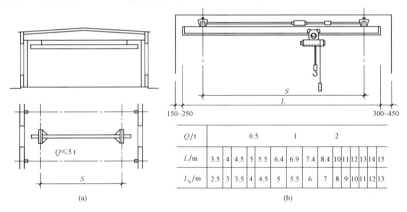

Q/t		0.5				1			2						
L/m	3.5	4	4.5	5	5.5	6.4	6.9	7.4	8.4	10	11	12	13	14	15
L_k/m	2.5	3	3.5	4	4.5	5	5.5	6	7	8	9	10	11	12	13

(a)　　　　　　　　　　(b)

图 2-21　悬挂式电动单梁起重机(DDXQ 型)

(a)平、剖面示意图;(b)安装示意图及尺寸

(2)支承式。支承式是在排架柱上设牛腿,牛腿上搁置起重机梁,起重机梁上安装钢轨,钢轨上设有可滑行的单梁,在单梁上设有可移动的滑轮组(电动葫芦),这样在单梁与滑轮组行走范围内均可起重,如图 2-22 所示。

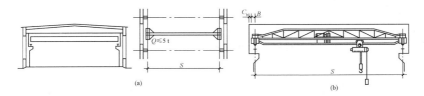

图 2-22　起重机梁支承电动单梁起重机

(a)平、剖面示意图；(b)安装示意图

3. 桥式起重机

桥式起重机由桥架和起重小车两部分组成，通常在排架柱上设置牛腿，牛腿上搁置起重机梁，起重机梁上安装钢轨，钢轨上设置能沿着厂房纵向滑移的双榀钢桥架（或板梁），桥架上设支承小车，小车能沿桥架横向滑移，并有供起重的滑轮组。在桥架与小车行走范围内均可起重，起重量从 5t 至数百吨。桥式起重机在桥架一端设有司机室，室内设置有供人员上下的钢梯。

(二)单层工业厂房结构组成和类型

单层厂房的骨架结构，由支撑各种竖向的与水平的荷载作用的构件所组成。厂房依靠各种结构构件合理地连接为一个整体，组成一个完整的结构空间以保证厂房的坚固、耐久。我国广泛采用钢筋混凝土排架结构和刚架结构，通常由横向排架、纵向联系构件、支撑系统构件和围护结构等几部分组成，如图 2-23 所示。

1. 单层厂房的结构组成

厂房承重结构由横向排架和纵向连系构件以及支撑系统组成。

(1)横向排架。横向排架包括屋架（或屋面梁）、柱子和柱基础，其基本特点是把屋架（或屋面梁）视为刚度很大的横梁。屋架（或屋面梁）与柱的连接为铰接，柱与基础的连接为刚接。它承受屋盖、天窗、外墙及起重机等荷载。

(2)纵向连系构件。纵向连系构件包括起重机梁、基础梁、连系梁（或圈梁）、大型屋面板等，这些构件连系横向排架，保证了横向排架的稳定性，形成了厂房的整体骨架结构系统，并将作用在山墙上的风力

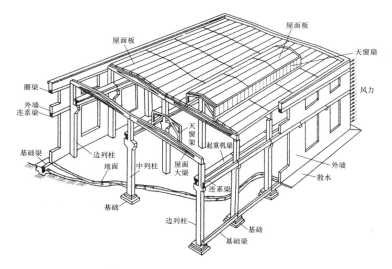

图 2-23 单层工业厂房装配式钢筋混凝土骨架及主要构件

和起重机纵向制动力传给柱子。

（3）支撑系统。支撑的主要作用是使厂房形成整体空间骨架，以保证厂房的空间刚度，同时能传递水平荷载，如山墙风荷载及起重机纵向制动力等，此外还保证了结构和构件的稳定。

支撑有屋盖支撑和柱间支撑两大部分。为保证厂房的整体刚度和稳定性，必须按结构要求，合理地布置必要的支撑。

2. 单层厂房的结构类型

单层厂房结构按其承重结构的材料分，有混合结构、钢筋混凝土结构和钢结构等类型。单层厂房结构按其主要承重结构的形式分，有排架结构和刚架结构两种常用的结构类型。

（1）排架结构。装配式钢筋混凝土排架结构是目前单层厂房中最基本的、应用比较普遍的结构形式。

（2）门式刚架。装配式钢筋混凝土门式刚架的基本特点是柱和屋架（横梁）合并为同一个构件，柱与基础的连接通常为铰接。目前，在单层厂房中用得较多的有两铰和三铰两种形式，如图 2-24 所示。

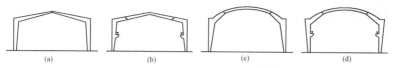

图 2-24　装配式钢筋混凝土门式刚架结构

(a)人字形刚架;(b)带起重机人字形刚架;(c)弧形拱刚架;(d)带起重机弧形刚架

思考与练习

一、单项选择题

1. 尺寸线应用细实线绘制,平行排列的尺寸线的间距宜为( )。

    A. 2~3　　　B. 3~5　　　　　C. 5~7　　　　　D. 7~10

2. 为消除疲劳,楼梯每一梯段的级数不应超过( )。

    A. 10　　　B. 12　　　　　C. 15　　　　　D. 18

3. 一般室内楼梯栏杆高度不应小于( )m,室外楼梯栏杆高度不应小于 1.05m。

    A. 0.9　　　B. 1.0　　　　　C. 1.05　　　　　D. 1.1

4. 屋面坡度大于 10% 的屋顶称为( )。

    A. 平屋顶　　B. 坡屋顶　　　C. 曲面屋顶　　D. 特殊屋顶

5. 梁式起重机的起重量一般不超过( )t。

    A. 2　　　B. 3　　　　　C. 4　　　　　D. 5

二、简答题

1. 试述测量员应履行的职责。

2. 什么是建筑总平面图?

3. 建筑平面图的尺寸标注有哪些要求?

4. 建筑立面图主要表示哪些内容?

5. 什么是地基?什么是基础?它们之间有何关系?

6. 楼梯的尺度应达到怎样的要求?

7. 屋顶的坡度设定与哪些因素有关?

8. 厂房内的起重运输设备有哪些?

9. 单层工业厂房结构由哪几部分组成?

中篇　仪器操作

第三章　工程测量仪器

第一节　钢尺量距工具

通常使用的直接量距工具为钢尺、皮尺,测钎、标杆、弹簧秤和温度计作为辅助工具。

一、钢尺

钢尺是钢制的带尺,尺的宽度为 10～15mm,厚度约为 0.4mm,长度有 30m、50m 等数种,如图 3-1 所示。

图3-1　钢尺

钢尺基本分划到厘米,在米与分米之间都有数字标记。一般钢尺在起点处一分米内刻有毫米分划;有的钢尺,整个尺长内都刻有毫米。

> 使用钢尺时必须注意钢尺的零点位置,以免发生错误。

钢尺的零点位置有端点尺和刻线尺之分,如图 3-2 所示。端点尺是以尺的最外端作为尺的零点,当从建筑物墙边开始丈量时使用方便。刻线尺是以尺前端的一刻线作为尺的零点。

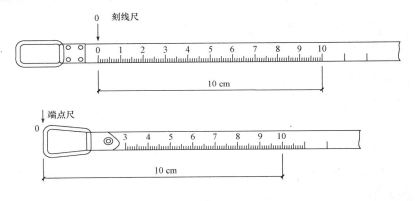

图 3-2　刻线尺与端点尺

二、标杆

标杆又称花杆,是定位放样工作中必不可少的辅助工具(图 3-3),作用是标定点位和指引方向。它的构造为空心铝合金圆杆或实心圆木杆,直径约为 3cm 左右,长度为 1.5~3m 不等,杆的下部为锥形铁脚,以便标定点位或插入地面,杆的外表面每隔 20cm 分别涂成红色和白色。

图 3-3　标杆

花杆的作用

在实际测量中花杆常被用于指引目标(标点)、定向、穿线。例如地面上有一点,以钉小钉的木桩标定在地面上,从较远处是无法看到此点的,那么在点上立一花杆并使锥尖对准该点,花杆竖直时,从远处看到花杆就相当于看到了该点,起到了导引目标的作用(标点)。

三、测钎

测钎由粗铁丝制成,长度为 40cm 左右,下部削尖以便插入地面,上部为 6cm 左右的环状,以便于手握。每 12 根为一束,测钎用于记录整尺段和卡链及临时标点使用,如图 3-4 所示。

图 3-4　测钎

四、弹簧秤和温度计

弹簧秤主要用于对钢尺施加规定的拉力,避免因拉力太小或太大造成的量距误差,如图 3-5(a)所示。

温度计主要用于钢尺量距时测定温度,以便对钢尺长度进行温度改正,消除或减小因温度变化使尺长改变而造成的量距误差,如图 3-5(b)所示。

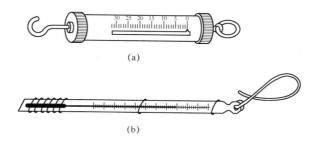

(a)

(b)

图 3-5　弹簧秤和温度计

(a)弹簧秤;(b)温度计

第二节 水准仪

一、水准仪的构造

在水准测量中所使用的仪器主要有水准仪、配套设施部分（水准尺和尺垫）。水准仪按精度分，有 DS_{10}、DS_3、DS_1、$DS_{0.5}$ 等几种不同等级的仪器。"D"表示"大地测量仪器"，"S"表示"水准仪"，下标中的数字表示仪器能达到的观测精度——每千米往返测高差中的误差（毫米）。目前常用的水准仪为 DS_3 型微倾式水准仪。

如图 3-6 所示为 DS_3 型微倾式水准仪外观。水准仪主要由望远镜、水准器、基座三部分组成。

图 3-6 DS_3 型微倾式水准仪

1—微倾螺旋；2—物镜调焦螺旋；3—水平微动螺旋；4—照准部制动螺旋；
5—圆水准器；6—符合水准器；7—符合水准器观察窗

（一）望远镜

望远镜是用来精确瞄准远处目标并对水准尺进行读数的，主要由物镜、目镜、调焦（对光）螺旋和十字丝分划板组成，如图 3-7（a）所示。望远镜按其调焦方式的不同分为外对光望远镜和内对光望远镜两大类。外对光望远镜由于缺点较多，已被淘汰。

测量上的望远镜与一般望远镜的最大区别是：在目镜的焦平面处

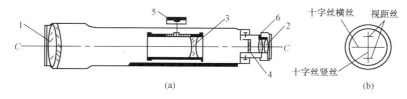

图 3-7　望远镜结构示意图

1—物镜；2—目镜；3—调焦透镜；4—十字丝分划板；

5—物镜调焦螺旋；6—目镜调焦螺旋

安装有十字丝分划板。如图 3-7（b）所示，十字丝分划板由平板玻璃圆片制成，其上刻有两条相互垂直的长线，竖直的一条称为竖丝，水平的一条称为横丝，其交点与物镜光心的连心延长出去就是望远镜瞄准目标时的视线。

> 在安装十字丝分划板时，要求竖丝应竖直，横丝应水平，因此它们可分别用于准确瞄准目标和读数。

（二）水准器

水准器是水准仪获得水平视线的重要部件，是用一个内表面磨成圆弧的玻璃管制成的，可分为管水准器和圆水准器两种。

1. 管水准器

管水准器，又称水准管，如图 3-8 所示，它是一个两端封闭的玻璃管，其纵剖面的上内壁被研磨成一定曲率半径的圆弧，管内装有酒精和乙醚的混合液，加热融封冷却后留有一个气泡。由于气泡较轻，因此它将始终处于管内最高点位置。

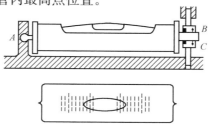

图 3-8　水准管示意图

水准管的上表面对称刻有间隔为 2mm 的分划线。分划线的对称中心称为水准管的零点。过零点所作水准管圆弧的纵向切线 LL 称为水准管轴。在仪器安装时,水准管与望远镜固连在一起,并要求水准管轴应平行于望远镜的视准轴 CC,如图 3-9 所示。

当仪器粗平后,调整微倾螺旋使水准管气泡居中时,水准管轴 LL 即处于水平位置,此时视准轴 CC(仪器提供的视线)也处于水平状态。

2. 圆水准器

圆水准器主要是由金属的圆柱形盒子与玻璃圆盖构成的,如图 3-10 所示。圆水准器顶面的内壁磨成圆球面,顶面中央刻有一个小圆圈。其圆心 O 称为圆水准器的零点,过零点 O 的法线 $L'L'$ 称为圆水准轴。由于它与仪器的旋转轴(竖轴)平行,所以当气泡居中时,圆水准轴处于竖直(铅垂)位置,表示水准仪的竖轴也大致处于竖直位置。

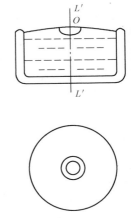

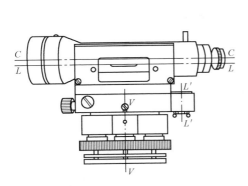

图 3-9　微倾式水准仪主要轴线示意图　　　　图 3-10　圆水准器示意图

圆水准器分划值一般为 $8'/2mm$,由于分划值较大,则灵敏度较低,只能用于水准仪的粗略整平,如图 3-11 所示。

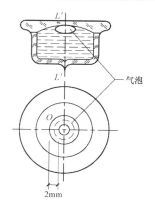

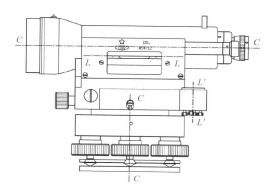

图 3-11　圆水准器整平

水准器灵敏度和分划值

气泡在水准器内快速移动到最高点的能力称为灵敏度。水准器灵敏度的高低与水准器的分划值有关。

水准器的分划值也叫水准器格值，它是指水准器上相临两分划线（2mm）间弧长所对应的圆心角值的大小，用 τ 表示。若圆弧的曲率半径为 R（图 3-11），则分划值 τ 为：

$$\tau = \frac{2}{R} \cdot \rho$$

DS_3 型水准仪的圆水准器分划值为 $8'/\text{mm}$，水准管分划值一般为 $20''/2\text{mm}$。

分划值与灵敏度的关系为：分划值大，灵敏度低；分划值小，灵敏度高。但水准管气泡的灵敏度越高，气泡越不稳定，使气泡居中所需的时间越长，所以水准器的灵敏度应与仪器的性能相适应。

（三）基座

水准仪基座呈三角形，主要作用是支撑仪器的上部并与三脚架连接。它主要由轴座、三个脚螺旋和连接板组成。仪器上部通过竖轴插入轴座内，由基座承托。转动脚螺旋调节圆水准器使气泡居中。整个仪器通过连接螺旋与三脚架相连接。

制动螺旋和微动螺旋

　　为了控制望远镜在水平方向转动,仪器还装有制动螺旋和微动螺旋。当旋紧制动螺旋时,仪器就固定不动,此时转动微动螺旋,可使望远镜在水平方向做微小的转动,用以精确瞄准目标。

二、水准仪配套设施部分

(一)水准标尺

水准尺是配合水准仪进行水准测量的工具。常用的水准尺为塔尺与双面尺。

1. 塔尺

塔尺两面均有刻画,尺底均以零起算,最小分划值多为 1cm;每米和分米处注有数字,数字上方的圆点表示米数。塔尺有 5m 和 3m 两种。图 3-12 所示为塔尺示意图。

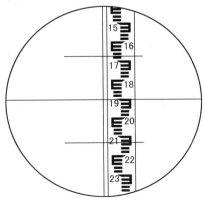

图 3-12 塔尺示意图

2. 双面尺

双面尺多用于三、四等水准测量,其长度有 2m 和 3m 两种,且两根尺为一副。双面尺的两面均有刻画,基本分划均为 1cm,并在每米和分米处注有数字。一面为黑白相间的,简称黑面,且两根尺的黑面底部均为零。另一面为红白相间的,简称红面。图 3-13 所示为双面水准尺示意图。

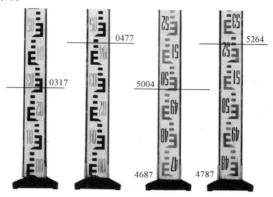

图 3-13 双面水准尺示意图

(二)水准尺垫

尺垫是支撑水准尺的工具,多为生铁铸成,一般为三角形或圆形,其下方有三个支脚,上方中央有一突起圆顶。使用时,用脚将尺垫踏实,将水准尺立在突起圆顶上,以防尺子在施测过程中下沉和标志转点之用。根据水准测量等级高低,尺垫的大小和重量有所不同,有 5kg、2kg、1kg 重量不等的尺垫。图 3-14 为尺垫示意图。

图 3-14 尺垫示意图

特别提示

水准尺使用注意事项

(1)使用双面水准标尺,必须成对使用。例如,用于三、四等水准测量的普通水准标尺,应使用红面零点刻划分别为 4687mm 和 4787mm 的一对水准尺。

(2)观测时,特别是在读取中丝读数时应使水准标尺的圆水准器气泡居中。

(3)为保证同一标尺在前视与后视观测的位置一致,在水准路线的转点上应使用尺台或尺桩。尺垫通常用于一般地区的水准测量,尺桩用于沙地或土质松软地区的水准测量。标尺立于尺台或尺桩的球形顶上,保证在水准仪迁站后重放标尺时位置一致。

(4)正像水准仪配正字水准尺,倒像水准仪配倒字水准尺。

三、水准仪的使用

(一)水准仪操作程序

微倾式水准仪的操作程序一般包括仪器的安置、粗略整平、照准和调焦、精确整平、读数五大基本步骤。

1. 仪器的安置

安置水准仪的目的就是使稳定架设的水准仪提供一条水平视线;竖立水准尺就是使标尺稳定竖立处于铅垂状态。

在架设仪器处,打开三脚架,通过目测,使架头大致水平且高度适中(约在观测者的胸颈部),将仪器从箱中取出,用连接螺旋将水准仪固定在三脚架上,放稳第三支腿。

特别提示

仪器安置过程中应注意事项

(1)开箱取仪器时,要记清仪器在箱内的摆放位置及方向;

(2)装箱时按原样放回,并随手关箱上锁;

(3)从箱内取出水准仪时,要一只手抓住仪器基座,另一只手拿连接螺旋;

(4)在连接螺旋没拧紧之前,手要一直扶着仪器,以防仪器从三脚架头上滑落。

2. 粗略整平

粗平就是通过调节仪器脚螺旋使圆水准气泡居中,以达到水准仪的竖轴近似垂直,视线大致水平。水准仪粗略整平的主要步骤如下:

(1)如图 3-15(a)所示,设气泡偏离中心于 a 处时,可以先选择一对脚螺旋①、②,用双手以相对方向转动两个脚螺旋,使气泡移至两脚螺旋连线的中间 b 处。

> 在整平过程中,气泡移动的方向恒与左手大拇指运动方向一致,而与右手大拇指运动方向相反;此项操作,有时需反复进行多次,直至气泡居中为止。

(2)再转动脚螺旋③使气泡居中,如图 3-15(b)所示。

(3)如此反复进行,直至气泡严格居中。

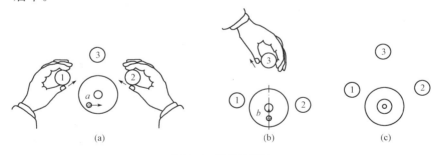

(a)　　　　　　(b)　　　　　　(c)

图 3-15　粗平示意图

3. 瞄准

瞄准,即瞄准水准尺。其具体又可分解为目镜对光、初步照准、物镜对光、精瞄、检查并消除误差五步。

（1）目镜对光。将望远镜对向较明亮处,转动目镜对光螺旋,使十字丝调至最为清晰为止。

（2）初步照准。放松照准部的制动螺旋,利用望远镜上部的照门和准星,对准水准尺,然后拧紧制动螺旋。

（3）物镜对光和精确瞄准。先转动物镜对光螺旋使尺像清晰,然后转动微动螺旋使尺像位于视场中央。

（4）消除视差。物镜对光后,眼睛在目镜端上、下微微地移动,因为十字丝和水准尺的像有相互移动的现象,这种现象称为视差。视差产生的原因是水准尺没有成像在十字丝平面上。

4. 精确整平

精平是在读数前转动微倾螺旋使气泡居中,从而得到精确的水线。转动微倾螺旋时速度应缓慢,直至气泡稳定不动而又居中时为止。精确整平的主要步骤是:先从目镜左侧的符合气泡观察窗中察看气泡的两个半相吻合;如不吻合,再用右手缓慢旋转微倾螺旋,直至气泡两端的影像完全吻合为止。

特别提示

精平整平过程中应注意事项

（1）气泡左半边影像的运动方向恒与右手大拇指转动方向一致;

（2）转动微倾螺旋时,应缓慢而均匀,尤其是在气泡两半边影像即将要符合时;

（3）当望远镜转到另一方向观测时,气泡不一定符合,应重新精平,符合气泡居中后才能读数。

5. 观测读数

当气泡符合后,立即用十字丝横丝在水准尺上读数。读数前要认清水准尺的注记特征。望远镜中看到的水准尺是倒像时,读数应自上而下,从小到大读取,直接读取 m、dm、cm、mm（为估读数）四位数字。读数后要立即检查气泡是否仍符合居中,否则,重新符合后读数。

特别提示

水准仪读数过程中需注意的问题

（1）应先判明所用水准尺的分划和注记特征、零点常数，以免读错。

（2）应根据注记数字，由小数字到大数字的方向读取读数。如图3-16所示，读数分别应为 1.274m、5.960m、2.534m。

（3）读数时，应先估读毫米数，然后再报出全部读数。

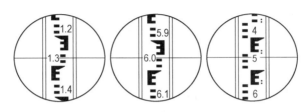

图 3-16　水准仪的读数

（4）精平后，要马上读数。读完数后，还要检查气泡是否仍然符合（外部环境等因素的影响可能会破坏视线的水平状态）。如不符合，要重新调整，符合后再重新读数，以确保在视线精确水平的状态下进行读数。

（5）由于圆水准器只能使视线粗略水平，所以当仪器转向另一方向观测时，符合气泡可能不再符合，这时必须重新转动微倾螺旋使其符合后才能读取尺读数。但不能重新调节脚螺旋，否则，视线高度就会发生变动。

（二）水准仪的检校与校正

测量仪器设备出厂后必须进行首次检验，出厂后长时间使用后仪器轴系关系可能发生变化，因此测量仪器应当按法规、规定和技术规范的要求，进行后续的年检和使用中的检验，以消减仪器误差对观测结果的影响。

为保证水准测量成果准确可靠，除在作业过程中对仪器引起的误差采取措施消减外，还要在作业前对水准仪、水准尺进行检校，在作业过程中还要定期检校。

1. 水准仪轴线应满足的条件

水准仪的轴线如图 3-17 所示,其主要轴线:CC_1 为望远镜视准轴,LL_1 为水准管轴,$L'L_1'$ 为圆水准器轴,VV_1 为竖轴。在进行水准测量时,水准仪必须提供一条水平视线。因此,水准仪的视准轴必须平行于水准管轴,这是水准仪应满足的主要条件。

综上所述,水准仪的轴线应满足以下条件:

(1)圆水准器轴平行于仪器的纵轴($L'L_1'$∥VV_1)。

(2)十字丝的中丝(横丝)垂直于仪器的纵轴。

(3)水准管轴平行于视准轴(LL_1∥CC_1)。

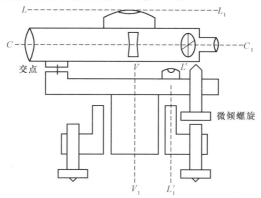

图 3-17　水准仪的轴线图

2. 水准仪一般性检验

水准仪检验校正之前,应先进行一般性的检验,检查各主要部件是否能起有效的作用。安置仪器后,应检验望远镜成像是否清晰,物镜对光螺旋和目镜对光螺旋是否有效、制动螺旋、微动螺旋、微倾螺旋是否有效,脚螺旋是否有效,三脚架是否稳固等。如果发现有故障应及时修理。

3. 水准仪轴线几何条件的检验与校正

(1)圆水准器轴应平行于竖轴($L'L'$∥VV)。

1)检验:安置仪器后,转动脚螺旋使圆水准器气泡居中,如图

3-18(a)所示,此时,圆水准器轴处于铅垂。然后将望远镜绕竖轴旋转180°,如果气泡仍居中,说明条件满足。如果气泡偏离中心,如图 3-18(b)所示,则需要校正。

2)校正:首先转动脚螺旋使气泡向中心方向移动偏距的一半,即 VV 处于铅垂位置,如图 3-18(c)所示。其余的一半用校正针拨动圆水准器的校正螺旋使气泡居中,则 $L'L'$ 也处于铅垂位置,如图 3-18(d)所示,则满足条件 $L'L'$ ∥ VV。

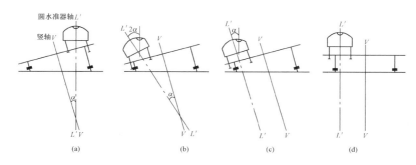

图 3-18　圆水准器轴平行于竖轴的检验与校正

圆水准器下面有一个中心固定螺旋,在拨动校正螺旋之前,应该先稍松开该螺旋后再按照圆水准器粗平的方法,用校正针拨动相邻的两个,再拨动另一个校正螺旋,使气泡居中。

此项校正一般都难以一次完成,因为校正量是目估的,则需反复检校,直到仪器旋转到任何方向,气泡均基本居中为止。校正完毕后务必将中心固定螺钉拧紧。

(2)十字丝横丝应垂直于竖轴(十字丝⊥ VV)。

1)检验:整平仪器后用十字丝横丝的一端对准一个清晰固定点 M,如图 3-19(a)所示,旋紧制动螺旋,再用微动螺旋使望远镜缓慢移动,如果 M 点始终不离开横丝,如图 3-19(b)所示,则说明条件满足。如果离开横丝,如图 3-19(c)所示,则需要校正。

2)校正:旋下十字丝护罩,松开十字丝分划板座固定螺旋,微微转动十字丝环,使横丝水平(M 点不离开横丝为准),然后将固定螺旋拧紧,旋上护罩。

此项误差不明显时,可不必进行校正。工作中利用横丝的中央部分读数,以减少该项误差的影响。

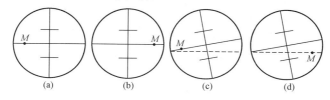

(a)　　　　　(b)　　　　　(c)　　　　　(d)

图 3-19　十字丝的检验与校正

(3)水准管轴应平行于视准轴($LL // CC$)。

1)检验:如图 3-20(a)所示,在较平坦地段,相距约 80m 左右选择 A、B 两点,打下木桩标定点位,并立水准尺。用皮尺丈量定出 AB 的中间点 M,并在 M 点安置水准仪,用双仪高法两次测定 A 至 B 点的高差。当两次高差的较差不超过 3mm 时,取两次高差的平均值 $h_{平均}$ 作为两点高差的正确值。然后将仪器置于距 A(后视点)点 2～3m 处,再测定 AB 两点间高差,如图 3-20(b)所示。因仪器离 A 点很近,故可以忽略 i 角对 a_2 的影响,A 点尺上的读数 a_2 可以视为水平视线的读数。因此视线水平时的前视读数 b_2 可根据已知高差 $h_{平均}$ 和 A 尺读数 a_2 计算求得:$b_2 = a_2 - h_{AB}$。如果望远镜瞄准 B 点尺,视线精平时的读数 b_2' 与 b_2 相等,则条件满足,如果 $i'' = b_2' - b_2 / D_{AB} \times \rho''$ 的绝对值大于 $20''$ 时,则仪器需要校正。

2)校正:转动微倾螺旋使横丝对准的读数为 b_2,然后放松水准管左右两个校正螺旋,再一松一紧调节上、下两个校正螺旋,使水准管气泡居中(符合),最后再拧紧左右两个校正螺旋,此项校正仍需反复进行,直至达到要求为止。

四、其他类型水准仪简介

1. 精密水准仪

(1)DS$_1$ 精密水准仪(图 3-21)的构造特点如下:

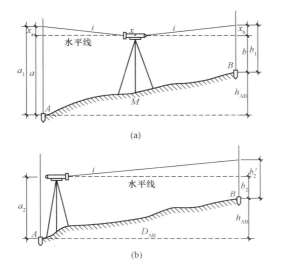

图 3-20 水准管的检验与校正

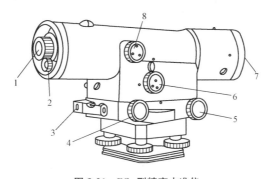

图 3-21 DS$_1$ 型精密水准仪

1—目镜；2—测微读数显微镜；3—十字水准器；4—微倾螺旋；
5—微动螺旋；6—测微螺旋；7—物镜；8—对光螺旋

1）望远镜性能好，物镜孔径大于 40mm，放大率一般大于 40 倍。

2）望远镜筒和水准器套均用铟瓦合金铸件构成，具有结构坚固、水准管轴与视准轴关系稳定的特点。

3)采用符合水准器,水准管的分划值为(6″～10″)/2mm;对于自动安平水准仪,其安平精度一般不低于0.2″。

4)为了提高读数精度,望远镜上装有平行玻璃测微器,最小读数为0.1～0.05mm。

(2)平行玻璃板测微器。平行玻璃板测微器由平行板、测微分划尺、传动杆、测微螺旋和测微读数系统组成,如图3-22所示。

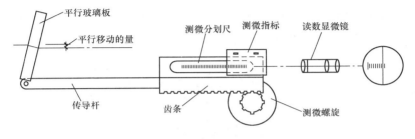

图3-22　平行玻璃板测微器

平行玻璃板装在物镜前面,通过有齿条的传动杆与测微分划尺相连接。当转动测微螺旋时,传动杆带动平行玻璃板前后俯仰,而使视线上下平行移动,同时测微分划尺也随之移动。当平行玻璃板铅垂时,光线不产生平移;当平行玻璃板倾斜时,视线经平行玻璃板后则产生平行移动,移动的数值则由测微尺读数反映出来。

(3)精密水准尺。精密水准尺(又叫铟瓦水准尺)的长度受外界温度、湿度影响很小,尺面平直,刻划精密,最大误差每米不大于±0.1mm,并附有足够精度的圆水准器。

精密水准仪的读数方法

读数时,先转动微倾螺旋。从望远镜内观察使水准管气泡影像符合。再转动测微螺旋,使望远镜中的楔形丝夹住靠近的一条整分划线。其读数分为两部分:厘米以上的数由望远镜直接在尺上读取;厘米以下的数从测微读数显微镜2中读取,估读至0.01mm。

精密水准尺一般都是线条式分划,在木制的尺身中间凹槽内,装有厚 1mm、宽 26mm 的钢瓦带尺,尺底一端固定,另一端用弹簧拉紧,以保持钢瓦带尺的平直和不受木质尺身伸缩的变化而变化。瓦带尺上有左右两排分划,右边为基本分划,左边为辅助分划,彼此相差一个常数 K,相当于双面尺,以供测量校核之用。

2. 自动安平水准仪

自动安平水准仪的构造简图如图 3-23 所示,DZS$_3$ 型自动安平水准仪的结构剖面图如图 3-24 所示。

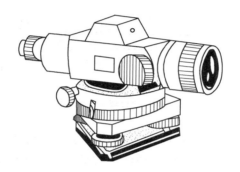

图 3-23　自动安平水准仪

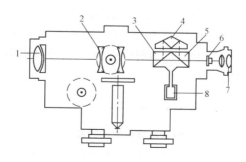

图 3-24　DZS$_3$ 型自动安平水准仪结构剖面图

1—物镜;2—调焦镜;3—直角棱镜;4—屋脊棱镜;5—直角镜;

6—十字丝分划板;7—目镜;8—阻尼器

在对光透镜与十字分划板之间安装一个补偿器,这个补偿器由固定在望远镜上的屋脊棱镜以及用金属丝悬吊的两块直角棱镜组成。当望远镜倾斜时,直角棱镜在重力摆作用下,做与望远镜相反的偏转运动,而且由于阻尼器的作用,很快会静止下来。

当视准轴水平时,水平光线进入物镜后经过第一个直角棱镜反射到屋脊棱镜,在屋脊棱镜内作三次反射后,到达另一直角棱镜,再经反射后光线通过十字丝的交点。

自动安平水准仪的使用

自动安平水准仪的使用方法与普通水准仪的使用方法大致一样,但也有不同之处。自动安平水准仪的操作方法与普通水准仪的操作方法不同的是,自动安平水准仪经过圆水准器粗平后,即可观测读数。

对于 DZS 自动安平水准仪,在望远镜内设有警告指示窗。当警告指示窗全部呈绿色时,表明仪器竖轴倾斜在补偿器补偿范围内,即可进行读数。否则警告指示窗会出现红色,表明已超出补偿范围,应重新调整圆水准器。

3. 电子数字水准仪

电子水准仪(图 3-25)具有速度快、精度高、读数方便、易于观测等特点。所测得的数字成果易于数字化处理。电子水准仪大多采用相关法、几何法或相位法原理。

图 3-25　Leica DNA03 水准仪

徕卡数字水准仪配套的水准标尺为伪随机条码(图 3-26),该条码图像已被存储在数字水准仪中作为参考信号。在条码标尺上,最窄的条码宽为 2.025mm(黑的、黄的或白的),称为基本码宽。在标尺上共有 2000 个基本码(指 4.05m 的标尺),不同数量的同颜色的基本码相连在一起,就构成了宽窄不同的码条。

测量信号与参考信号进行比较,这就是相关过程,称为相关。例如先与标尺底部对齐,发现不相同,然后往上移动一个步距(基本码宽),再比较,直到两码相同为止,或者两信号相同为止,也就是最佳相关位置时,读数就可以确定。移动

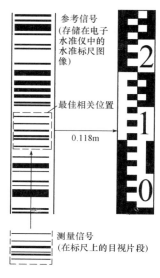

图 3-26　数字水准尺

一个基本码宽来进行比较的精度是不够的,但是可以作为粗相关过程,得到粗读数。再在粗读数上下选取一定范围,减少步距,就可以得到精度足够的读数。

特别提示

电子数字水准仪的使用要点

仪器使用前应将电池充电。充电开始后充电器指示灯开始闪烁,充电时间约为 2h,当指示灯不闪烁时完成充电。

电子数字水准仪操作步骤与自动安平水准仪基本相同,只是电子数字水准仪使用的是条码尺。当瞄准标尺,消除视差后按[Measure]键,仪器即自动读数。除此之外,仪器能将倒立在房间或隧道顶部的标尺识别,并以负数给出。电子数字水准仪也可与铟瓦尺配合使用。

第三节 经纬仪

一、经纬仪的分类

经纬仪的主要功能是测定或放样水平角和竖直角。经纬仪的种类繁多,如按读数系统分区,可以分成光学经纬仪和电子经纬仪两种。

(一)光学经纬仪

1. 光学经纬仪基本构造及功能

DJ_6型光学经纬仪主要由基座、照准部和度盘三大部分组成,如图 3-27 所示。

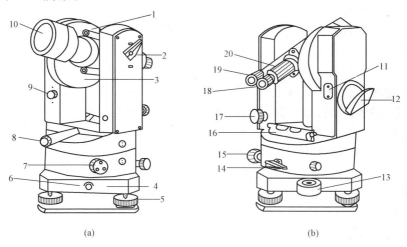

(a)   (b)

图 3-27 DJ_6光学经纬仪

1—望远镜制动螺旋;2—望远镜物镜;3—望远镜微动螺旋;

4—水平制动螺旋;5—水平微动螺旋;6—脚螺旋;7—竖盘水准管观察镜;

8—竖盘水准度;9—瞄准器;10—物镜调焦环;11—望远镜目镜;

12—度盘读数镜;13—竖盘水准管微动螺旋;14—光学对中器;

15—圆水准器;16—基座;17—垂直度盘;18—度盘照明镜;

19—平盘水准管;20—水平度盘位置变换轮;21—基座底板

（1）基座。基座是仪器的底座，由一固定螺旋将其与照准部两者连接在一起，螺旋固紧。在基座下面，用中心连接螺旋将经纬仪固定在三脚架上，基座上装有三个脚螺旋，用于整平仪器。

> 基座用于支承整个仪器，利用中心螺旋使经纬仪照准部紧固在三脚架上，脚螺旋用于经纬仪的整平。

（2）照准部。仪器的最下部是基座，观测时基座部分固定在三脚架上，不能转动，基座上部能转动的部分叫作照准部。照准部是光学经纬仪的重要组成部分，主要由望远镜、照准部水准管、竖直度盘（简称竖盘）、光学对中器、读数显微镜及竖轴等各部分组成。照准部可绕竖轴在水平面内转动。

1）望远镜。望远镜固连在仪器横轴（又称水平轴）上，可绕横轴俯仰转动而照准高低不同的目标。

2）照准部水准管。照准部水准管用来精确整平仪器。

3）竖直度盘。竖直度盘用光学玻璃制成，可随望远镜一起转动，用来测量竖直角。

4）光学对中器。光学对中器用来进行仪器对中，即使仪器中心位于过测站点的铅垂线上。

5）竖盘指标水准管。竖盘指标水准管是在竖直角测量中，利用竖盘指标水准管微动螺旋使气泡居中，保证竖盘读数指标线处于正确位置。

6）读数显微镜。读数显微镜用来精确读取水平度盘和竖直度盘读数。

（3）度盘。水平度盘是由光学玻璃制成的圆盘，在其上划有分划，从 $0°\sim360°$ 按顺时针方向注记，用来测量水平角。竖直度盘（一般简称竖盘）装在横轴的一端，当望远镜在竖面内上下转动时，竖盘跟着一起转动，用来测量竖直角。

特别提示

光学经纬仪的使用

光学经纬仪水平度盘装有度盘变换手轮，一种是采用水平度盘位置变换手轮，或称转盘手轮，使用时，将手轮推压进去，转动手轮，水平度盘跟着转动。另一种结构是复测装置，水平度盘与照准部的关系依靠复测装置控制。

2. 读数装置及其读数方法

光学经纬仪的水平度盘和竖直度盘的分划是通过一系列的棱镜和透镜成像在望远镜目镜边的读数显微镜内的。由于度盘尺寸有限,最小分划间隔难以直接刻划到秒。为了实现精密测角,要借助光学测微技术。不同的测微技术读数方法也不同,DJ$_6$型光学经纬仪常用分微尺测微器和单平板玻璃微器两种方法。

(1)分微尺测微器原理及其读数方法。图 3-28 所示为 DJ$_6$型光学经纬仪分微尺测微器读数系统及光路图。

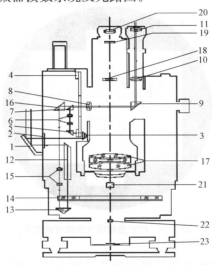

图 3-28   DJ$_6$型光学经纬仪分微尺测微器读数系统及光路图

1—度盘照明反光镜;2—度盘照明进光窗;3—竖盘照明棱镜;4—竖直度盘;

5—竖盘照准棱镜;6—竖盘显微物镜组;7—竖盘转像棱镜;8—测微尺;

9—度盘读数转像棱镜;10—读数显微镜物镜;11—读数显微镜目镜;

12—水平度盘照明棱镜;13—水平度盘折光棱镜;14—水平度盘;

15—水平度盘显微镜组;16—水平度盘转像棱镜;17—望远镜物镜;

18—望远镜调焦透镜;19—十字丝分划板;20—望远镜目镜;

21—光学对点反光棱镜;22—光学对中器物镜;23—光学对中器保护玻璃

水平度盘像经过显微镜组放大,经过转像棱镜,进入分微尺,如

图 3-29 所示。由于度盘分划间隔是 1°，所以分微尺分划总宽度刚好等于度盘一格的宽度。分微尺有 60 个小格，一小格代表 1'。光路中的 6、15(图 3-28)显微物镜组起放大作用。调节透镜组上、下位置，可以保证分微尺上从 0～60 的全部分划间隔和度盘上一个分划的间隔相等。角度的整度值可从度盘上直接读出，不到一度的值在分微尺上读取。可估读到 0.1'，即 6"。若发现秒值不是 6" 的倍数，说明读数有问题。图 3-29 中水平度盘的读数应是 214°54.7'(214°54'42")，竖直度盘读数是 79°05.5'(79°05'30")。

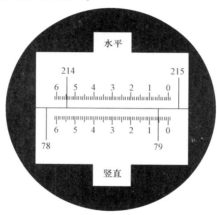

图 3-29 读数显微镜内测微度盘成像

(2)单平板玻璃测微器原理及其读数方法。由于光线通过不同的介质接触面会产生折射，所以光线以一定的入射角 i 穿过一定厚度的玻璃板时，会产生光线的平移现象。当玻璃材料选定后，其折射率 n 和厚度一定，改变光线的入射角 i，就会改变光线移动量 h。单平板玻璃测微器就是根据这一原理设计的。

单平板玻璃测微器原理结构，如图 3-30 所示。读数窗刻有双指标线和单指标线。度盘分划线、测微尺分划线都分别呈现在读数窗内。当光线垂直入射到平板玻璃上时，测微尺的读数应为 0，这时竖盘读数为 92°＋a。调节测微手轮，平板玻璃转动，度盘像移动，同时测微尺也随之移动，使盘刻线像移动到刚好被双指标线夹住，此时双线夹住 92°,移动量可以从测微尺上读取。其全部读数为 92°17′34″。

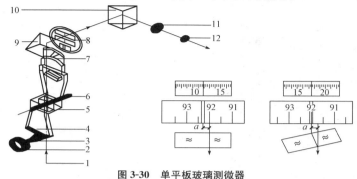

图 3-30 单平板玻璃测微器

1—光线;2—调节测微手轮;3—齿轮;4—扇形齿轮;5—平板玻璃;6—旋转轴;
7—测微尺;8—读数窗;9—转向棱镜;10—反光棱镜;11,12—读数显微镜

(二)电子经纬仪

世界上第一台电子经纬仪(electronic theodolite)于 1968 年研制成功,但直到 20 世纪 80 年代初才生产出商品化的电子经纬仪。随着电子技术的飞速发展,电子经纬仪的制造成本急速下降,目前,国产电子经纬仪的售价已经逼近同精度的光学经纬仪的价格。电子经纬仪利用光电转换原理和微处理器自动测量度盘的读数并将测量结果显示在仪器显示窗上,如将其与电子手簿连接,可以自动存储测量结果。图 3-31 所示为我国南方测绘仪器公司生产的 ET—02 电子经纬仪。

电子经纬仪的测角系统有三种:光栅度盘测角系统、编码度盘测角系统和光栅动态测角系统。

1. 光栅度盘测角原理

如图 3-32(a)所示,在玻璃圆盘的径向,均匀地按一定的密度刻划有交替的透明与不透明的辐射状条纹,条纹与间隙的宽度均为 a,这就构成了光栅度盘。如图 3-32(b)所示,如果将两块密度相同的光栅重叠,并使它们的刻线相互倾斜一个很小的角度 θ,就会出现明暗相间的条纹,这种条纹称为莫尔条纹。莫尔条纹的特性是两光栅的倾角 θ 越小,相临明、暗条纹间的间距 w(简称纹距)就越大,其关系为:

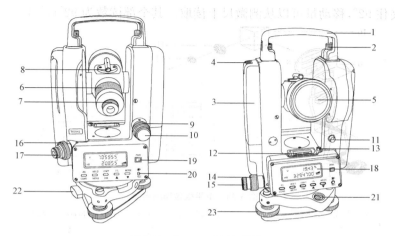

图 3-31 ET-02 电子经纬仪

1—手柄；2—手柄固定螺丝；3—电池盒；4—电池盒按钮；5—物镜；6—物镜调焦螺旋；

7—目镜调焦螺旋；8—光学瞄准器；9—望远镜制动螺旋；10—望远镜微动螺旋；

11—光电测距仪数据接口；12—管水准器；13—管水准器校正螺丝；14—水平制动螺旋；

15—水平微动螺旋；16—光学对中器物镜调焦螺旋；17—光学对中器目镜调焦螺旋；

18—显示窗；19—电源开关键；20—显示窗照明开关键；21—圆水准器；

22—轴套锁定钮；23—脚螺旋

$$w=\frac{d}{\theta}\rho'$$

式中，θ 的单位为分，$\rho'=3438'$。例如，当 $\theta=20'$ 时，$w=172d$，即纹距 w 比栅距 d 大 172 倍。这样，就可以对纹距进一步细分，以达到提高测角精度的目的。

当两条光栅在与其刻线垂直的方向相对移动时，莫尔条纹将作上下移动。当相对移动一条刻线距离时，莫尔条纹则上下移动一周期，即明条纹正好移到原来邻近的一条明条纹的位置上。

如图 3-32(a)所示，为了在转动度盘时形成莫尔条纹，在光栅度盘上安装有固定的指示光栅。指示光栅与度盘下面的发光二极管和上面的光敏二极管固连在一起，不随照准部转动。光栅度盘与经纬仪的照准部固连在一起，当光栅度盘与经纬仪照准部一起转动时，即形成莫尔条纹。随着莫尔条纹的移动,光敏二极管将产生按正弦规律变化的电信号,将此电信号整形,可变为矩形脉冲信号,对矩形脉冲信号计数,即可求得度盘旋转的角值。

测角读数

测角时,在望远镜瞄准起始方向后,可使仪器中心的计数器为 $0°$(度盘置零)。在度盘随望远镜瞄准第二个目标的过程中,对产生的脉冲进行计数,并通过译码器换算为度、分、秒送显示器窗口显示出来。

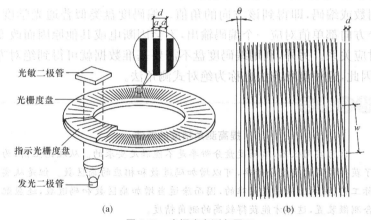

(a)

(b)

图 3-32 光栅度盘测角原理

(a)光栅度盘;(b)莫尔条纹

2. 编码度盘测角原理

根据角度信息在度盘上编码信息形式的不同,编码度盘分为码区度盘和条码度盘两种。

(1)码区度盘测角原理。码区度盘的基本结构,如图 3-33 所示,度盘划分为许多码道,并根据码道数划分为一定数量的扇区,设码道数为 n,扇区数为 2^n。通过将码道与扇区交叉区域设置为透光和不透光,透光部分代表二进制数 1,不透光部分代表二进制数 0,将每个扇区赋予一个二进制数或编码,其值为0至2^n,这样便将度盘划分为2^n份。图3-33所示为4个码道的编码度盘,显然度盘的分辨率为$\gamma = 360°/2^4 = 22.5°$

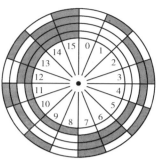

图3-33 4个码道的编码度盘

在度盘径向对应每个码道的两面分别设置有光源和光敏器件,光源和光敏器件与照准部固连在一起,随照准部转动。这样,当照准目标后,视准轴方向的投影落在度盘的某一扇区上,由微处理器将光敏器件的电信号转换为二进制数或编码,即得到该方向的角值。编码度盘类似普通光学度盘,每个方向都单值对应一个编码输出,不会因断电或其他原因而改变这种对应关系。另外,利用编码度盘不需要基准数据就可得到绝对方向值,因此,这种测角方法也称为绝对式测角法。

特别提示

提高测角精度的方法

作为实用仪器,编码度盘分辨率是不能满足要求的。从理论上讲,为了获得较高的角度分辨率,可以增加码道数和相应的扇区数。但是从实际工艺、技术上来讲是困难的,因而除适当增加扇区数和码道数,还应配合测微装置,这样才能获得较高的测角精度。

(2)条码度盘测角原理。条码是由一组按一定编码规则排列的条、空符号,用以表示一定的字符、数字及符号组成的信息。如图3-34所示为一条码示例。条码系统是由条码符号设计、制作及扫描阅读组成的自动识别系统。

条码具有可靠准确、易于制作、识别速度快等优点。条码度盘使用条码系统原理,识别度盘上的条码角度信息,从而实现角度测量。其突出优点是度盘上只需要一个刻划码道。这种技术除用于电子测角外,在电子水准仪中也得到了广泛的应用。

条码度盘测角原理,如图 3-35 所示。由光路系统将度盘条码影像投射到线阵 CCK 阵列上,经 A/D 模数转换为数字信号,由 CPU 识别出角度值,其精度约为 $0.23°$。

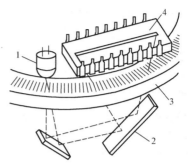

图 3-34　条码度盘

图 3-35　条码度盘测角原理
1—发光管;2—光路系统;
3—条码度盘;4—线阵 CCD 阵列

特别提示

条码识别注意事项

在条码识别过程中,首先确定 CCD 阵列上独立编码线的中心位置,然后使用适当的计算方法求得平均值,完成精密测量。为了确定位置,必须捕获至少 10 条编码线,然而在通常情况下,单次测量即可包含约 60 条编码线,进而改进了测角的内插精度,进一步提高了测角的可靠性。

3. 光栅动态度盘测角原理

光栅动态测角方式是建立在计时扫描绝对动态测角基础之上的一种电子测角方式。系统由绝对光栅度盘及驱动系统与机座固连在一起的固定光栅探测器和与照准部固连在一起的活动光栅探测器以及数字测微系统等组成。光栅动态测角系统原理,如图 3-36 所示。

在光栅度盘的内沿设置了与机座固连在一起的光电探测器 L_1,外沿设置了与照准部固连在一起的活动光电探测器 L_2,它与照准部一起旋转。可以将 L_1 视为零位,L_2 则相当于望远镜的视准线,L_1 与 L_2 之间的夹角即为待测的角度。为了便于确定角度计量的起始位置,度盘上间隔$90°$的位置还刻有A、B、C、D共四个粗细不同的编码标志,以便计量L_1与L_2之间的光栅数。

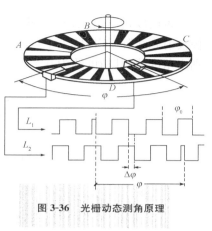

图 3-36 光栅动态测角原理

测角时度盘在马达的带动下,以一定的速度旋转,使光电探测器断续收到透过光栅度盘的红外线,并转换为高、低电平信号,其输出波形,为矩形方波(图 3-36)。对于任意角度φ,可以将其表示为:

$$\varphi = n\varphi_0 + \Delta\varphi$$

其中,n为正整数;$0 \leqslant \Delta\varphi \leqslant \varphi_0$。

由上式可知,只要测出n和$\Delta\varphi$,则角度φ即可确定。

如果L_1和L_2波形的前沿存在一个延迟时间Δt,它和$\Delta\varphi$的变化范围相对应,设T_0为一个光栅信号周期,则Δt的变化范围为$0 \sim T_0$。由于马达的转速一定,即度盘的转速是一定的,故有:

$$\Delta\varphi = \frac{\varphi_0 \cdot \Delta t}{T_0}$$

Δt用脉冲填充的方法精确测定,处理器即可计算出$\Delta\varphi$。度盘旋转一周,上述测量可进行多次,由微处理器计算平均测量值作为最后结果。

二、经纬仪的使用

(一)经纬仪操作程序

经纬仪操作程序主要包括安置仪器、瞄准目标和读数三个步骤。

1. 安置仪器

首先,将经纬仪安置在测站点上,安置仪器包括仪器的对中和整平两项内容。对中的目的是使仪器中心位于测站点的铅垂线上,常用光学对中器进行对中,其对中精度可达到$\pm1mm$。整平的目的是使水平度盘水平,竖轴铅垂,常用脚螺旋进行整平。

安置经纬仪的主要步骤

(1)对中。

1)在测站点上先张开三脚架,使其高度适中,架头大致水平。

2)将仪器放在架头上,并随手拧紧连接仪器和三脚架的中心连接螺旋,在连接螺旋下方挂上垂球,悬挂垂球的线长要调节合适,使垂球尖尺量接近测站点,当垂线尖端离开测站点较远时,可平移三脚架使垂球尖端对准测站点。

3)对中完成后,应随手拧紧中心连接螺旋。

4)对中误差一般应小于 3mm。

(2)整平。

1)先旋转脚螺旋使圆水准器气泡居中,然后转动照准部使照准部管水准器平行于任意两个脚螺旋的连接,如图 3-37(a)所示。

2)两手同时向内或向外旋转脚螺旋,使气泡居中。

3)将仪器转动照准部 90°,如图 3-37(b)所示,旋转第三个脚螺旋使气泡居中。如此反复进行,直至照准部转到任何位置时,气泡都居中为止。

4)整平误差一般不应大于水准管分划值一格。

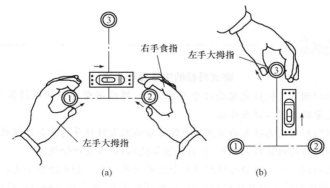

图 3-37 经纬仪整平方法

2. 瞄准目标

观测水平角时,瞄准是指用十字丝的纵丝精确照准目标的中心。当目标成像较小时,为了便于观察和判断,一般用双丝夹住目标,使目标在中间位置。为了避免因目标在地面点上不竖直引起的偏心误差,瞄准时尽量照准目标的底部,如图 3-38(a)所示。

观测竖直角时,瞄准是指用十字丝的横丝精确地切准目标的顶部。为了减小十字丝横丝不水平引起的误差,瞄准时尽量用横丝的中部照准目标,如图 3-38(b)所示。

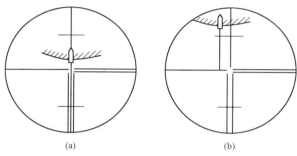

(a)   (b)

图 3-38　瞄准目标

(a)水平角观测用竖丝瞄准;(b)竖直角观测用横丝瞄准

瞄准目标的主要操作步骤

(1)调节目镜对光螺旋使十字丝清晰,然后用望远镜的照门和准星(或光学瞄准器),瞄准目标。

(2)利用望远镜上的准星或粗瞄器粗略照准目标并拧紧制动螺旋。

(3)转动物镜对光螺旋,使目标影像清晰,并注意消除视差。

(4)利用水平和望远镜微动螺旋精确照准目标。如是测水平角,用十字丝的纵丝精确照准目标的中心;如是测竖直角,用十字丝的横丝精确地切准目标的顶部。

3. 读数

读数前,先调节反光镜,使读数窗亮度均匀,调节读数显微镜及目镜对光螺旋,使读数窗内分划线清晰,在本节中主要介绍 DJ$_6$ 型光学经纬仪读数方法,如图 3-39 所示。

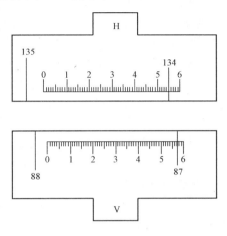

图 3-39　DJ$_6$ 级光学经纬仪的读数

光学经纬仪的读数设备有分微尺测微器、单平板玻璃测微器两类。

(1)分微尺测微器。DJ$_6$ 型光学经纬仪采用分微尺测微器进行读数。这类仪器的度盘分划值为 1°,按顺时针方向注记每度的度数。在读数显微镜的读数窗上装有一块带分划的分微尺,度盘上的分划线间隔经显微物镜放大后成像于分微尺上,如图 3-39 所示。

如图 3-39 所示,读数显微镜内所看到的度盘和分微尺的影像,由于度盘分划间隔是 1°,所以分微尺分划总度刚好等于度盘一格的宽度。分微尺有 60 个小格,一小格代表 1′,即 6″。若发现秒值不是 6″的倍数,说明读数有问题。

(2)单平板玻璃测微器。单平板玻璃测微器的组成部分主要包括平板玻璃、测微尺、连接机构和测微轮。

（二）经纬仪的检验与校正

1. 经纬仪轴线应满足的几何条件

如图 3-40 所示为经纬仪主要轴线关系示意图，其主要轴线有：视准轴 CC、照准部水准管轴 LL、望远镜旋转轴（横轴）HH、照准部的旋转轴（竖轴）VV。根据角度测量原理，这些轴线之间应满足以下条件：

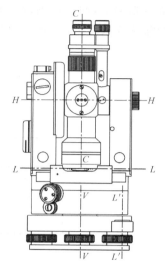

（1）竖轴应垂直于水平度盘且过其中心；

（2）照准部管水准器轴应垂直于仪器竖轴（$LL \perp VV$）；

（3）视准轴应垂直于横轴（$CC \perp HH$）；

（4）横轴应垂直于竖轴（$HH \perp VV$）；

（5）横轴应垂直于竖盘且过其中心。

图 3-40　经纬仪的轴线

（6）竖盘指标差应为零。

2. 经纬仪一般性检查

在检验与校正之前应对仪器外观各部位做全面检查。安置仪器后，应先检查仪器脚架各部分性能是否良好，然后检查仪器各螺丝是否有效，照准部和望远镜转动是否灵活，望远镜成像与读数系统成像是否清晰等，当确认各部分性能良好后，方可进行仪器的检校，否则应及时处理所发现的问题。

3. 光学经纬仪的检验与校正

（1）照准部水准管垂直于竖轴（$LL \perp VV$）。

1）检验。初步整平仪器后，转动照准部使水准管平行于任意一对脚螺旋的连线，调节这两个脚螺旋，使水准管气泡居中，然后将照准部旋转 $180°$，若气泡仍然居中，表明条件满足（$LL \perp VV$），否则需校正。

2）校正。转动与水准管平行的两个脚螺旋，使气泡向中间移动偏离距离的 1/2,剩余的 1/2 偏离量用校正针拨动水准管的校正螺旋,使气泡居中。此项校正,由于是目估 1/2 气泡偏移量,因此,检验校正需反复进行,直至照准部旋转到任何位置,气泡偏离中央不超过一格为止,最后勿忘将旋松的校正螺旋旋紧。

(2)十字丝的竖丝垂直于横轴。

1)检验。整平仪器后,用竖丝一端照准一个固定清晰的点状目标 O(图 3-42),拧紧望远镜和照准部制动螺旋,然后转动望远镜微动螺旋,如果该点始终不离开竖丝,则说明竖丝垂直于横轴,否则需要校正。

2)校正。取下目镜端的十字丝分划板护盖,放松四个压环螺栓(图 3-41),微微转动十字丝环,使竖丝与照准点重合,直至望远镜上下微动时,然后拧紧四个压环螺栓,旋上护盖。若每次都用十字丝交点照准目标,即可避免此项误差。

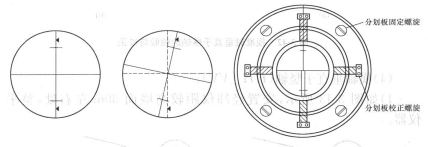

分划板固定螺旋

分划板校正螺旋

图 3-41 垂直于横轴的检验和校正

(3)望远镜视准轴垂直于横轴($CC \perp HH$)。

1)检验。

①如图 3-42 所示,在较平坦地区,选择相距约 100m 的 A、B 两点,在 AB 的中点 O 安置经纬仪,在 A 点设置一个照准标志,B 点水平横放一把水准尺,使其大致垂直于 OB 视线,标志与水准尺的高度基本与仪器同高。

②盘左位置视线大致水平照准 A 点标志,拧紧照准部制动螺旋,固定照准部,纵转望远镜在 B 尺上读数 B_1[图 3-42(a)];盘右位置再

照准 A 点标志,拧紧照准部制动螺旋,固定照准部,再纵转望远镜在 B 尺上读数 B_2[图 3-42(b)]。若 B_1 与 B_2 为同一个位置的读数(读数相等),则表示 $CC \perp HH$,否则需校正。

2)校正。如图 3-42(b)所示,由 B_2 向 B_1 点方向量取 $B_1B_2/4$ 的长度,定出 B_3 点,用校正针拨动十字丝环上的左、右两个校正螺旋,使十字丝交点对准 B_3 即可。校正后勿忘将旋松的螺栓旋紧。此项校正也需反复进行。

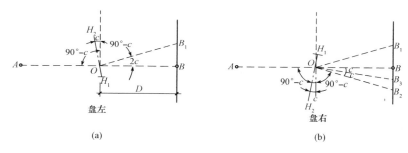

图 3-42 视准轴垂直于横轴的检验与校正

(4)横轴垂直于竖轴($HH \perp VV$)。

1)如图 3-43 所示,安置经纬仪距较高墙面 30m 左右处,整平仪器。

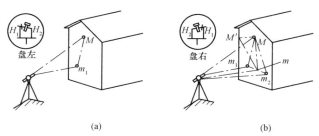

图 3-43 横轴垂直于竖轴的检验与校正

2)盘左位置,望远镜照准墙上高处一点 M(仰角 30°~40° 为宜),然后将望远镜大致放平,在墙面上标出十字丝交点的投影 m_1[图 3-43(a)]。

3)盘右位置,再照准 M 点,然后再把望远镜放置水平,在墙面上与 m_1 点同一水平线上再标出十字丝交点的投影 m_2[图 3-43(b)],如果两次投点的 m_1 与 m_2 重合,则表明 $HH \perp VV$,否则需要校正。

光学经纬仪的保养

　　对于光学经纬仪,横轴校正螺旋均由仪器外壳包住,密封性好,仪器出厂时又经过严格检查,若不是巨大震动或碰撞,横轴位置不会变动。一般测量前不进行此项检验,若必须校正,应由专业检修人员进行。

第四节　全站仪

一、全站仪的分类

　　全站仪从结构上划分为整体式和组合式两类。整体式全站仪是在一个仪器内装配测距、测角和电子记录三部分。测距和测角共用一个光学望远镜,方向和距离测量只需一次照准,具有使用方便的特点。组合式全站仪是用一些连接器将测距部分、电子经纬仪部分和电子记录装置部分连接成一组合体,其具有很强的灵活性。

知识链接

全站仪在测量工作中的重要地位

　　(1)在地形测量中,可将控制测量和碎部测量同时进行。

　　(2)可将设计好的管线、道路、工程建设中的建筑物、构筑物等的位置按图纸设计数据测设到地面上。

　　(3)运用全站仪进行导线测量、前方交会、后方交会等,具有操作简便、精度高等特点。

　　(4)通过数据输入输出接口设备,将全站仪与计算机、绘图仪连接在一起,形成一套完整的测绘系统,可提高测绘工作的质量和效率。

全站仪内部配置有微处理器、存储器和输入输出接口，与 PC 具有相同的结构模式，可以运行复杂的应用程序，因而具有对测量数据进一步处理和存储的功能。各厂商提供的应用程序在数量、功能、操作方法等方面不尽相同，应用时可参阅其操作手册，但基本原理是一致的。以下为全站仪上较为常见的机载应用程序：

（1）后视定向。后视定向的目的是设置水平角 0°方向与坐标北方向一致。经后视定向后，照准轴处于任意位置时，水平角读数即为照准轴方向的方位角。在进行坐标测量或放样等工作时，必须进行后视定向。

（2）自由设站。全站仪自由设站功能是通过后方交会原理，观测并解算出未知测站点坐标，并自动对仪器进行设置，以方便坐标测量或放样。

（3）导线测量。利用全站仪的导线测量功能，可自动完成导线测量数据的记录和平差计算，现场得到导线测量结果。

（4）单点放样（Setting out）。将待建物的设计位置在实地标定出来的测量工作称为放样。依据放样元素的不同，单点放样可采用极坐标法、直角坐标法和正交偏距法三种方式。

（5）偏心观测。在目标点被障碍物遮挡或无法放置棱镜（如建筑物的柱子中心等）时，可在目标点左边或右边放置棱镜，并使目标点、偏移点到测站的水平距离相等。通过偏移点测定水平距离，再测定目标点的水平角，便可计算出目标点的坐标。

全站仪经测站设置和定向后，便可照准棱镜测量，仪器自动显示棱镜位置与设计位置的差值，据此修正棱镜位置直至到达设计位置。

（6）对边测量。对边测量是在不移动仪器的情况下，测量两棱镜站点间斜距、平距、高差、方位、坡度的功能，具有辐射模式和连续模式两种模式。

（7）悬高测量（REM）。测定无法放置棱镜的地物（如电线、桥梁等）高度的功能。

（8）面积测量。按顺序测定地块边界点坐标，计算地块面积。

(9)道路放样。道路放样是将图纸上设计的道路中线、边线、断面测设于实地的工作,是单点放样的综合应用。

(10)多测回水平角观测。在高精度控制测量中,一般要求对水平角进行多个测回观测,以提高水平角的精度,全站仪机载多测回观测功能可满足此要求。

(11)坐标几何计算(COGO)。全站仪的坐标几何计算功能包括坐标正反算、交会法计算、直线求交点等常用计算,此时全站仪就像是一台特殊设计的测量计算器,可以在现场依据已测定的数据或手工输入数据,快速解算出一些新的点或参数。

全站仪的主要特点

(1)采用先进的同轴双速制、微动机构,使照准更加快捷、准确。

(2)具有完善的人机对话控制面板,由键盘和显示窗组成,除照准目标以外的各种测量功能和参数均可通过键盘来实现。仪器两侧均有控制面板,操作方便。

(3)设有双轴倾斜补偿器,可以自动对水平和竖直方向进行补偿,以消除竖轴倾斜误差的影响。

(4)机内设有测量应用软件,能方便地进行三维坐标测量、放样测量、后方交会、悬高测量、对边测量等多项工作。

(5)具有双路通视功能,仪器将测量数据传输给电子手簿式计算机,也可接收电子手簿式计算机的指令和数据。

(6)利用传输设备可将全站仪与计算机、绘图仪连接在一起,形成一套测绘系统,以提高地形图测绘的效率与精度。

二、全站仪的基本结构

全站仪的种类很多,各种型号仪器的基本结构大致相同。现以GTS-330 系列全站仪为例进行介绍,GTS-330 系列的外观与普通电子经纬仪相似,是由电子经纬仪和电子测距仪两部分组成,如图 3-44所示。

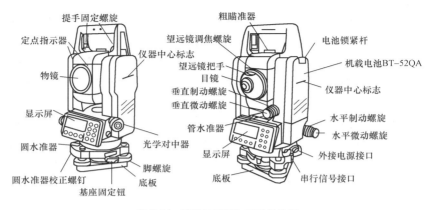

图 3-44　GTS-330(332、335)结构图

(一)显示

1. 显示屏

显示屏采用点阵式液晶显示(LCD),可显示 4 行,每行 20 个字符,通常前三行显示的是测量数据,最后一行显示的是随测量模式变化的按键功能。

2. 对比度与照明

显示窗的对比度与照明可以调节,具体可在菜单模式或者星键模式下依据其中文操作指示来调节。

3. 加热器(自动)

当气温低于 0℃时,仪器的加热器就自动工作,以保持显示屏正常显示,加热器开/关的设置方法依据菜单模式下的操作方法进行。加热器工作时,电池的工作时间会变短一些。

4. 显示符号

在显示屏中显示的符号见表 3-1。

(二)操作键

显示屏上的各操作键如图 3-45 所示,具体名称及功能说明见表 3-2。

表 3-1 显示符号及其含义

显示	内容	显示	内容
V%	重直角(坡度显示)	*	EDM(电子测距)正在进行
HR	水平角(右角)	m	以 m 为单位
HL	水平角(左角)	f	以英尺(ft)/英尺与英寸(in)为单位
HD	水平距离		
VD	高差		
SD	倾斜		
N	北向坐标		
E	东向坐标		
Z	高程		

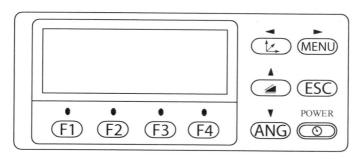

图 3-45 全站仪操作键

表 3-2 操作键功能表

按键	名 称	功 能
↳	坐标测量键	坐标测量模式
◢	距离测量键	距离测量模式
ANG	角度测量键	角度测量模式
MENU	菜单键	在菜单模式和正常测量模式之间切换,在菜单模式下设置应用测量与照明调节方式

续表

按键	名　称	功　　能
ESC	退出键	·返回测量模式或上一层模式 ·从正常测量模式直接进入数据采集模式或放样模式
POWER	电源键	电源接通/切断　ON/OFF

(三)功能键

软键共有四个,即 F1、F2、F3、F4 键,每个软键的功能见相应测量模式的相应信息,在各种测量模式下分别有其不同的功能。

标准测量模式具体操作及模式说明如图 3-46 所示及见表 3-3～表 3-5。

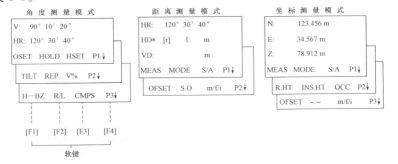

图 3-46　全站仪功能键

表 3-3　　　　　　　　　　　角度测量模式

页数	软键	显示符号	功　　能
1	F1	OSET	水平角置为 0°00′00″
	F2	HOLD	水平角读数锁定
	F3	HSET	用数字输入设置水平角
	F4	P1↓	显示第 2 页软键功能
2	F1	TILT	设置倾斜改正开或关(ON/OFF)(若选择 ON,则显示倾斜改正值)

续表

页数	软键	显示符号	功 能
2	F2	REP	重复角度测量模式
	F3	V%	垂直角/百分度（%）显示模式
	F4	P2↓	显示第 3 页软键功能
3	F1	H−BZ	仪器每转动水平角 90°是否要发出蜂鸣声的设置
	F2	R/L	水平角右/左方向计数转换
	F3	CMPS	垂直角显示格式（高度角/天顶距）的切换
	F4	P3↓	显示下一页（第 1 页）软键功能

表 3-4   坐标测量模式

页数	软键	显示符号	功 能
1	F1	MEAS	进行测量
	F2	MODE	设置测距模式，Fine/Coarse/Tracking（精测/粗测/跟踪）
	F3	S/A	设置音响模式
	F4	P1↓	显示第 2 页软键功能
2	F1	R. HT	输入棱镜高
	F2	INS. HT	输入仪器高
	F3	OCC	输入仪器站坐标
	F4	P2↓	显示第 3 页软键功能
3	F1	OFSET	选择偏心测量模式
	F3	m/f/i	距离单位米/英尺/英寸切换
	F4	P3↓	显示下一页（第 1 页）软键功能

表 3-5 距离测量模式

页数	软键	显示符号	功能
1	F1	MEAS	进行测量
	F2	MODE	设置测距模式，Fine/Coarse/Tracking（精测/粗测/跟踪）
	F3	S/A	设置音响模式
	F4	P1↓	显示第 2 页软键功能
2	F1	OFSET	选择偏心测量模式
	F2	S.O	选择放样测量模式
	F3	m/f/i	距离单位米/英尺/英寸切换
	F4	P2↓	显示下一页（第 1 页）软键功能

（四）全站仪辅助设备

全站仪常用的辅助设备主要有三脚架、垂球、反射棱镜、管式罗盘、打印机连接电缆、数据通信电缆、温度计和气压表、电池及充电器。

三、全站仪的使用

（一）准备工作

在使用全站仪进行测量之前，必须做好以下的准备工作：

1．电池的安装

（1）把电池盒底部的导块插入装电池的导孔。

（2）按电池盒的顶部直至听到"咔嚓"响声。

2．全站仪仪器的安置

（1）架设三脚架。

（2）安置仪器。

（3）在实验场地上选择一点 O，作为测站，另外两点 A、B 作为观测点。

（4）将全站仪安置于 O 点，对中、整平。

(5)精确对中与整平。

3. 垂直度盘和竖直度盘指标设置

(1)按[ON]开机后仪器首先进行自检,松开水平制动钮,旋转仪器照准部一周,水平度盘指标自动设置完毕。

(2)松开垂直制动钮,纵转一周望远镜,垂直度盘指标自动设置完毕。

4. 调整与照准目标

操作步骤与一般的经纬仪相同,注意消除视差。

(二)仪器安置与开机

1. 全站仪的安置

(1)安装电力充电的配套电池,也可使用外部电源。

(2)将仪器安置在三脚架上,精确对中和整平。

(3)在操作时应使用中心连接螺旋直径为5/8英寸(1.5875cm)的拓普康宽框木制三脚架。其具体操作方法与光学经纬仪的安置相同。

若要修改字符,可按[ ]键将光标移到要修改的字符上,并再次输入。

2. 仪器的开机

(1)在确定仪器整平后,打开电源开关(POWER 键)。

(2)仪器开机后应确认棱镜常数(PSM)和大气改正值(PPM)并可调节显示屏。

(3)然后根据需要进行各项测量工作。

知识链接

仪器的维护保养

(1)每次作业后,应用毛刷扫去灰尘,然后用软布轻擦。镜头不能用手擦,可先用毛刷扫去浮尘,再用镜头纸擦净。

(2)无论仪器出现任何现象,切不可拆卸仪器,添加任何润滑剂,而应与厂家或维修部门联系。

(3)电池充电时间不能超过充电器规定的时间。仪器长时间不用,一个月之内应充电一次。电池存储于 0～±20℃ 以内。

（4）应定期检校仪器。仪器装箱前要先关闭电源并卸出电池。仪器应存放在清洁、干燥、通风、安全的房间内。仪器存放温度保持在-30℃～+60℃以内,并由专人保管。

四、全站仪的检验与校正

为确保作业成果精度,在使用全站仪前应进行各项检验与校正,以确保作业成果精度。

1. 长水准器的检验与校正

长水准器的检验与校正见表3-6。

表3-6　　　　　　　　　　　　长水准器的检验与校正

序号	项目	说　　明
1	检验内容	用长水准器精确整平仪器(经纬仪)
2	校正步骤	(1)若长水准器的气泡偏离了中心,先用与长水准器平行的脚螺旋进行调整,使气泡向中心移近一半的偏离量。剩余的一半用校正针转动水准器校正螺丝(在水准器右边)进行调整至气泡居中。将仪器旋转180°,检查气泡是否居中。如果气泡仍不居中,重复操作继续调整,直至气泡居中。 (2)将仪器旋转90°,用第三个脚螺旋调整气泡居中。重复检验与校正步骤直至照准部转至任何方向气泡均居中为止

2. 圆水准器的检验与校正

圆水准器的检验与校正见表3-7。

表3-7　　　　　　　　　　　　圆水准器的检验与校正

序号	项目	说　　明
1	检验内容	长水准器检校正确后,若圆水准器气泡亦居中就不必校正

序号	项目	说　明
2	校正步骤	若气泡不居中,用校正针或内六角扳手调整气泡下方的校正螺钉使气泡居中。 (1)校正时,应先松开气泡偏移方向对面的校正螺钉(1 或 2 个)。 (2)拧紧偏移方向的其余校正螺钉使气泡居中。 (3)气泡居中时,三个校正螺钉的紧固力均应一致

3. 望远镜的检验与校正

望远镜的检验与校正见表 3-8。

表 3-8　　　　　　　　　　望远镜的检验与校正

序号	项目	说　明
11	检验内容	整平仪器后在望远镜视线上选定一目标点 A 并固定水平和垂直制动手轮。转动望远镜垂直微动手轮,使 A 点移动至视场的边沿(A'点)。若 A 点是沿十字丝的竖丝移动,则十字丝不倾斜不必校正。如 A' 点偏离竖丝中心,则 A 点是沿十字丝的竖丝移动,则十字丝不倾斜不必校正。如 A' 点偏离竖丝中心,则十字丝倾斜,需对分划板进行校正
22	校正步骤	(1)取下位于望远镜目镜与调焦手轮之间的分划板座护盖。 (2)用螺钉旋具均匀地旋松这四个固定螺钉,绕视准轴旋转分划板座,使 A 点落在竖丝的位置上。 (3)均匀地旋紧固定螺钉,再用上述方法检验校正结果。 (4)最后将护盖安装回原位

4. 视准轴与横轴的垂直度

视准轴与横轴的垂直度的检验与校正见表 3-9。

表 3-9　　　　　　　　　视准轴与横轴的垂直度的检验与校正

序号	项目	说　明
1	检验内容	距离仪器同高的远处设置目标 A，精确整平仪器并打开电源。在盘左位置将望远镜照准目标 A，读取水平角（例：平角 $L=10°13'10''$）。松开垂直及水平制动手轮中转望远镜，旋转照准部盘右照准 A 点（照准前应旋紧水平及垂直制动手轮），并读取水平角（例：水平角 $R=190°13'40''$）。$2C=L-(R\pm180°)=30''\geqslant\pm20''$，需校正
2	校正步骤	（1）用水平微动手轮将水平角读数调整到消除正确读数：$H_R+C=190°13'40''-15''=190°13'25''$。 （2）取下位于望远镜目镜与调焦手轮之间的分划板座护盖，调整分划板上水平左右两个十字丝校正螺钉，先松一侧后紧另一侧的螺钉，移动分划板使十字丝中心照准目标 A。 （3）重复检验步骤，校正至 $|2C|<20''$ 符合要求为止。 （4）最后将护盖安装回原位

5. 光学对中器的检验与校正

光学对中器的检验与校正见表 3-10。

表 3-10　　　　　　　　　光学对中器的检验与校正

序号	项目	说　明
1	检验内容	将仪器安置到三脚架上，在一张白纸上画一个十字交叉并放在仪器正下方的地面上。调整好光学对中器的焦距后，移动白纸使十字交叉位于视场中心。转动脚螺旋，使对中器的中心标志与十字交叉点重合。旋转照准部，每转 90°，观察对中点的中心标志与十字交叉点的重合度。如果照准部旋转时，光学对中器的中心标志一直与十字交叉点重合，则不必校正。否则需按下述方法进行校正
2	校正步骤	（1）将光学对中器目镜与调焦手轮之间的改正螺钉护盖取下。 （2）固定好十字交叉白纸并在纸上标记出仪器每旋转 90° 时对中器中心标志落点，如 A、B、C、D 点。 （3）用直线连接对角点 AC 和 BD，两直线交点为 O。 （4）用校正针调整对中器的四个校正螺丝，使对中器的中心标志与 O 点重合，检查校正至符合要求。 （5）将护盖安装回原位

6. 仪器常数(K)的检验与校正

仪器常数(K)的检验与校正见表 3-11。

表 3-11　　　　　　　　　　　　仪器常数(K)的检验与校正

序号	项目	说　　明
1	检验内容	仪器常数在出厂时进行了检验,并在机内作了修正,使 $K=0$。仪器常数很少发生变化,但我们建议此项检验每年进行一至二次。此项检验适合在标准基线上进行,也可以按下述简便的方法进行。选一平坦场地安置并整平仪器,用竖丝仔细在地面标定同一直线上间隔 50m 的 B、C 两点,并准确对中地安置反射棱镜。仪器设置了温度与气压数据后,精确测出 AB、AC 的平距。在 B 点安置仪器并准确对中,精确测出 BC 的平距。可以得出仪器测距常数:$K=AC-(AB+BC)$。应接近等于 0,若 $|K|>5mm$ 应送标准基线场进行严格的检验,然后依据检验值进行校正
2	校正步骤	经严格检验证实仪器常数 K 不接近于 0,用户如果须进行校正,将仪器加常数按综合常数 K 值进行设置(按 F1 键开机)。应使用仪器的竖丝进行方向,严格使 A、B、C 三点在同一直线上。B 点地面要有牢固清晰的对中标记。B 点棱镜中心与仪器中心是否重合一致,是保证检测精度的重要环节,因此,最好在 B 点用三脚架和两者能通用的基座,如果三爪式棱镜连接器及基座互换时,三脚架和基座保持固定不动,仅换棱镜和仪器的基座以上部分,可减少不重合误差

思考与练习

一、单项选择题

1. 水准测量中常要用到尺垫,尺垫是在(　　　)上使用的。

　　A. 前视点　　　B. 中间点　　　C. 转点　　　D. 后视点

2. 经纬仪的视准轴应(　　　)。

　　A. 垂直于竖轴　　　　　　　B. 保持铅垂

　　C. 平行于照准部水准管轴　　D. 垂直于横轴

3. 当经纬仪的望远镜上下转动时,竖直度盘(　　)。

    A. 与望远镜一起转动

    B. 与望远镜相对转动

    C. 不动

    D. 有时一起转动,有时相对转动

4. 经纬仪安置仪器的顺序是(　　)。

    A. 瞄准、调焦　　　　　　　B. 对中、整平

    C. 瞄准、读数　　　　　　　D. 调焦、读数

二、多项选择题

1. 普通微倾式水准仪主要组成部分有(　　)。

    A. 三脚架　　B. 基座　　C. 望远镜　　D. 水准器

    E. 水平度盘

2. 光学经纬仪一般由(　　)组成。

    A. 望远镜　　B. 照准部　　C. 基座　　D. 水平度盘

    E. 显示屏

三、简答题

1. 水准仪主要由哪几部分组成?

2. 请在图 1(a)和图 1(b)中画出脚螺旋转动后,圆水准气泡的移动方向。

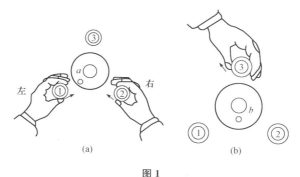

左　　　　　　　　　　　　　　　　　　右

(a)　　　　　　　　　　　　　(b)

图 1

3. 水准仪各轴线间应满足哪些条件?

4. 水准仪应进行哪几项检验与校正?

5. 光学经纬仪由哪几部分组成?

6. 使用光学对中器对中时的主要操作步骤有哪些?

7. 经纬仪对中与整平的目的是什么?

8. 经纬仪结构的主要轴线有哪些? 它们之间应满足哪些条件?

9. GPS 主要由哪几部分组成?

10. 如何进行全站仪圆水准器的检验与校正?

第四章 测量误差基本知识

第一节 测量误差概述

一、测量误差及其来源

(一)真值和真误差

在实际的测量工作中,大量实践表明,当对某一未知量进行多次观测时,不论测量仪器有多精密,观测进行得多么仔细,所得的观测值之间总是不尽相同。这种差异都是由于测量中存在误差的缘故。测量所获得的数值称为观测值。由于观测中误差的存在而往往导致各观测值与其真实值(简称为真值)之间存在差异,这种差异称为测量误差(或观测误差)。用 L 代表观测值,X 代表真值,则误差=观测值 L 一真值 X,即

$$\Delta = L - X \tag{4-1}$$

这种误差通常又称之为真误差。

(二)测量误差的来源

由于任何测量工作都是由观测者使用某种仪器、工具,在一定的外界条件下进行的,所以,观测误差来源于以下三个方面。

1. 观测者

由于观测者的视觉、听觉等感官的鉴别能力有一定的局限性,所以在仪器的安置、照准、读数等过程中都会产生误差,如仪器的整平误差、照准误差、读数误差等。同时,观测者的工作态度、技术水平和观测时的身体状况、情绪等也会对观测结果的质量产生影响。

2. 测量仪器

测量是利用仪器进行的,任何仪器的精度都是有限的,因而观测值的精度也是有限的。例如,经纬仪的三轴之间的正确关系是:竖轴铅垂,视准轴与横轴正交,横轴与竖轴正交。但在实践中,往往仪器不能完全满足这些关系,因而测得的角度就可能含有误差;又如,用刻有厘米分度的普通水准标尺进行水准测量,估读的毫米值就不可能完全准确。同时,仪器因搬运等原因存在着自身的误差,如水准仪的视准轴不平行于水准管轴。

3. 外界环境条件

测量工作是在一定的外界环境条件下进行的,如温度、风力、风向、大气折光等诸多因素都会直接对观测结果产生影响,而且,温度的高低、风力的强弱及大气折光的大小等因素的差异和变化对观测值的影响也不同。另外,观测目标本身的清晰程度对仪器的照准会产生影响,从而对观测值产生影响。

研究误差理论的目的

不是为了去消灭误差,而是要对误差的来源、性质及其产生和传播的规律进行研究,以便解决测量工作中遇到的一些实际问题。例如:在一系列的观测值中,如何确定观测量的最可靠值;如何来评定测量的精度;以及如何确定误差的限度等。所有这些问题,运用测量误差理论均可得到解决。

二、测量误差的分类

一般来说,测量误差按其性质可分为系统误差和偶然误差两类。

(一)系统误差

在相同的观测条件下,对某一未知量进行一系列观测,若误差的大小和符号保持不变,或按照一定的规律变化,这种误差称为系统误差。例如水准仪的视准轴与水准管轴不平行而引起的读数误差,与视线的长度成正比且符号不变;经纬仪因视准轴与横轴不垂直而引起的方向误差,随视线竖直角的大小而变化且符号不变;距离测量尺长不准产生的误差随尺段数成比例增加且符号不变。这些误差都属于系统误差。

系统误差主要来源于仪器工具上的某些缺陷;或来源于观测者的某些习惯的影响,例如有些人习惯地把读数估读得偏大或偏小;也有来源于外界环境的影响,如风力、温度及大气折光等的影响。

系统误差的特点是具有累积性,对测量结果影响较大,因此,应尽量设法消除或减弱它对测量成果的影响。

消除、减弱系统误差的方法

一是在观测方法和观测程序上采取一定的措施来消除或减弱系统误差的影响。例如在水准测量中,保持前视和后视距离相等,来消除视准轴与水准管轴不平行所产生的误差;在测水平角时,采取盘左和盘右观测取其平均值,以消除视准轴与横轴不垂直所引起的误差。

二是找出系统误差产生的原因和规律,对测量结果加以改正。例如在钢尺量距中,可对测量结果加尺长改正和温度改正,以消除钢尺长度的影响。

(二)偶然误差

在相同的观测条件下,对某一未知量进行一系列观测,如果观测误差的大小和符号没有明显的规律性,即从表面上看,误差的大小和符号均呈现偶然性,这种误差称为偶然误差。例如在水平角测量中照准目标时,可能稍偏左也可能稍偏右,偏差的大小也不一样;又如在水准测量或钢尺量距中估读毫米数时,可能偏大也可能偏小,其大小也不一样,这些都属于偶然误差。

产生偶然误差的原因很多,主要是由于仪器或人的感觉器官能力的限制,如观测者的估读误差、照准误差等,以及环境中不能控制的因素如不断变化着的温度、风力等外界环境所造成。

偶然误差在测量过程中是不可避免的,从单个误差来看,其大小和符号没有一定的规律性,但对大量的偶然误差进行统计分析,就能发现在观测值内部却隐藏着一种必然的规律,这给偶然误差的处理提供了可能性。

　　测量成果中除了系统误差和偶然误差以外,还可能出现错误(有时也称之为粗差)。错误产生的原因较多,可能由作业人员疏忽大意、失职而引起,如大数读错、读数被记录员记错、照错了目标等;也可能是仪器自身或受外界干扰发生故障引起的;还有可能是容许误差取值过小造

> 在测量的成果中,错误可以发现并剔除,系统误差能够加以改正,而偶然误差是不可避免的,它在测量成果中占主导地位,所以测量误差理论主要是处理偶然误差的影响。

成的。错误对观测成果的影响极大,所以在测量成果中绝对不允许有错误存在。发现错误的方法是:进行必要的重复观测,通过多余观测条件,进行检核验算;严格按照国家有关部门制定的各种测量规范进行作业等。

　　偶然误差的特点是具有随机性,所以它是一种随机误差。偶然误差就单个而言具有随机性,但在总体上具有一定的统计规律,是服从于正态分布的随机变量。

　　在测量实践中,根据偶然误差的分布,我们可以明显地看出它的统计规律。例如在相同的观测条件下,观测了 217 个三角形的全部内角。由于观测值含有误差,故每次观测所得的三个内角观测值之和一般不等于 $180°$,按下式计算三角形各次观测的误差:

$$W_i = A_i + B_i + C_i - 180° \tag{4-2}$$

式中　W_i——三角形闭合差,就是一个真误差;

　　A_i、B_i、C_i——各三角形的三个内角的观测值($i=1,2,\cdots,217$)。

　　由于各观测值中都含有偶然误差,因此各观测值不一定等于真值,其差即真误差 Δ。为了研究偶然误差的特性,我们以表格法和直方图法两种方法来进行分析。

1. 表格法

　　由式(4-2)计算可得 217 个内角和的真误差,按其大小和一定的

区间(本例为 d△＝3″),分别统计在各区间正负误差出现的个数 k 及其出现的频率 $k/n(n＝217)$,列于表 4-1 中。

从表 4-1 中可以看出,该组误差的分布表现出如下规律:小误差出现的个数比大误差多;绝对值相等的正、负误差出现的个数和频率大致相等;最大误差不超过 27″。

实践证明,对大量测量误差进行统计分析,都可以得出上述同样的规律,且观测的个数越多,这种规律就越明显。

表 4-1 三角形内角和真误差统计表

误差区间 d△	正误差		负误差		合计	
	个数 k	频率 k/n	个数 k	频率 k/n	个数 k	频率 k/n
0″～3″	30	0.138	29	0.134	59	0.272
3″～6″	21	0.097	20	0.092	41	0.189
6″～9″	15	0.069	18	0.083	33	0.152
9″～12″	14	0.065	16	0.073	30	0.138
12″～15″	12	0.055	10	0.046	22	0.101
15″～18″	8	0.037	8	0.037	16	0.074
18″～21″	5	0.023	6	0.028	11	0.051
21″～24″	2	0.009	2	0.009	4	0.018
24″～27″	1	0.005	0	0	1	0.005
27″以上	0	0	0	0	0	0
合计	108	0.498	109	0.502	217	1.000

2. 直方图法

为了更直观地表现误差的分布,可将表 4-1 的数据用较直观的频率直方图来表示。以真误差的大小为横坐标,以各区间内误差出现的频率 k/n 与区间 d△ 的比值为纵坐标,在每一区间上根据相应的纵坐标值画出一矩形,则各矩形的面积等于误差出现在该区间内的频率 k/n。如图 4-1 中有斜线的矩形面积,表示误差出现在＋6″～＋9″之间的频率,等于 0.069。显然,所有矩形面积的总和等于 1。

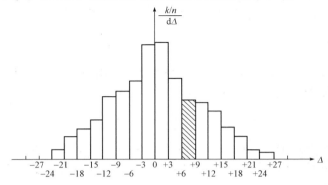

图 4-1　误差分布的频率直方图

可以设想,如果在相同的条件下,所观测的三角形个数不断增加,则误差出现在各区间的频率就趋向于一个稳定值。当 $n \to \infty$ 时,各区间的频率也就趋向于一个完全确定的数值——概率。若无限缩小误差区间,即 $d\Delta \to 0$,则图 4-1 所示各矩形的上部折线,就趋向于一条以纵轴为对称的光滑曲线(图 4-2),称为误差概率分布曲线,简称误差分布曲线,在数理统计中,它服从于正态分布,该曲线的方程式为:

$$f(\Delta) = \frac{1}{\sigma \sqrt{2\pi}} e^{-\frac{\Delta^2}{2\sigma^2}} \tag{4-3}$$

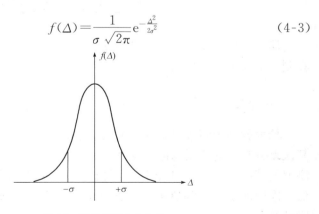

图 4-2　误差概率分布曲线

式中, Δ 为偶然误差; $\sigma(>0)$ 为与观测条件有关的一个参数,称为误差分布的标准差,它的大小可以反映观测精度的高低。其定义为:

$$\sigma = \lim_{n \to \infty} \sqrt{\frac{[\Delta\Delta]}{n}} \qquad (4-4)$$

在图 4-1 中各矩形的面积是频率 k/n。由概率统计原理可知,频率即真误差出现在区间 $d\Delta$ 上的概率 $P(\Delta)$,记为:

$$P(\Delta) = \frac{k/n}{d\Delta} d\Delta = f(\Delta) d\Delta \qquad (4-5)$$

根据上述分析,可以总结出偶然误差具有如下四个特性:

(1)有限性。在一定的观测条件下,偶然误差的绝对值不会超过一定的限值。

(2)集中性。即绝对值较小的误差比绝对值较大的误差出现的概率大。

(3)对称性。绝对值相等的正误差和负误差出现的概率相同。

(4)抵偿性。当观测次数无限增多时,偶然误差的算术平均值趋近于零。

第二节　评定测量精度的指标

研究测量误差理论的主要任务之一,是要评定测量成果的精度。在测量中评定精度的指标主要有下列几种。

一、精度

精度就是观测成果的精确程度,是指对某一个量的多次观测中,其误差分布的密集或离散的程度。如果各观测值分布很集中,说明观测值的精度高;反之,如果各观测值分布很分散,说明观测值的精度低。准确度是指观测值中系统误差的大小。精确度是准确度与精密度的总称。

在相同的观测条件下所测得的一组观测值,这一组中的每一个观测值,都是具有相同的精度。虽然它们的真误差不相等,但都对应于同一误差分布,称这些观测值是等精度的。由此,需要建立一个统一的衡量精度的标准,给出一个数值概念,是该标准及其数值大小能反映出误差分布的离散或密集程度,称为衡量精度的指标。

二、中误差

标准差的平方为方差。方差反映的是随机变量总体的离散程度,又称总体方差或理论方差。在测量中,当观测值仅含偶然误差时,方差的大小就反映了总体观测结果接近真值的程度。方差小,观测精度高;方差大,观测精度低。测量条件一

> 在测量中,通常用精确度评价观测成果的优劣。准确度主要取决于系统误差的大小;精度主要取决于偶然误差的分布。

定时,误差有确定的分布,方差为定值。但是,计算方差必须知道随机变量的总体,实际上这是做不到的。在实际测量工作中,不可能对某一量作无穷多次观测,因此定义为按有限次数观测的偶然误差求得的标准差称为中误差。

在测量生产实践中,观测次数 n 总是有限的,以各个真误差的平方和的平均值的平方根作为评定观测质量的标准,称为中误差,用 m 表示,即:

$$m = \pm\sqrt{\frac{[\Delta\Delta]}{n}} \tag{4-6}$$

式中　m——中误差;

$[\Delta\Delta]$——一组等精度观测误差 Δ_i 自乘的总和;

n——观测数。

按上式计算出中误差数值之后,应在数值前加上"±",这是测量上约定的习惯。例如,±0.01mm,±0.1″等。习惯上,常将标志一个量精确程度的中误差附写于此量之后,如 $83°26'34'' \pm 3''$、458.483 ±0.005等,±3″及±0.005分别为其前边数值的中误差。

【例4-1】　有一组三角形的闭合差分别为 $-7''$、$-12''$、$+8''$、$+14''$、$-15''$、$+6''$、$-14''$、$-13''$、$+14''$,试求三角形闭合差的中误差。

解：因为三角形的闭合差就是真误差，故由式(4-2)可求得三角形闭合差的中误差为±11.9″。

应当指出：中误差 m 是衡量精度高低的一个指标。m 越大，精度越低，反之亦然。但是，由式(4-6)计算的 m 只是中误差的估值，在观测次数一定时，这个估值具有一定的随机性，只有当观测次数较多时，由式(4-5)计算的中误差 m 才比较可靠。

特别提示

中误差的作用

中误差不同于各个观测值的真误差，它是衡量一组观测精度的指标，它的大小反映出一组观测值的离散程度。中误差越小，观测的精度就高；反之，中误差越大，表明观测的精度就低。

三、相对误差

在某些测量工作中，绝对误差不能完全反映出观测的质量。例如，用钢尺丈量长度分别为 100m 和 200m 的两段距离，若观测值的中误差都是±2cm，不能认为两者的精度相等，显然后者要比前者的精度高，这时采用相对误差就比较合理。相对误差 K 等于误差的绝对值与相应观测值的比值。式中当误差的绝对值为中误差 m 的绝对值时，K 称为相对中误差。

$$K = \frac{|m|}{D} = \frac{1}{\dfrac{D}{|m|}} \tag{4-7}$$

在上例中用相对误差来衡量，则两段距离的相对误差分别为 1/5000 和 1/10000，后者精度较高。在距离测量中还常用往返测量结果的相对较差来进行检核。相对较差定义为：

> 相对较差是真误差的相对误差，它反映的只是往返测的符合程度，显然，相对较差愈小，观测结果愈可靠。

$$\frac{|D_{往} - D_{返}|}{D_{平均}} = \frac{|\Delta D|}{D_{平均}} = \frac{1}{\dfrac{D_{平均}}{|\Delta D|}} \tag{4-8}$$

四、极限误差

由偶然误差的特性可知,在一定的观测条件下,偶然误差的绝对值不会超过一定的限值。这个限值就是极限误差。在一组等精度观测值中,绝对值大于 m(中误差)的偶然误差,其出现的概率为 31.7%;绝对值大于 $2m$ 的偶然误差,其出现的概率为 4.5%;绝对值大于 $3m$ 的偶然误差,出现的概率仅为 0.3%。

特别提示

极限误差的使用

极限误差应根据测量条件而定。测量条件好,极限误差的规定应当小;测量条件差,极限误差的规定应当大。在实际测量工作中,通常取中误差的整倍数作为极限误差。

当误差个数无限增加,并将误差区间 $d\Delta$ 无限缩小时,误差曲线服从"正态分布",根据正态分布曲线,误差出现在微小区间 $d\Delta$ 的概率为:

$$P(\Delta) = f(\Delta) \cdot d\Delta = \frac{1}{\sqrt{2\pi}\sigma} e^{-\frac{\Delta^2}{2\sigma^2}} d\Delta \tag{4-9}$$

对式(4-9)求积分,可得到偶然误差在任意区间出现的概率。分别取区间为中误差 m、二倍中误差 $2m$ 和三倍中误差 $3m$,求得偶然误差在这些区间出现的概率分别为:

$$P\{-m < \Delta < m\} = \int_{-m}^{m} f(\Delta) \cdot d\Delta = 0.683$$

$$P\{-2m < \Delta < 2m\} = \int_{-2m}^{2m} f(\Delta) \cdot d\Delta = 0.954$$

$$P\{-3m < \Delta < 3m\} = \int_{-3m}^{3m} f(\Delta) \cdot d\Delta = 0.997$$

在测量工作中,要求对观测误差有一定的限值。若以 m 作为观测误差的限值,则将有近32%的观测会超过限值而被认为不合格,显然这样要求过分苛刻。而大于$3m$的误差出现的机会只有3‰,在有限的观测次数中,实际上不大可能出现。所以可取$3m$作为偶然误差的极限值,称极限误差,即:

$$\Delta_{极限} = 3m \qquad (4\text{-}10)$$

在精度要求较高时,也采用2倍中误差为容许误差。在我国现行作业规范中,用$2m$中误差作为极限误差较为普遍,即:

$$\Delta_{极} = 2m \qquad (4\text{-}11)$$

五、容许误差

在实际工作中,测量规范要求观测中不容许存在较大的误差,可由极限误差来确定测量误差的容许值,称为容许误差,即$\Delta_{容} = 3m$。

当要求严格时,也可取2倍的中误差作为容许误差,即$\Delta_{容} = 2m$。

> 如果观测值中出现了大于所规定的容许误差的偶然误差,则认为该观测值不可靠,应舍去不用或重测。

第三节 误差传播定律

函数关系的表现形式分为线性函数和非线性函数两种。由于直接观测值含有误差,因而它的函数必然存在误差。阐述观测值中误差与函数中误差之间关系的定律,称为误差传播定律。

一、误差传播定律基础公式

设Z是独立观测量$x_1, x_2, \cdots, x_n$的函数,即:

$$Z = f(x_1, x_2, \cdots, x_n) \qquad (4\text{-}12a)$$

式中:$x_1, x_2, \cdots, x_n$为直接观测量,它们相应观测值的中误差分别为$m_1, m_2, \cdots, m_n$,欲求观测值的函数Z的中误差m_Z。

设各独立变量 $x_i(i=1,2,\cdots,n)$ 相应的观测值为 L_i，真误差分别为 Δx_i，相应函数 Z 的真误差为 ΔZ。则：

$$Z+\Delta Z=f(x_1+\Delta_1,x_2+\Delta_2,\cdots,x_n+\Delta_n) \tag{4-12b}$$

因真误差 Δx_i 均为微小的量，故可将上式按泰勒级数展开，并舍去二次及以上的各项，得：

$$Z+\Delta Z=f(x_1,x_2,\cdots,x_n)+\left(\frac{\partial f}{\partial x_1}\Delta x_1+\frac{\partial f}{\partial x_2}\Delta x_2+\cdots+\frac{\partial f}{\partial x_n}\Delta x_n\right)$$

(a) 减去 (b) 式，得：

$$\Delta Z=\frac{\partial f}{\partial x_1}\Delta x_1+\frac{\partial f}{\partial x_2}\Delta x_2+\cdots+\frac{\partial f}{\partial x_n}\Delta x_n \tag{4-12c}$$

上式即为函数 Z 的真误差与独立观测值 L_i 的真误差之间的关系式。式中 $\frac{\partial f}{\partial x_i}$ 为函数 Z 分别对各变量 x_i 的偏导数，并将观测值（$x_i=L_i$）代入偏导数后的值，故均为常数。

若对各独立观测量都观测了 k 次，则可写出 k 个类似于式（4-12c）的关系式：

$$\begin{cases}\Delta Z^{(1)}=\dfrac{\partial f}{\partial x_1}\Delta x_1^{(1)}+\dfrac{\partial f}{\partial x_2}\Delta x_2^{(1)}+\cdots+\dfrac{\partial f}{\partial x_n}\Delta x_n^{(1)}\\[2mm]\Delta Z^{(2)}=\dfrac{\partial f}{\partial x_1}\Delta x_1^{(2)}+\dfrac{\partial f}{\partial x_2}\Delta x_2^{(2)}+\cdots+\dfrac{\partial f}{\partial x_n}\Delta x_n^{(2)}\\[2mm]\cdots\cdots\Delta Z^{(k)}=\dfrac{\partial f}{\partial x_1}\Delta x_1^{(k)}+\dfrac{\partial f}{\partial x_2}\Delta x_2^{(k)}+\cdots+\dfrac{\partial f}{\partial x_n}\Delta x_n^{(k)}\end{cases} \tag{4-13}$$

将以上各式等号两边平方后再相加，得：

$$[\Delta Z^2]=\left(\frac{\partial f}{\partial x_1}\right)^2[\Delta x_1^2]+\left(\frac{\partial f}{\partial x_2}\right)^2[\Delta x_2^2]+\cdots+\left(\frac{\partial f}{\partial x_n}\right)^2[\Delta x_n^2]+$$

$$\sum_{\substack{ij=1\\i\neq j}}^{n}\left(\frac{\partial f}{\partial x_i}\right)\left(\frac{\partial f}{\partial x_f}\right)[\Delta x_i\Delta x_j] \tag{4-14}$$

上式两端各除以 k，因各变量 x_i 的观测值 L_i 均为彼此独立的观测，则 $\Delta x_i\Delta x_j$ 当 $i\neq j$ 时，亦为偶然误差。根据偶然误差的第四个特性可知，上式的末项当 $k\rightarrow\infty$ 时趋近于 0，故上式可写为：

$$\frac{[\Delta Z^2]}{k}=\left(\frac{\partial f}{\partial x_1}\right)^2\frac{[\Delta x_1^2]}{k}+\left(\frac{\partial f}{\partial x_2}\right)^2\frac{[\Delta x_2^2]}{k}+\cdots+$$

$$\left(\frac{\partial f}{\partial x_x}\right)^2 \frac{[\Delta x_x^2]}{k} + \sum_{\substack{ij=1 \\ i \neq j}}^{x} \left(\frac{\partial f}{\partial x_i}\right)\left(\frac{\partial f}{\partial x_j}\right)\frac{[\Delta x_i \Delta x_j]}{k} \qquad (4-15)$$

根据中误差的定义,上式可写成:

$$\lim_{k \to \infty} \frac{[\Delta x_i \Delta x_j]}{k} = 0$$

$$\lim_{k \to \infty} \frac{[\Delta Z^2]}{k} = \lim_{k \to \infty}\left(\left(\frac{\partial f}{\partial x_1}\right)^2 \frac{[\Delta x_1^2]}{k} + \left(\frac{\partial f}{\partial x_2}\right)^2 + \cdots + \left(\frac{\partial f}{\partial x_n}\right)^2 \frac{[\Delta x_n^2]}{k}\right)$$

$$(4-16)$$

当 k 为有限值时,即:

$$\sigma_z^2 = \left(\frac{\partial f}{\partial x_1}\right)^2 \sigma_1^2 + \left(\frac{\partial f}{\partial x_2}\right)\sigma_2^2 + \cdots + \left(\frac{\partial f}{\partial x_n}\right)\sigma_n^2$$

$$m_z^2 = \left(\frac{\partial f}{\partial x_1}\right)m_1^2 + \left(\frac{\partial f}{\partial x_2}\right)m_2^2 + \cdots + \left(\frac{\partial f}{\partial x_n}\right)^2 m_n^2$$

或

$$m_z = \pm\sqrt{\left(\frac{\partial f}{\partial x_1}\right)^2 m_1^2 + \left(\frac{\partial f}{\partial x_2}\right)^2 m_2^2 + \cdots + \left(\frac{\partial f}{\partial x_n}\right)^2 m_n^2} \qquad (4-17)$$

式中 $\frac{\partial f}{\partial x_i}$ 为函数 Z 分别对各变量 x_i 的偏导数,并将观测值($x_i = L_i$)代入偏导数后的值,故均为常数。

二、函数中误差的公式

由一般函数的误差传播公式原理可导出几种常用的简单函数中误差的公式,如表 4-2 所列,计算时可直接应用。

表 4-2　　　　　　　常用函数的中误差公式

函数式	函数的中误差
倍数函数 $z = kx$	$m_z = km_x$
和差函数 $z = x_1 \pm x_2 \pm \cdots \pm x_n$	$m_z = \pm\sqrt{m_1^2 + m_2^2 + \cdots m_n^2}$
线性函数	若 $m_1 = m_2 = \cdots = m_2$ 时 $m_z = m\sqrt{n}$
$z = k_1 x_1 \pm k_2 x_2 \pm \cdots \pm k_n x_n$	$m_z = \pm\sqrt{k_1^2 m_1^2 + k_2^2 m_2^2 + \cdots + k_2^2 m_r^2}$

特别提示

误差传播定律注意事项

应用误差传播定律应注意以下两点：

(1)正确列出函数式。

例：用长 30m 的钢尺丈量了 10 个尺段，若每尺段的中误差为 $m_l=\pm 5$mm，求全长 D 及其中误差 m_D。全长 $D=10l=10\times 30=300$m，$D=10l$ 为倍乘函数。但实际上全长应是 10 个尺段之和，故函数式应为 $D=l_1+l_2+\cdots+l_{10}$（为和差函数）。

用和差函数式求全长中误差，各段中误差均相等，故得全长中误差为 $m_D=\sqrt{10}\,m_l=\pm 16$mm

若按倍数函数式求全长中误差，将得出 $m_D=\sqrt{10}\,m_l=\pm 50$mm

按实际情况分析用和差公式是正确的，而用倍数公式则是错误的。

(2)在函数式中各个观测值必须相互独立，即互不相关。如有函数式，则：

$$z=y_1+2y_2+1 \tag{4-18a}$$

$$y_1=3x;\ y_2=2x+2 \tag{4-18b}$$

若已知 x 的中误差为 m_x，求 Z 的中误差 m_z。

若直接用公式计算，由式(4-18a)得：

$$m_z=\pm\sqrt{m^2 y_1+4m^2 y_2} \tag{4-18c}$$

而

$$m_{y1}=3m_x,\ m_{y2}=2m_x$$

将以上两式代入式(4-18c)得：

$$m_z=\pm\sqrt{(3m_x)^2+4(2m_x)^2}=5m_x \tag{4-19}$$

但上面所得的结果是错误的。因为 y_1 和 y_2 都是 x 的函数，它们不是互相独立的观测值，因此在式(4-18a)的基础上不能应用误差传播定律。正确的做法是先把式(4-18b)代入式(4-18a)，再把同类项合并，然后用误差传播定律计算。即：

$$z=3x+2(2x+2)+1=7x+5\Rightarrow m_z=7m_x \tag{4-20}$$

第四节 算术平均值及其中误差

一、算术平均值

在等精度条件下,对某量进行 n 次观测,其观测值分别为 $l_1, l_2, \cdots,$ l_n,设其真值为 X,真差为 Δ,则:

$$\begin{cases} \Delta_1 = l_1 - X \\ \Delta_2 = l_2 - X \\ \quad \vdots \\ \Delta_n = l_n - X \end{cases} \tag{4-21}$$

将式(4-21)格式相加并求平均值,得:

$$\frac{[\Delta]}{n} = \frac{[l_i - X]}{n} = \frac{[l_i]}{n} - X \tag{4-22}$$

令

$$\bar{x} = \frac{[l_i]}{n} \tag{4-23}$$

根据偶然误差收敛性,当 n 无限大时,$\bar{x}$ 趋于 0,于是算术平均值 $\bar{x} = X$。即当观测次数 n 无限多时,算术平均值就趋向于未知量的真值。但是,观测次数是有限的,通常认为有限次观测的算术平均值就是该量的最接近真值的近似值,称为最或然值或最或是值。

观测值的改正数

最或然值与观测值之差,称为该观测值的改正数,即:

$$\begin{cases} v_1 = \bar{x} - l_1 \\ v_2 = \bar{x} - l_2 \\ \quad \vdots \\ v_n = \bar{x} - l_n \end{cases} \tag{4-24}$$

将以上各式取和得：

$$[v]=n\bar{x}-[l_i]$$

将式(4-23)代入，有：

$$[v]=n\frac{[l_i]}{n}-[l_i]=0 \qquad (4\text{-}25)$$

可见，改正数的总和为零。这个特性可用作计算中的检核。

二、观测值的中误差

按真误差计算的观测值中误差为：

$$m=\pm\sqrt{\frac{[\Delta\Delta]}{n}}$$

式中

$$[\Delta\Delta]=\Delta_1\Delta_1+\Delta_2\Delta_2+\Delta_3\Delta_3+\cdots+\Delta_i\Delta_i+\cdots+\Delta_n\Delta_n,i=1,2,3,\cdots,n$$
$$\Delta_i=l_i-X \qquad (4\text{-}26)$$

由于观测值的改正数是可以求得的，因此，用观测值的改正数来求观测值的中误差。

最或然误差为：

$$v_i=l_i-\bar{x} \qquad (4\text{-}27)$$

式(4-26)减式(4-27)得：

$\Delta_i-v_i=\bar{x}-X$，令 $\delta=\bar{x}-X$，则有 $\Delta_i=v_i+\delta(i=1,2,\cdots n)$，求平方和，$[\Delta_i\Delta_i]=[v_iv_i]+n\delta^2+2\delta[v_i]$

因为改正数总和 $[v]=0$，则：

$$[\Delta_i\Delta_i]=[v_iv_i]+n\delta^2 \qquad (4\text{-}28)$$

又因为 $\delta^2=(\bar{x}-X)^2=(\frac{[l_i]}{n}-X)(\frac{[l_i]}{n}-X)=\frac{1}{n^2}(\Delta_1+\Delta_2+\cdots+$

$\Delta_n)(\Delta_1+\Delta_2+\cdots+\Delta_n)$

$=\frac{1}{n^2}[\Delta_i\Delta_i]+\frac{2}{n^2}(\Delta_1\Delta_2+\Delta_1\Delta_3+\cdots+\Delta_i\Delta_j+\cdots+\Delta_{n-1}\Delta_n)$

根据偶然误差特性,当 $n \to \infty$ 时,上式第二项趋于零,故 $\delta^2 = \dfrac{[\Delta_i\Delta_i]}{n^2}$。

代入式(4-27)得 $\dfrac{[\Delta_i\Delta_i]}{n} = \dfrac{[v_iv_i]}{n} + \dfrac{[\Delta_i\Delta_i]}{n^2}$

即 $m^2 = \dfrac{[v_iv_i]}{n} + \dfrac{1}{n}m^2$, $m^2 = \dfrac{[vv]}{n-1}$,   得

$$m = \sqrt{\frac{[vv]}{n-1}} \tag{4-29}$$

式(4-28)就是利用观测值改正数计算中误差的公式,称为白塞尔公式。

第五节   非等精度观测值的最或然值及其中误差

一、权的定义、特点及类型

(一)权的定义

对一个未知量进行 n 次等精度观测,其 n 个观测值的算术平均值就是该未知量的最或然值。但对于非等精度观测,就不能简单地将算术平均值作为未知量的最或然值。因此,需要引入一个辅助量,该量能以明确的数字表示出各个观测值的相对精度,这就是权,通常用 P 表示。

设一组不同精度的观测值为 P_i,相应的中误差为 $m_i(i=1,2,\cdots,n)$,选定任一大于零的常数 μ,定义权为:

$$P_i = \frac{\mu^2}{m_i^2} \tag{4-30}$$

式中 P_i——观测值 L_i 的权;

μ——任一大于零的常数,作为精度比较标准的一个中误差。

对一组已知中误差的观测值而言,选定一个 μ,就有一组对应的权。

【例4-2】 设有角度观测值 L_1、L_2 和 L_3,其中误差分别为 $m_1 = \pm2''$,

$m_2=\pm 4''$，$m_3=\pm 3''$，试确定角度观测值 L_1、L_2 和 L_3 的权。

解：由式(4-30)可知：

$$P_1=\frac{\mu^2}{(\pm 2)^2}，P_2=\frac{\mu^2}{(\pm 4)^2}，P_3=\frac{\mu^2}{(\pm 3)^2}$$

若选取 $\mu=m_3=\pm 2''$，则 $P_1=1$，$P_2=\frac{1}{4}$，$P_3=\frac{4}{9}$。

若选取 $\mu=m_3=\pm 4''$，则 $P_1=4$，$P_2=1$，$P_3=\frac{16}{9}$。

若选取 $\mu=m_3=\pm 3''$，则 $P_1=\frac{9}{4}$，$P_2=\frac{9}{16}$，$P_3=1$。

权的使用

一定的观测条件对应着一定的误差分布，而一定的误差分布对应着一个确定的中误差。

对不同精度的观测值来说，显然中误差越小，精度越高，观测结果越可靠，也就是说，可靠度较大应具有较大的权。因此，用中误差来定义权是恰当的。

(二)权的特性

(1)测量结果的权与其中误差的平方成反比；测量结果的中误差 P_i 越小，其权就越大，表示观测值越可靠，精度越高。

(2)权始终为正。

(3)由于权是一个相对性数值，对于单一观测值而言，权无意义。

(4)权的大小随 μ 的不同而不同，但各观测值权之间的比值不变，例如，取不同的 μ 值，可以得出许多组不同的权，但各组的权的比值总是不变的。因此，对一系列测量结果的权，可以同乘以或同除以一个大于零的常数，其比值是不变的，这就是说权具有相对性。

(三)单位权与单位权中误差

当取 $\mu=P_1$ 时，实际上就是以 P_1 的精度作为指标，其他的观测值都是和它比较。这时,P_1 的权 P_1 必然为 1,而其他观测值的权则是以 P_1 为单位确定的。因此,通常称数值为 1 的权为单位权,单位权所对应的中误差 μ 则称为单位权中误差,而单位权所对应的观测值即为单位权观测值。

(四)测量中常用的权

(1)算术平均值的权。设对某量进行了 n 次等精度观测,其算术平均值为:

$$\bar{x} = \frac{[l_i]}{n} = \frac{1}{n}l_1 + \frac{1}{n}l_2 + \cdots + \frac{1}{n}l_n \tag{4-31}$$

若一次观测的中误差为 m,由误差传播定律可知,n 次同精度观测值的算术平均值的中误差为:

$$M^2 = \frac{1}{n^2}m^2 + \frac{1}{n^2}m^2 + \cdots + \frac{1}{n^2}m^2 = \frac{m^2}{n}\text{,即:}$$

$$M = \frac{m}{\sqrt{n}} \tag{4-32}$$

若取 $\mu = m$,则一次观测值的权为:

$$P_1 = \frac{\mu^2}{m^2} = \frac{m^2}{m^2} = 1$$

算术平均值的权为:

$$P_L = \frac{\mu^2}{\dfrac{m^2}{n}} = \frac{nm^2}{m^2} = n \tag{4-33}$$

特别提示

算术平均值与观测次数的关系

由此可知,n 次观测算术平均值的权是一次观测权的 n 倍。取一次观测值的权为 1,则 n 次观测的算术平均值的权为 n。故算术平均值的权与观测次数成正比。

---

(2)水准测量高差的权。若在 A、B 两点间进行水准测量,共设 n 站,则 A、B 两水准点间高差等于各站高差 $h_i(i=1,2,\cdots,n)$ 之

和,即:

$$h = H_B - H_A = h_1 + h_2 + \cdots + h_n \tag{4-34}$$

若每站高差 h_i 的中误差为 m,则得两点间高差的中误差为:

$$m_h = \sqrt{m^2 + m^2 + \cdots + m^2} = \pm\sqrt{n}\,m \tag{4-35}$$

即水准测量观测高差的中误差,与测站数 n 的平方根成正比。若各站距离 s 大致相等,则近似地有全长 $S = ns$,测站数 $n = S/s$,代入式 (4-35) 得:

$$m_h = \sqrt{\frac{S}{s}}\,m = \frac{m}{\sqrt{s}} \cdot \sqrt{S} \tag{4-36}$$

式中, s 为大致相等的各测站距离, m 为每站高差中误差,在一定测量条件下可视 $m/\sqrt{s}$ 为定值。

令 $K = m/\sqrt{s}$,则有:

$$m_h = K\sqrt{S} \tag{4-37}$$

即水准测量高差的中误差与距离的平方根成正比。

同样,取 $S = 1$,则 $m_h = K$,因此, K 是单位长度水准测量的中误差。若距离以千米为单位, K 就是距离为 1km 时的高差中误差,所以,水准测量高差中误差等于单位距离观测高差中误差与水准路线全长的平方根之积。

设水准路线长为 S 的高差的权为 P,中误差为 m_h;并设路线长为 S_0 的高差的权为 1,则其中误差即单位权中误差为:

$$\mu = K\sqrt{S_0} \tag{4-38}$$

则路线长为 S 时的高差之权为:

$$p = \frac{S_0}{S} \tag{4-39}$$

(3)三角高程测量中高差的权。设 A、B 为地面上两点,在 A 点观测 B 点的垂直角为 α,两点间的水平距离为 S,在不考虑仪器高和觇标高的情况下,计算 A、B 两点间高差的基本公式为:

$$h = S \cdot \tan\alpha \tag{4-40}$$

设 S 及 α 的中误差分别为 m_S 和 m_α,则由误差传播定律可知:

$$m_h^2 = \left(\frac{\partial h}{\partial S}\right)^2 m_S^2 + \left(\frac{\partial h}{\partial \alpha}\right)^2 m_\alpha^2 = \left(\frac{\partial h}{\partial S}\right)^2 m_S^2 + \left(\frac{\partial h}{\partial \alpha}\right)^2 \left(\frac{m_\alpha''}{\rho''}\right)^2$$

因 $\frac{\partial h}{\partial S} = \tan\alpha$，$\frac{\partial h}{\partial \alpha} = S \cdot \sec^2\alpha$，代入得：

$$m_h^2 = \tan^2\alpha \cdot m_S^2 + S^2 \cdot \sec^4\alpha \left(\frac{m_\alpha''}{\rho''}\right)^2$$

上式在实际应用时，由于距离 S 的误差远小于垂直角 α 的误差，所以第一项可忽略不计；由于垂直角 α 一般小于 $5°$，可认为 $\sec\alpha \approx 1$，故得：

$$m_h^2 = S^2 \left(\frac{m_\alpha''}{\rho''}\right)^2 \quad \text{或} \quad m_h = S\frac{m_\alpha''}{\rho''} \tag{4-41}$$

这就是单向观测高差的中误差公式。即三角高程测量中单向高差的中误差，等于以弧度表示的垂直角的中误差乘以两点间的距离。或者说，当垂直角的观测精度一定时，三角高程测量所得高差的中误差与两点间的距离成正比。

设两点间距离为 S 时的高差的权为 p，相应的中误差为 m_h；并设距离为 S_0 时高差的权为 1，则此时其中误差即为单位权中误差 μ。

> 三角高程测量中高差的权与距离的平方成反比。三角高程测量中高差的权与距离的平方成反比。

$$\mu^2 = S_0^2 \left(\frac{m_\alpha''}{\rho''}\right)^2$$

则距离为 S 时三角高程测量高差的权为：

$$p = \frac{S_0^2}{S^2} \tag{4-42}$$

二、广义权中数及其中误差

(一)广义权中数

设对某量进行 n 次不同精度观测，观测值为 $L_1, L_2, \cdots, L_n$，其相应的权为 $P_1, P_2, \cdots, P_n$，试求这组非等精度观测的最或然值。

设这组非等精度观测的最或然值为 x，则各观测值的误差为：

$$v_1 = L_1 - x$$
$$v_2 = L_2 - x$$
$$\vdots$$
$$v_n = L_n - x$$

将上式两端平方并乘以相应的权取和得：

$$[Pvv] = P_1(L_1 - x)^2 + P_2(L_2 - x)^2 + \cdots + P_n(L_n - x)^2$$

按照最小二乘法原理，得：

$$[Pvv] = 最小$$

对上式求导，并令其为零，得：

$$P_1(L_1 - x) + P_2(L_2 - x) + \cdots + P_n(L_n - x) = 0$$
$$(P_1L_1 + P_2L_2 + \cdots + P_nL_n) - (P_1 + P_2 + \cdots + P_n)x = 0$$

即

$$x = \frac{P_1L_1 + P_2L_2 + \cdots + P_nL_n}{P_1 + P_2 + \cdots + P_n} = \frac{[PL]}{[P]} \tag{4-43}$$

式(4-43)称为加权平均值或广义权中数。

非等精度观测的改正数应当满足：

$$[Pv] = [PL] - [P]x = 0 \tag{4-44}$$

(二)广义权中数的中误差

根据误差传播定律，由式(4-43)得：

$$m_x = \sqrt{\left(\frac{P_1}{[P]}\right)^2 m_1^2 + \left(\frac{P_2}{[P]}\right)^2 m_2^2 + \cdots + \left(\frac{P_n}{[P]}\right)^2 m_n^2} \tag{4-45}$$

若单位权中误差为 μ，则各观测值的权为：

$$P_i = \frac{\mu^2}{m_i^2} \tag{4-46}$$

代入式(4-45)得：

$$m_x = \sqrt{\frac{P_1}{([P])^2}\mu^2 + \frac{P_2}{([P])^2}\mu^2 + \cdots\cdots + \frac{P_n}{([P])^2}\mu^2}$$

$$m_x = \pm\frac{\mu}{\sqrt{[P]}} \tag{4-47}$$

公式(4-47)即为广义权中数的中误差计算公式。

根据权的定义可知,广义权中数的权为:

$$P_x = [P] \tag{4-48}$$

三、单位权中误差

由式(4-45)可知:

$$\mu^2 = m_1^2 P_1$$
$$\mu^2 = m_2^2 P_2$$
$$\vdots$$
$$\mu^2 = m_n^2 P_n$$

将上几式相加得: $n\mu^2 = m_1^2 P_1 + m_2^2 P_2 + \cdots\cdots + m_n^2 P_n = [Pmm]$

$$\mu = \pm\sqrt{\frac{[Pmm]}{n}}$$

当 $n \to \infty$ 时,用真误差 Δ 代替中误差 m,衡量精度的意义不变,则可将上式改写为:

$$\mu = \pm\sqrt{\frac{[P\Delta\Delta]}{n}} \tag{4-49}$$

式(4-49)即为用真误差计算单位权观测值中误差的公式。可以求得用观测值改正数来计算单位权中误差的公式为:

$$\mu = \pm\sqrt{\frac{[Pvv]}{n-1}} \tag{4-50}$$

【例 4-3】 在水准测量中,已知从三个已知高程点 A、B、C 出发,分别测量结点 D 的高程,测得的观测值分别为:

$H_1 = 53.412 \qquad S_1 = 2$

$H_2 = 53.431 \qquad S_2 = 5$

$H_3 = 53.427 \qquad S_3 = 4$

S_i 为各水准路线的长度,求 D 点高程的最或然值及其中误差(图 4-3)。

解:取各水准路线长度 S_i 的倒数为权,则 H_1、H_2、H_3 的权分别为 0.5、0.2、0.25,则根据广义权中数的计算公式得 D 点的高程最或然值为:

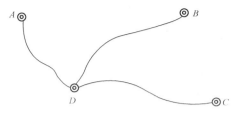

图 4-3　水准路线

$$H_D = (0.5 \times 53.412 + 0.2 \times 53.431 + 0.25 \times 53.427)/0.95$$
$$= 53.420$$

各观测值的改正数为：

$$v_1 = -8\text{mm} \qquad v_2 = +11\text{mm} \qquad v_3 = +7\text{mm}$$

单位权观测值的中误差为：

$$\mu = \pm\sqrt{\frac{[Pvv]}{n-1}} = \pm\sqrt{\frac{68.45}{3-1}} = \pm 5.85\text{mm}$$

观测值最或然值的中误差为：

$$m_x = \pm\frac{\mu}{\sqrt{[P]}} = \pm\frac{5.85}{\sqrt{0.95}} = \pm 6.00\text{mm}$$

思考与练习

一、单项选择题

1. 对测量工作来说,误差是(　　　)的。

   A. 不可避免　　　　　　　　B. 可以避免

   C. 不允许发生　　　　　　　D. 不允许存在

2. 在相同观测条件下,对某量进行一系列的观测,如果观测误差的符号和大小不变,或按一定的规律变化,这种误差称为(　　　)。

   A. 系统误差　　　　　　　　B. 偶然误差

   C. 绝对误差　　　　　　　　D. 相对误差

3. 在相同的观测条件下,对某量进行一系列的观测,如果观测误差的符号和大小都不一致,表面上没有任何规律性,这种误差称为（　　）。

A. 系统误差 B. 偶然误差

C. 绝对误差 D. 相对误差

4. 偶然误差的算术平均值,随着观测次数的无限增加而趋向于（　　）。

A. 无穷小 B. 无穷大 C. 0 D. 1

二、多项选择题

1. 根据测量误差对观测成果的影响性质,将误差分为（　　）。

A. 仪器误差 B. 计算误差

C. 系统误差 D. 偶然误差

E. 容许误差

2. 在测量工作中,为了评定观测成果的精度,制定衡量精度的统一标准有（　　）。

A. 中误差 B. 计算误差 C. 容许误差 D. 相对误差

E. 标准误差

3. 在实际测量工作中,把容许误差还称为（　　）。

A. 标准误差 B. 极限误差 C. 允许误差 D. 限差

E. 计算误差

4. 算术平均值称为最可靠值,也称为（　　）。

A. 似真值 B. 近似值 C. 最或然值 D. 最或是值

E. 观测值

三、简答题

1. 测量误差产生的原因有哪些?

2. 什么是系统误差?如何消除、减弱系统误差?

3. 什么是偶然误差?具有哪些特性?

4. 什么是直方图法?

5. 什么是中误差、容许误差、相对误差?

6. 什么是误差传播定律?

7. 测量中常用的权的类型有哪些?

下篇　职业技能实务

第五章　水准测量

第一节　水准测量的原理

水准测量的基本原理是：利用一条水平视线，并借助水准尺，来测定地面两点间的高差，这样就可由已知点的高程推算出其他未知高程点的高程。水准测量测定高程的方法有高差法和仪器高法两种。

现以图 5-1 为例说明水准测量的原理。在 A、B 两点上分别竖立有刻划的尺子——水准尺，并在 A、B 两点之间安置一台能提供水平视线的仪器——水准仪。根据仪器的水平视线，在 A 点尺上读数，设为 a；在 B 点尺上读数，设为 b；则 A、B 两点间的高差为：

$$h_{AB} = a - b$$

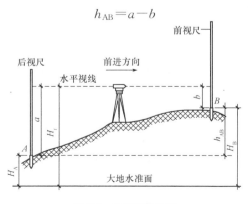

图 5-1　水准测量原理

一、高差法水准测量

在需要测量的两地面点 A、B 上,分别竖立上水准尺,在 A、B 两点的中点安置可获得水平视线的水准仪,水平视线在 A、B 两尺上的读数分别为 a、b,若水准测量是沿 AB 方向前进,则 A 点称为后视点,其竖立的标尺称为后视标尺,读数 a 称为后视读数;B 点称为前视点,其竖立的标尺称为前视标尺,读数 b 称为前视读数。从图 5-1 中的几何关系可知,A、B 两点的高差为 $h_{AB}=a-b$,即两点间的高差等于水平视线的后视读数减去前视读数;如果 A 点的高程 H_A 为已知,则 B 点的高程为 $H_B=H_A+h_{AB}$,该式就是高差法推算待定点高程的公式。

从高差法公式可得 $h_{AB}=H_B-H_A$,即两点间的高差是高程的增量,高差具有方向性。

正号、负号的规定

高差有正($+$)、有负($-$)。由于在一个测站上,水准仪提供的一条水平视线高度不变,当 B 点高程比 A 点高时,前视读数 b 比后视读数 a 要小,高差为正;当 B 点比 A 点低时,前视读数 b 比后视读数 a 要大,高差为负。因此,水准测量的高差必须冠以"$+$"、"$-$"号。

【例 5-1】 如图 5-2 所示,已知 A 点高程 $H_A=402.223\text{m}$,后视读数为 $a=1.005\text{m}$,前视读数 $b=0.323\text{m}$,试求 B 点高程。

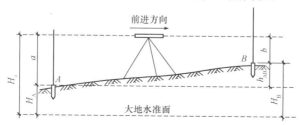

图 5-2　水准测量

解：B 点对于 A 点的高差：

$h_{AB} = 1.005 - 0.323 = 0.682m$

B 点高程为：$H_B = 402.223 + 0.682 = 402.905m$

二、仪器高法水准测量

在测量工作中,通常将水准仪望远镜水平视线的高程称为仪器高程或视线高程,用 H_i 表示,如图 5-2 所示。在图中由视线高计算 B 点高程的方法,叫仪高法。此法在建筑工程测量中被广泛应用。图中 A 点的高程读数等于水准仪的视线高程,即：

$$H_i = H_A + a$$

B 点高程为：

$$H_B = H_i - b = (H_A + a) - b$$

仪高法的施测步骤与高差法基本相同。

仪高法的计算方法与高差法不同,须先计算仪高 H_i,再推算前视点和中间点的高程。

> 架设一次仪器进行多个点的高程测量时，仪器高法比高差法方便，常在小范围平整场地（抄平）中使用。

第二节　水准测量的实施

一、水准点

用水准测量的方法测定的高程控制点称为水准点,简记 BM。水准点可作为引测高程的依据。水准点一般可分永久性和临时性两种。

(一)永久性水准点

永久性水准点是国家有关专业测量单位,按统一的精度要求在全国各地建立的国家等级的水准点。永久性水准点一般用混凝土制成标石,如图 5-3(a)所示,标石顶部嵌有半球形的耐腐蚀金属或其他材料制成的标芯,其顶部高程即代表该点的高程。建筑测量中的埋石水准点如图 5-3(b)所示。

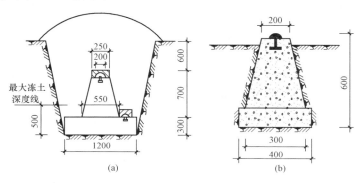

图 5-3　水准点

水准点的选定与埋设

水准点的选定与埋设,除满足必要的密度外还应符合下列规定:

(1)应将点位选在质地坚硬、密实、稳固的地方或稳定的建筑物上,且便于寻找、保存和引测;当采用数字水准仪作业时,水准路线还应避开电磁场的干扰。

(2)埋设完成后,二、三等点应绘制点之记,其他控制点可视需要而定。必要时还应设置指示桩。

由此可见,水准点要避免选设在沙滩、沼泽、沙土、滑坡、地下水位较高等有变形、土质松软、易被淹没、易受震动、隐蔽陡峭和电磁干扰源附近。

(二)临时性水准点

建筑工程中,通常需要设置一些临时性的水准点,这些点可用木桩打入地下,桩顶钉一个顶部为半球状的圆帽铁钉,也可以利用稳固的地物,如坚硬的岩石、房角等,作为高程起算的基准。

二、水准路线

由水准测量所经过的路线,称为水准路线。为了避免观测、记录和计算中发生人为误差,并保证测量成果能达到一定的精度要求,必须按某种形式布设水准路线。根据测区实际情况和作业要求,水准路线一般布设成以下几种形式:

1. 附合水准路线

在两个已知点之间布设的水准路线,如图 5-4(a)所示。

2. 闭合水准路线

如图 5-4(b)所示,从已知点出发,沿高程待定点 1,2,…进行水准测量,最后再回到原已知水准点 1。这种形式的路线,称为闭合水准路线。

3. 支水准路线

由一个已知水准点出发,而另一端为未知点的水准路线。该路线既不自行闭合,也不附合到其他水准点上,如图 5-4(c)所示。为了成果检核,支水准路线必须进行往、返测量。

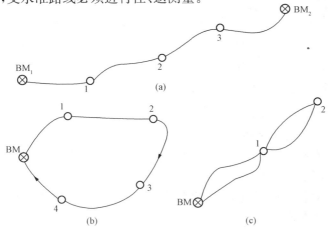

图 5-4 单一水准路线的三种布设形式

(a)附合水准路线;(b)闭合水准路线;(c)支水准路线

拟定水准路线工作的主要步骤

（1）收集资料。拟定水准路线一般先要收集现有的较小比例尺地形图,收集测区已有的水准测量资料,包括水准点的高程、精度、高程系统、施测年份及施测单位。

（2）现场勘察。施工测量设计人员应亲自到现场勘察,核对地形图的正确性,了解水准点的现状,是保存完好还是已被破坏。

（3）路线设计。在已有资料和现场勘察结果的基础上,根据任务要求进行水准路线的图上设计。一般来说,对精度要求高的水准路线应该沿公路、大道布设,精度要求较低的水准路线也应尽可能沿各类道路布设,目的在于路线通过的地面要坚实,使仪器和标尺都能稳定。

（4）绘制水准线路布设图。

三、水准测量的施测程序与方法

水准观测前,应使仪器与外界气温趋于一致。观测时,应用白色测伞遮蔽阳光;迁站时,宜罩以白色仪器罩。在连续各测站上安置水准仪的三脚架时,应使其中两脚与水准路线的方向平行,而第三脚轮换置于路线方向的左侧与右侧;同一测站上观测时,不得两次调焦;观测中不得为了增加标尺读数而把尺桩（台）安置在沟边或壕坑中;每测段的往测和返测的测站数应为偶数。

（一）水准测量的观测程序

（1）在已知高程的水准点上竖立水准尺,作为后视尺。

（2）在路线的前进方向上的适当位置竖立前视尺,此时水准仪距两水准尺间的距离基本相等,最大视距不大于150m。

（3）对仪器进行整平,使圆水准器气泡居中。照准后视标尺,消除视差,用微倾螺旋调节水准管气泡并使其精确居中,用中丝读取后视读数,记入手簿。

（4）照准前视标尺,使水准管气泡居中,用中丝读取前视读数,并记入手簿。

（5）将仪器迁至第二站，同时，第一站的前视尺不动，变成第二站的后视尺，第一站的后视尺移至前面适当位置成为第二站的前视尺，按第一站相同的观测程序进行第二站测量。

（6）如此连续观测、记录，直至终点。

（二）水准测量的观测方法

在实际测量中，由于起点与终点间距离较远或高差较大，一个测站不能全部通视，需要把两点间距分成若干段，然后连续多次安置仪器，重复一个测站的简单水准测量过程，这种测量方法的特点就是工作的连续性。一般来说，水准测量的主要方法有"两次仪器高法"、"双面尺法"以及"单程双转点法"三种。

1. 两次仪器高法

当欲测高程点距已知水准点较远或高差很大时，需要连续多次安置仪器测出两点的高差。如图 5-5 所示，水准点 BM_A 的高程为 13.428m，测定 BM_B 点的高程，其观测步骤如下：

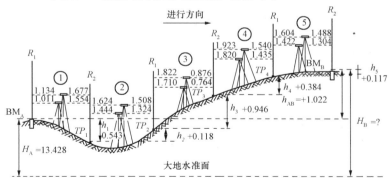

图 5-5 两次仪器高法水准测量

（1）一个测站上的水准测量。在离 A 点 100～200m 处选定转点 TP_1，在 A、TP_1 两点上分别竖立水准尺，距点 A 和点 TP_1 大致等距的①作为测站。按照安置、粗平、照准、精平、读数、检查的步骤读取后视 A 点上水准尺读数 1134，记入表 5-1 观测点 A 的后视读数栏内。

旋转望远镜，前视点 TP_1 上的水准尺，同法读数为 1677，记入观测点 TP_1 的前视读数栏内。后视读数减前视读数得高差为－0.543，记入高差栏内。

（2）双仪器高法测站检核。双仪器高法是在同一测站上用不同的仪器高测出两次高差进行比较来检核。在测站测得第一次高差后，将仪器升高或降低 10cm 以上，再测算一次获取测站高差，若两次测得的测站高差之差不超过 5mm，则认为观测值符合要求，取其平均值作为观测结果，若大于 5mm 就需要进行测站重测。

在测站①上变动仪器高，按照观测程序，第二次读取 A、TP_1 点上的读数 1011、1556，第二次算出高差－0.545。经检核高差之差在 5mm 内，取中作为测站高差，填入平均高差栏。

完成上述一个测站上的工作后，点 TP_1 上的水准尺不动，把 A 点上的水准尺移到点 TP_2，仪器安置在点 TP_1 和点 TP_2 之间，按照上述方法观测和计算，逐站测至 B 点。观测数据的记录见表 5-1。

表 5-1　　　　　　　　　　水准测量记录手簿

测站	点号	后视 前视	水准尺读数		高差	平均高差	改正后 高差	高程
			第 1 次	第 2 次				
1	BM_A	R_1	1134	1011	－0.543	－0.543		13.428
	TP1	R_2	1677	1554	－0.543			
2	TP_1	R_2	1444	1624	＋0.120	＋0.118		
	TP_2	R_1	1324	1508	＋0.116			
3	TP_2	R_1	1822	1710	＋0.946	＋0.946		
	TP_3	R_2	0876	0764	＋0.946			
4	TP_3	R_2	1820	1923	＋0.385	＋0.384		
	TP_4	R_1	1435	1540	＋0.383			
5	TP_4	R_1	1422	1604	＋0.118	＋0.117		
	BM_B	R_2	1304	1488	＋0.116			14.450
检核	BM_A	$\sum$后	15.514		＋2.044	＋1.022		
	BM_B	$\sum$前	13.472					

特别提示

中点、转点的表示

上述观测过程中点 TP_1、TP_2、TP_3、TP_4 仅起传递高程的作用,就是我们说的转点(Turning Point),常用 TP 表示,也有用转点汉语拼音第一个字母 ZD 表示的。

(3)计算检核。进行水准测量,不仅要求每一站进行高差之差的检核,每一页记录纸在最末行还要进行页累计检核;测段观测完成后,还要进行测段检核。计算检核只能检查计算是否正确,并不能检核观测和记录的错误。

通过计算检核使得下面两式成立。

$$\sum_后 - \sum_前 = \sum_h = +2.044$$

$$\frac{\sum_后 - \sum_前}{2} = \frac{\sum_h}{2} = +1.022$$

两点之间(包括测段)的高差等于各个转点之间高差的代数和,也等于后视读数之和减去前视读数之和,如果两种计算结果一致,说明计算无误,高差计算是正确的。

最后计算 BM_B 的高程:$H_B = 13.428 + 1.022 = 14.450$m

2. 双面尺法

用双面尺法进行水准测量时,需要有黑、红两面分划的水准尺,在每一测站上需要观测后视和前视水准尺的黑面、红面读数,通过黑红面读数差不超过 3mm、黑面高差和红面高差之差不超过 5mm 的检核规定,完成一个测站上的水准测量工作。

工程测量中各等级附合、闭合水准路线的观测方法、技术要求都有明确的规定。三等水准测量用 S_3 级水准仪和双面水准尺进行往返观测,四等水准测量用 S_3 级水准仪和双面水准尺进行往测一次观测,五等水准测量用 S_3 级水准仪和单面水准尺进行往测一次观测。对各等级的支水准路线观测通过提高等级、加密观测的方法进行,如四等支水准路线测量,可按三等水准测量的要求进行观测,也可在四等水

建筑测量员专业与实操

准测量往测的基础上，再加密观测一次返测。

（1）在一个测站上的观测程序。五等水准测量一个测站上水准仪安置粗平后的观测程序为：

瞄准后视点水准尺黑面分划→精平→读数；

瞄准后视点水准尺红面分划→精平→读数；

瞄准前视点水准尺黑面分划→精平→读数；

瞄准前视点水准尺红面分划→精平→读数。

表 5-2 是双面尺法进行水准测量的观测记录及计算的示例。表内带括号的号码为观测读数和计算的顺序，（1）、（2）、（4）、（6）为观测数据，其余数据为计算所得。该计算顺序是"测算一体化"的作业方式，对初学者也可采用"先测后算"的方式。

上述观测程序，对于立尺点而言简称为"后—后—前—前"；对于尺面而言，观测程序为"黑—红—黑—红"。

表 5-2　　　　　　　双面尺法水准测量记录计算手簿

测站编号	点号	方向及尺号	水准尺读数		K+黑一红	高差中数	备考
			黑面	红面			
			(1)	(2)	(3)		
			(4)	(6)	(7)		
		后—前	(5)	(8)	(9)		
						(10)	
1	BM$_A$	后5	1384	6171	0		
	TP$_1$	前6	0551	5239	−1		
		后—前	+0833	0932	+1		
						+0.8325	
2	TP$_1$	后6	1934	6621	0		
	TP$_2$	前5	2008	6796	−1		
		后—前	−0074	−0175	+1		
						−0.0745	
3	TP$_2$	后5	1726	6513	0		
	TP$_3$	前6	1866	6554	−1		

测站 编号	点号	方向 及尺号	水准尺读数		$K+$黑 一红	高差中数	备考
			黑面	红面			
3		后一前	−0140	−0041	+1		
						−0.1405	
4	TP_3	后 6	1832	6519	0		
	TP_4	前 5	2007	6793	+1		
		后一前	−0175	−0274	−1		
						−0.1745	
5	TP_4	后 5	0054	4842	−1		
	BM_B	前 6	0087	4775	−1		
		后一前	−0033	+0067	0		
						−0.0330	

(2)测站上的记录、计算与校核。水准测量观测应采用规定的手簿记录并统一编号,手簿中记载项目的原始观测数据应字迹清晰端正、填写齐全。外业手簿中任何原始记录(包括文字)不得擦改或涂改,更不能转抄复制。也可采用电子计算机记录,并符合《水准测量电子记录规定》(CH/T 2006—1999)的要求。

当原始记录米与分米数字或文字有误时,应以单线划去,在其上方写出正确数字和文字,并应在备考栏内注明原因,但一测站内不得有两个相关数字连环更改。划去不用的废站亦应注明原因。

①后视黑红面读数差的计算与检核,黑红面读数差不超过 3mm:(3)=(1)+K−(2)

②计算黑面高差:(5)=(1)−(4)

③前视黑红面读数差的计算与检核:(7)=(4)+K−(6)

④计算红面高差:(8)=(2)−(6)

⑤黑红面高差之差的计算与检核,黑红面高差之差不超过 5mm。

表 5-2 的示例中,5 号尺之 $K=4787$,6 号尺之 $K=4687$,黑面高差(5)、红面高差(8)相差 100mm,是由于两根尺子红黑面零点差不同

引起的,因此高差之差(9)尚可作一次检核计算,(9)=(3)-(7)=(5)±100-(8),"±"运算符的选取根据后视尺的红黑面零点差决定,±100目的是将两根标尺红面的起算刻划值归化为相同数值,若后视尺红面起算刻划是 4687 或后视尺红黑面读数差是 4687,加上 100 后与前视尺红黑面尺常数 4787 一致,若后视尺红黑面尺常数 4787,减去100 后与前视尺红黑面尺常数 4687 一致。黑红面读数差计算是有技巧的。因 4687mm=(5000-313)mm,4787mm=(5000-213)mm,计算时,由于米、分米等大数是在标尺上刻印的,通常不会读错,且能通过上下丝读数的中数进行检查,厘米、毫米可能因读数问题、扶尺问题或者其他问题容易出错,导致黑红面读数差超过 3mm 的限差要求,因此当观测员读出黑面中丝读数如 1388 后,记录员通过心算(88-13)mm,得到该尺红面读数的理论读数 75mm,当观测员读得红面中丝读数为 6170 时,立马心算(75-70)mm 的结果 5mm 超过限差 3mm,提醒观测员重新观测,当观测员经过精平再次读得红面中丝读数为 6173时,算出(75-73)mm 的结果 2mm 符合 3mm 的限差要求。

　　⑥计算测站高差。

$$(10)=\frac{1}{2}\{(5)+[(8)\pm100]\}=(5)\pm\frac{1}{2}(9)$$

　　计算测站高差中数时,必须将红面高差±100mm 后,与黑面高差取中。当后视标尺尺常数是 4687,则红面高差+100mm,当后视标尺尺常数是 4787,则红面高差-100mm。也可用黑面高差加减高差之差之半计算测站高差中数。测站高差中数等于黑面高差加减黑红面高差之差的一半,若后视尺红黑面尺常数 4787,则减去高差之差的一半,若后视尺红黑面尺常数 4687,则加上高差之差的一半。

特别提示

测站检查的重要性

　　若测站上有关观测限差超限,在本站检查发现后可立即重测。若迁站后发现,就会出现从水准点或间歇点起返工重测的情况,可见测站检查的重要性。三、四等水准测量测站上高差中数取位至 0.1mm。

（3）测段上的计算与校核。在手簿每页末或每一测段完成后，应进行测段高差的计算和检核；高精度的水准测量还要进行测段视距的计算和检核。

①测段高差计算。当测站数为偶数时，累计高差为：

$$\sum(10) = \frac{1}{2}\sum(5) + \sum(8)$$
$$= \frac{1}{2}\left\{\sum[(1) + (2)] - \sum[(4) + (6)]\right\}$$

当测站数为奇数时，累计高差为：

$$\sum(10) = \frac{1}{2}\left[\sum(5) + \sum(8) \pm 100\right]$$

②测段高差检核。两次仪器高法、单程双转点法和往返观测进行水准测量，都会获得该测段的两个有差异的高差值，同一测段两个高差之间的差异就叫高差不符值或往返较差。

测站检核只能检核一个测站上是否存在错误或误差超限。对于一个测段和整条水准路线来讲，还不足以说明所求水准点的高程精度是否符合要求。例如，由于温度、风力、大气折光及立尺点变动等外界条件引起的误差和尺子倾斜、估读误差及水准仪本身的误差以及其他系统误差的影响，虽然误差在一个测站上反映不很明显，但在一个测段、整条水准路线累积的结果将可能超过容许的限差，因此，还须进行测段和整条水准路线的检核。

四、水准路线测量结果计算

在计算时，要首先检查外业观测手簿，计算各段路线两点间高差。经检核无误后，检核整条水准路线的观测误差是否达到精度要求，若没有达到要求，要进行重测；若达到要求，可把观测误差按一定原则调整后，再求取待定水准点的高程。

（一）闭合水准路线结果计算

（1）计算高差闭合差。高差闭合差是指一条水准路线的实际观测高差与已知理论高差的差值，通常用 f_h 表示，即

$$f_h = 观测值 - 理论值$$

在闭合水准路线上也可对测量成果进行校核。对于闭合水准路线,因为它起始于同一个点,所以理论上全线各站高差之和应等于零,即:

$$\sum h = 0$$

若高差之和不等于零,则闭合水准路线的高差、闭合差观测值为路线高差代数和,即:

$$f_h = \sum h_测$$

(2)高差闭合差的容许值。闭合差的大小反映了测量成果的精度。在各种不同性质的水准测量中,都规定了高差闭合差的限值,即容许高差闭合差,用 $f_{h容}$ 表示。规范规定,在普通水准测量时,平地和山地的高差闭合差容许值分别为:

平地 $\qquad f_{h容} = \pm 4\sqrt{L}\ \text{mm}$

山地 $\qquad f_{h容} = \pm 12\sqrt{n}\ \text{mm}$

式中,L 为附合水准路线或闭合水准路线的总长;对支水准线路,L 为测段的长,均以千米为单位,n 为整个线路的总测站数。

当水准路线的长度每 1000m 的测站数超过 16 站,该地形为山地;测站数小于或等于 16 站,该地形为平坦场地。

(3)高差闭合差的调整。当实际的高差闭合差在容许值以内时,可把闭合差分配到各测段的高差上。其分配的原则是把闭合差以相反的符号,根据各测段路线的长度(或测站数)按正比例分配到各测段的高差上。故计算各段高差的改正数,进行相应的改正,即:

> 当实际测量高差闭合小于容许闭合差时,表示观测精度满足要求,否则应对外业资料进行检查甚至返工重测。

$$v_i = \frac{l_i}{L} \times f_h$$

或

$$v_i = \frac{n_i}{n} \times f_h$$

式中　v_i——各测段高差的改正数；

L_i 和 n_i——分别为各测段路线之长和测站数；

L 和 n——分别为水准路线总长和测站总数。

将各观测高差与对应的改正数相加，可得各段改正后高差，即：

$$h_i = h_测 + v_i$$

式中　$h_测$——各段高差观测值。

（4）高程的计算。根据改正后高差，从起点开始，逐点推算出各待定点水准点高程，直至终点，记入高程栏。

【例 5-2】　试校核图 5-6 所示的闭合水准路线观测结果，BM_A 为水准点，高程为 86.365m，1、2、3 点为待定高程点，各点间实测高差及测站数均已在图中注明，如符合要求，进行平差计算。

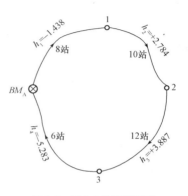

图 5-6　闭合水准路线略图

解：按表 5-3 进行计算。

表 5-3　　　　　　　　水准测量成果计算表

测段编号	点名	测站数	观测高差/m	改正数/m	改正后高差/m	高程/m	备注
1	BM_A	8	−1.438	0.011	−1.427	86.365	
2	1	10	2.784	0.014	2.798	84.938	
3	2	12	3.887	0.017	3.904	87.736	水准点
4	3	6	−5.283	0.008	−5.275	91.640	
Σ	BM_A	36	−0.050	0.050	0.000	86.365	

（1）将表 5-3 中的观测高差带入 $f_h = \sum f_测$，得高差闭合差为：

$$f_h = -0.050\text{m} = -50\text{mm}$$

（2）将表 5-3 中的测站数量相加，得到总测站数 $n=36$，代入 $f_{h容} = \pm 12\sqrt{n}$，得高差闭合差的容许值为：

$$f_{h容} = \pm 12\sqrt{36} = \pm 72\text{mm}$$

由于 $|f_h| < |f_{h容}|$，精度符合要求。

（3）将表 5-3 中的数据代入式 $D_i = \dfrac{n_i}{n} \times f_h$，得到各段高差的改正数为：

$$V_1 = -0.050/36 \times 8 = 0.011\text{m}$$
$$V_2 = -0.050/36 \times 10 = 0.014\text{m}$$
$$V_3 = -0.050/36 \times 12 = 0.017\text{m}$$
$$V_4 = -0.050/36 \times 6 = 0.008\text{m}$$

（4）将表 5-3 中的观测高差为其改正数代入式 $h_i = h_测 + D_2$，得到改正数的高差为：

$$h_1 = -1.438 + 0.011 = -1.427\text{m}$$
$$h_2 = 2.784 + 0.014 = 2.798\text{m}$$
$$h_3 = 3.887 + 0.017 = 3.904\text{m}$$
$$h_4 = -5.283 + 0.008 = -5.275\text{m}$$

由于 $\sum h_i = 0.000$，说明改正后高差计算正确。

根据表 5-3 中，已知高程和改正后高差，得各点的高程为：

$$h_1 = 86.365 - 1.427 = 84.938\text{m}$$
$$h_2 = 84.938 + 2.798 = 87.736\text{m}$$
$$h_3 = 87.736 + 3.904 = 91.640\text{m}$$
$$h_4 = 91.640 - 5.275 = 86.365\text{m}$$

A 的推算高程 H_A 等于其已知高程，说明高程计算正确。

（二）附合水准路线结果计算

对于附合水准路线，理论上在两已知高程水准点间所测得各站高差之和应等于起点两水准点间的高程之差，即

$$\sum_h = \sum_终 - \sum_始$$

若它们不能相等,其差值便称为高差闭合差,由 f_h 表示。即:

$$f_\mathrm{h} = \sum_\mathrm{h} - (H_终 - H_始)$$

高差闭合差的大小在一定程度上反映了测量成果的质量。

对于符合水准路线,由于只有路线长度数据,因此按式 $f_{\mathrm{h}容} = \pm 40\sqrt{L}$ 计算高差闭合的容许值。即 $|f_\mathrm{h}| < |f_{\mathrm{h}容}|$。

对于高差闭合差的调整,按与距离成比例分配的原则,计算各段高差的改正数,然后进行相应的改成。根据改正后的高差,从起点开始,逐点推算出各待定水准点高程,直至终点,记入高程栏。如终点的推算高程等于其已知高程,则说明高程计算正确。

【例 5-3】 试校核图 5-7 附合水准路线观测结果,各点间实测高差及各段路线长度、测站数均已注明在图上,如符合精度要求并作平差计算。

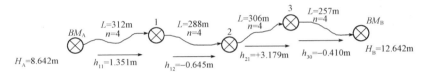

图 5-7　附合水准路线

解:按表 5-4 进行计算。

表 5-4　　　　　　　　　　　附合水准路线闭合差调整计算表

测站	水准路线长/m	测站数/站	实测高差/m	高差改正值/m	改正后高差/m	高程/m	备注
BM_A						8.642	已知高程点
	312	4	+1.851	+0.007	+1.858		
1						10.500	
	288	4	−0.645	+0.006	−0.639		
2						9.861	
	306	4	+3.179	+0.007	+3.186		
3						13.047	
	257	4	−0.410	+0.005	−0.405		
BM_A						12.642	已知高程点
$\sum$	1163	16	3.975	+0.025	+4.00		

(1)将已知的数据分别记入相应的栏内。

(2)计算实测闭合差 $f_{h测}$、路线总长度 $\sum L$ 及总测站数 $\sum n$。

$$f_{h测} = \sum f_{h测} - (H_B - H_A)$$

$$= (1.851 - 0.645 + 3.179 - 0.410) - (12.642 - 8.642)$$

$$= 3.975 - 4.000 = -0.025\text{m} = -25\text{mm}$$

$$\sum L = 312 + 288 + 306 + 257 = 1163\text{m} = 1.163\text{km}$$

$$\sum n = 4 + 4 + 4 + 4 = 16 \text{ 站}$$

(3)计算容许闭合差 $f_{h容}$ 因每千米测站数 $=16/1.163=14$(站)$<$15(站),故容许闭合差为:

$$f_{h容} = \pm 40\sqrt{L} = \pm 40 \times \sqrt{1.163} = \pm 43\text{mm}$$

因 $|f_{h测}| < |f_{h容}|$,故观测结果精度合格。

(4)平差计算。

每千米改正值 $= \dfrac{f_{b测}}{\sum L} = \dfrac{-0.025}{1.163} = +0.0215\text{m/km}$,各段高差改正值 V_i 为:

$$V_{A1} = 0.312 \times 0.0215 = 0.007\text{m}$$

$$V_{A2} = 0.288 \times 0.0215 = 0.006\text{m}$$

$$V_{A3} = 0.306 \times 0.0215 = 0.007\text{m}$$

$$V_{3B} = 0.257 \times 0.0215 = 0.005\text{m}$$

其总和为:

$$\sum V_i = 0.007 + 0.006 + 0.007 + 0.005 = 0.025\text{m}$$

(5)计算改正后高差 h_i:

$$h_{A1} = 1.851 + 0.007 = +1.858\text{m}$$

$$h_{12} = -0.645 + 0.006 = -0.639\text{m}$$

$$h_{23} = +3.179 + 0.007 = +3.186\text{m}$$

$$h_{3B} = -0.410 + 0.005 = -0.405\text{m}$$

其总和为:

$$\sum h_{改正后} = 1.858 - 0.639 + 3.186 - 0.405 = +4.000\text{m}$$

（6）计算各点之高程。

$$H_1 = 8.642 + 1.858 = 10.500\text{m}$$
$$H_2 = 10.500 - 0.639 = 9.861\text{m}$$
$$H_3 = 9.861 + 3.186 = 13.047\text{m}$$
$$H_B = 13.047 - 0.405 = 12.642\text{m}$$

将其值分别记入表 5-4 高程栏内。

（三）支水准路线结果计算

支水准路线必须在起点、终点间用往返测进行校核。理论上往返测所得高差的绝对值应相等，但符号相反，或者是往返测高差的代数和应等于零，即：

$$\sum h_{往} = - \sum h_{返}$$

或

$$\sum h_{往} + \sum h_{返} = 0$$

如果往返测高差的代数和不等于零，其值即为支水准线路的高差闭合差，即 $f_h = \sum h_{往} + \sum h_{返}$ 。

支水准路线的高差闭合差的容许值与闭合路线及符合路线一样，支水准路线往返高差的平均值即为改正后高差，符号以往测为准，因此计算公式为：

$$h = \frac{h_{往} - h_{返}}{2}$$

【例 5-4】　如图 5-8 所示，为施工某道路引测水准点 BM_1，已知水准点 BM_A 高程为 6.543m，由 BM_A 至 BM_1 水准路线长约 640m 的支水准路线，往测高差 $h_{往} = +1.023\text{m}$，返测高差 $h_{返} = -1.013\text{m}$，检核该段水准测量是否合格，如合格试求出 BM_1 点高程。

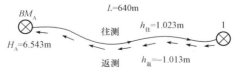

图 5-8　支水准路线

解：

(1)计算实测闭合差。

$$f_h = h_{往} + h_{返} = 1.023 + (-1.013) = +0.010\text{m} = +10\text{mm}$$

(2)计算容许闭合差。

$$f_{h容} = \pm 40\sqrt{L} = \pm 40\sqrt{0.64} = \pm 32\text{mm}$$

(3)检核水准测量观测成果精度，因 $f_h < f_{h容}$，故该段水准测量精度合格。

(4)计算高差平均值 $h_{平均}$。

$$h_{平均} = \frac{1}{2}(h_{往} - h_{返}) = \frac{1}{2} \times [1.023 - (-1.013)] = +1.018\text{m}$$

(5)计算 BM_1 点的高程。

$$H_i = H_A + h_{平均} = 6.543 + 1.018 = 7.561\text{m}$$

五、水准测量误差

水准测量的观测成果中总有误差，这是由于在观测过程中的仪器误差、观测误差、外界环境影响综合造成的。分析各项误差产生的原因，研究消减误差的方法，可进一步提高观测成果的精度。

1. 仪器和工具误差

(1)水准仪的误差。水准仪经过检验校正后，还会存在残余误差，如微小的 i 角误角。规范规定，DS$_3$ 水准仪的 i 角大于 20″ 就需要校正，所以正常使用情况下，i 角应保持在 ± 20″ 以内。当水准管气泡居中时，由于 i 角误差使视准轴不处于精确水平的位置，会造成在水准尺上的读数误差。在一个测站的水准测量中，如果使前视距与后视距相等，则 i 角误差对高差测量的影响可以消除。

(2)水准尺的误差。水准尺的分划不精确、尺底磨损、尺身弯曲都会给读数造成误差，因此水准测量前必须用标准尺进行检验。

2. 观察误差

(1)整平误差。水准测量是利用水平视线测定高差的，当仪器没有精确整平，则倾斜的视线将使标尺读数产生误差。

$$\Delta = \frac{i}{p} \times D$$

（2）估读误差。观测时根据中丝在水准尺的厘米分格内的位置，估读毫米数。因此在望远镜内看到中丝的宽度与厘米分划格的宽度的比例决定了估读的精度。此项误差与望远镜的放大率、视距长度有

> 消减这种误差的方法只能是在每次读尺前进行精平操作时使管水准气泡严格居中。

关。在水准测量外业时，按相应等级的测量规范限制视距长度，有利于减小估读误差。同时，视差对读数影响很大，观测时要仔细进行目镜和物镜的调焦，严格消除视差。

（3）水准尺倾斜误差。如图 5-9 所示，观测时水准尺不竖直，会造成读数误差，且读数恒偏大，其误差值为 $L(1-\cos\alpha)$，式中的 L 为尺倾斜 α 角时的读数。倾斜角越大，造成的读数误差越大。为了避免水准尺倾斜，扶尺者应位于水准尺的后方，双手扶尺，注意垂直。如果尺上配有水准器，扶尺时应保持气泡居中。

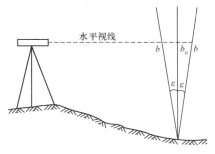

图 5-9　水准尺倾斜误差

（4）视差。视差是指在望远镜中水准尺的像没有准确地成在十字分划板上，由此产生的读数误差。视差对读数的正确与否有直接的影响，瞄准水准尺时一定要仔细调焦。

3. 外界条件引起的误差

（1）仪器下沉。仪器下沉，会使视线降低，从而引起高差误差，采用"后—前—前—后"的观测顺序，可以削弱其影响。

（2）尺垫下沉。尺垫下沉，会使视线相对升高，从而引起高差误差，采用往返观测取观测高差的中数可以削弱其影响。

（3）地球曲率及大气折光的影响。用水平视线代替大地水准面在水准尺上读数会产生误差，但可以通过前后视距相等来消除；此外，由于大气折光，视线会发生弯曲。越靠近地面，光线折射的影响也就

> 由于存在视差和估读毫米数的误差，其与人眼的分辨力、望远镜的放大倍数及视线的长度有关，所以要求望远镜的放大倍率在20倍以上，视线长度一般不得超过100mm。

越大，如图 5-10 所示。因此要求视线要高于地面 0.3m 以上，前后视距相等也可消减该影响。

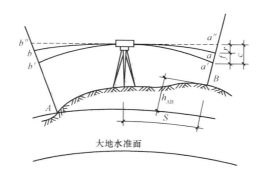

图 5-10　地球曲率对大气折光的影响

（4）温度对仪器的影响。温度会引起仪器的部件涨缩，并可能引起视准轴的构件（物镜、十字丝和调焦镜）相对位置的变化，或者引起视准轴相对于水准管轴位置的变化。由于光学测量仪器是精密仪器，不大的位移量可能使轴线产生几秒偏差，从而使测量结果的误差增大。不均匀的温度对仪器的性能影响尤其大。例如，从前方或者后方日光照射水准管，就能使气泡"趋向太阳"，从而使水准官轴的零位置发生改变。

水准测量观测注意事项

(1)测量前,仔细检验与校正仪器。

(2)水准测量过程中应尽量用目估或步测保持前、后视距基本相等或减弱水准管轴不平行于视准轴所产生的误差,同时选择适当观测时间,限制视线长度和高度来减少折光的影响。

(3)测量时,尽量使前后视距相等,并使视线高出地面一定距离(0.3m),视线不超过一定长度(100m)。

(4)测站及转点应选择在土质坚实处,水准尺要竖立,不得倾斜。

(5)瞄准时应消除视差。

(6)读数前应使符合气泡完全吻合,读数应快而准确。

(7)一条水准路线的测站数应安排为偶数。

(8)烈日下作业时,应撑伞保护仪器,选择有利的观测时间。

思考与练习

一、单项选择题

1. 在水准测量一个测站上,读得后视点 A 的读数为 1.365,读得前视点 B 的读数为 1.597。则可求得 A、B 两点的高差为( )。

    A. 0.223   B. -0.223 C. 0.232   D. -0.232

2. 用水准测量的方法测定的高程控制点,称为( )。

    A. 导线点   B. 水准点   C. 图根点   D. 控制点

二、多项选择题

1. 在普通水准测量一个测站上,所读的数据有( )。

    A. 前视读数   B. 后视读数   C. 上视读数   D. 下视读数

    E. 水准尺读数

2. 根据水准点使用时间的长短及其重要性,将水准点分为( )。

    A. 标准水准点   B. 普通水准点

    C. 临时水准点　　　　　　　D. 永久水准点

    E. 测量水准点

  3. 在一般工程测量中,常采用的水准路线形式有(　　　)。

    A. 闭合水准路线　　　　　　B. 三角水准路线

    C. 附合水准路线　　　　　　D. 支水准路线

    E. 拟定水准路线

三、简答题

  1. 水准测量的原理是什么?

  2. 水准测量中什么叫后视点、后视尺、后视读数?

  3. 水准路线的形式主要有哪几种? 如何计算它们的高差闭合差?

  4. 简述拟定水准路线工作的主要步骤。

  5. 把如图 1 所示附合水准路线的高程闭合差进行分配,并求出各水准点的高程。容许高程闭合差按 $W_{容} = \pm 20\sqrt{L}$ (mm)计。

图 1

第六章 角度测量

第一节 角度测量的原理

角度测量是测量工作的基本内容之一,分为水平角测量和竖直角测量两种,水平角测量是为了确定地面点的平面位置,竖直角测量是为了利用三角原理间接地确定地面的高程。常用的测角仪器是经纬仪,它既可测量水平角,又可测量竖直角。

一、水平角测量原理

水平角是指测站点至两个观测目标方向垂直投影在水平面上的夹角。如图 6-1 所示,A、B、C 为地面三点,将 A、B、C 三点投影到水平面 H 上得到 A、B、C 三点,则直线 ac 与直线 bc 的夹角 β 就是直线 AC 和 BC 之间的水平角。在测量水平角过程中,应首先在 B 点处安置水平度盘,水平度盘的中心在通过 B 点的水平面的投影线上。根据水平角的定义,在过 B 点的铅垂线上,任取一点作水平面,都可得到直线 AC 与直线 BC 间的水平角。由此可以设想,为了测得水平角 β 的角值,可在 B 点的上方水平地安置一个带有刻度的圆盘,其圆心与 B 点位于同一铅垂线上。若竖直面 M 和 N 在刻度盘上截取的读数分别为 a 和 c,则水平角 β 的角值为:

$$\beta = c - a$$

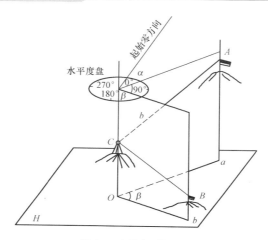

水平度盘

图 6-1　水平角测量原理

测量水平角的仪器需具备的要求

（1）能安置成水平位置且全圆顺时针注记的刻度盘（称水平度盘），并且圆盘的中心一定要位于所测角顶点 A 的铅垂线上。

（2）有一个不仅能在水平方向转动，而且能在竖直方向转动的照准设备，使之能在过 AB、AC 的竖直面内照准目标。

（3）应有读取读数的指标线。望远镜瞄准目标后，利用指标线读取 AB、AC 方向线在相应水平度盘上的读数 a_1 与 b_1。

水平角角值 $\beta =$ 右目标读数 $b_1 -$ 左目标读数 a_1

若 $b_1 < a_1$，则 $\beta = b_1 + 360° - a_1$。水平角没有负值。

二、竖直角测量原理

竖直角（垂直角）是指观测目标的方向线与水平面间在同一竖直面内的夹角，也称为垂直角和高度角，通常用 α 表示，如图 6-2 所示。竖直角值范围在 $-90° \sim +90°$ 之间。视线方向在水平线之上，竖直角为仰角,用+α 表示。视线方向在水平线之下,竖直角为俯角,用−α表示。

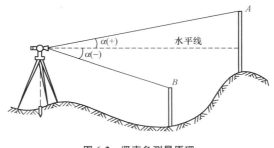

图 6-2　竖直角测量原理

第二节　角度测量的方法与计算

一、水平角的观测方法

水平角的观测方法,一般根据观测目标的多少,以测角精度的要求和施测时所用的仪器来确定。常用的观测方法有测回法和方向法两种,测回法适用于观测两个方向之间的单角,方向法适用于观测两个以上的方向。

(一)测回法

测回法常用于测量两个目标方向之间的水平角,如图 6-3 所示,A、O、B 分别为地面上三点,欲测定 OA 与 OB 所构成的水平角,步骤如下:

(1)在 O 点上安置经纬仪,对中、整平。

(2)将经纬仪安置成盘左位置(竖盘在望远镜的左侧,也称正镜)。转动照准部粗略瞄准左目标 A,固定水平制动,用水平微动螺旋按旋进方向精确瞄准目标,读数 $a_左$;顺时针转动照准部粗略瞄准右目标 B 点,固定水平制动,用水平微动螺旋按旋进方向精确瞄准目标 B,读数 $b_左$,以上过程称为上半测回。所测水平角为 $\beta_左 = b_左 - a_左$。

(3)倒转望远镜成盘右位置(竖盘在望远镜的右侧,或称倒镜)。

图 6-3　水平角的测量

先瞄准 B 点，读数 $b_右$，逆时针方向转动照准部，瞄准 A 点，读数 $a_右$，以上过程称为下半测回。所测水平角为 $\beta_右 = b_右 - a_右$。

　　上、下半测回合称一个测回。对于 DJ_6 型光学经纬仪，若上下半测回的角度之差 $\beta_左 - \beta_右 \leqslant \pm 40''$，则取 $\beta_左$、$\beta_右$ 的平均值作为该角的角值。否则，应重新观测。

$$\beta = \frac{\beta_左 + \beta_右}{2}$$

　　测回法测角的记录和计算举例见表 6-1。

表 6-1　　　　　　　　　　　　　　测回法观测水平角记录

测站		竖盘位置	目标	度盘度数 (° ′ ″)	半测回角度 (° ′ ″)	一测回角度 (° ′ ″)	各测回平均值 (° ′ ″)	备注
O	第一测回	左	A	0 12 12	72 06 06	72 06 09	72 06 08	
			B	72 18 18				
		右	A	180 12 18	72 06 12			
			B	252 18 30				
O	第二测回	左	A	90 03 42	72 06 12	72 06 06		
			B	162 09 54				
		右	A	270 03 42	72 06 00			
			B	342 09 42				

特别提示

测回法操作要点

　　测回法用盘左、盘右观测(正、倒镜观测),可以消除仪器某些系统误差对测角的影响,可以校核观测结果和提高观测成果精度。当测角精度要求不高时,可以只观测一个测回,一般不需要配置度盘的起始位置,但有时为了计算方便,常将起始目标的读数调至 $0°00'$ 附近。

(二)方向法

　　当一个测站上需测量的方向数为三个或者三个以上时,应采用方向测量法。利用此法测量,当需测量的方向数多于三个时,在每半个测回都应从一个选定的起始方向(称为零方向)开始,在依次观测所需的各个目标之后,再观测起始方向,称为归零。因此也称为全圆方向法或全圆测回法,O 为测站点,A、B、C、D 为四个目标点,欲测定 O 到各目标方向之间的水平角,操作步骤如下:

1. 测站观测

　　(1)首先安置经纬仪于 O 点,成盘左位置,选择一个距离较远、目标明显的点 A 为起始方向,为计算方便,将度盘设置成略大于 $0°$,此时读取水平度盘读数,记入表 6-2。

　　(2)顺时针方向依次瞄准 B、C、D 各点,分别读数、记录。为了校核,应再次照准目标读数。两次方向读数之差称为半测回归零差。对于 DJ_6 型光学经纬仪,归零差不应超过 $18''$,否则说明观测过程中仪器度盘位置有变动,应重新观测。上述观测称为上半测回。

　　(3)倒转望远镜成盘右位置,逆时针方向依次瞄准 A、D、C、B,最后回到 A 点,该操作称为下半测回,其归零差也需满足规范要求。

　　上、下半测回构成一个测回,在同一测回内,不能第二次改变水平度盘的位置。如要提高测角精度,须观测多个测回。各测回仍按 $180°/n$ 的差值变换水平度盘的起始位置。

2. 方向观测法的计算实例

　　(1)观测角度记录顺序:盘左自上而下,盘右自下而上。

(2)计算 $2c$ 值(两倍视准误差):

$$2c＝盘左读数－(盘右读数\pm180°)$$

计算结果计入表 6-2 中第 6 栏。$2c$ 本身为一常数,故 $2c$ 互差可作为检验外业观测质量的一个重要指标,若超限需重测。

(3)计算半测回归零差(半测回中零方向两次读数之差):

$$\Delta＝零方向归零方向值－零方向起始方向值$$

对于 DJ_6 型光学经纬仪其允许值(限差)为 $\pm18''$,若超限需重测。在方向法观测水平角时,应选取背景明亮、边长适中的目标作为零方向。

(4)计算各方向盘左、盘右平均值:

$$平均值＝(盘左读数＋盘右读数\pm180°)/2$$

计算结果计入表 6-2 中第 7 栏。

(5)归零方向值的计算:先计算出零方向 A 的总平均值(计算结果计入表 6-2 中第 7 栏最上部),令其为 $0°00'00''$,其他各方向的方向值均减去第一个方向的方向值,计算结果称为归零方向值,计入表 6-2 中第 8 栏。

(6)各测回同方向归零方向值的计算:当各测回同方向归零方向值互差小于限差时,方可取平均值计入表 6-2 中第 9 栏。若超限需重测。

表 6-2　　　　　　　　　　　方向观测法观测手簿

| 测站 | 测回 | 觇点 | 水平度盘读数 | | $2c$
($''$) | 平均读数
($°$ $'$ $''$) | 一测回归
零方向值
($°$ $'$ $''$) | 各测回平
均方向值
($°$ $'$ $''$) |
			盘左 ($°$ $'$ $''$)	盘右 ($°$ $'$ $''$)				
1	2	3	4	5	6	7	8	9
						(0 00 34)		
		A	0 00 54	180 00 24	＋30	0 00 39	0 00 00	0 00 00
		B	79 27 48	259 27 30	＋18	79 27 39	79 27 05	79 26 59
O	1	C	142 31 18	322 31 00	＋18	142 31 09	142 30 35	142 30 29
		D	288 46 30	108 46 06	＋24	288 46 18	288 45 44	288 45 47
		A	0 00 42	180 00 18	＋24	0 00 30		
		$\Delta＝$	－12	－6				

测站	测回	觇点	水平度盘读数		2c (″)	平均读数 (° ′ ″)	一测回归零方向值 (° ′ ″)	各测回平均方向值 (° ′ ″)
			盘左 (° ′ ″)	盘右 (° ′ ″)				
O	2					(90 00 52)		
		A	90 01 06	270 00 48	+18	90 00 57	0 00 00	
		B	169 27 54	349 27 36	+18	169 27 45	79 26 53	
		C	232 31 30	42 31 00	+30	232 31 15	142 30 23	
		D	18 46 48	198 46 36	+12	18 46 42	288 45 50	
		A	90 01 00	270 00 36	+24	90 00 48		
		△=	−6	−12				

二、竖直角的观测方法与计算

(一)竖直度盘的构造

经纬仪竖盘包括竖直度盘、竖盘指标水准管和竖盘指标水准管微动螺旋。竖盘指标同竖盘水准管连接在一起,不随望远镜转动而转动,只有通过调节竖盘水准管微动螺旋,才能使竖盘指标与竖盘水准管(气泡)一起作微小移动。

特别提示

竖盘水准气泡居中调整

在正常情况下,当竖盘水准管气泡居中时,竖盘指标就处于正确的位置。因此每次竖盘读数前,均应先调节竖盘水准管气泡居中。当望远镜上下转动瞄准不同高度的目标时,竖盘随着转动,而指标不随着转动,即指标线不动,因此可读得不同位置的竖盘读数,用以计算不同高度目标的竖直角。

(二)竖直角的观测方法

竖直角的基本观测方法是:将经纬仪安置在测站点上,对中、整平及判定竖盘注记形式后,按下述步骤进行观测。

(1)将经纬仪安置在测站点上,经对中整平后,量取仪器高。

(2)用盘左位置瞄准目标点,使十字丝中横丝切准目标的顶端或指定位置,调节竖盘指标水准管微动螺旋,使竖盘指标水准管气泡严格居中,读取盘左读数 L 并记入手簿,为上半测回。

(3)纵转望远镜,用盘右位置再瞄准目标点相同位置,调节竖盘指标水准管微动螺旋,使竖盘指标水准管气泡居中,读取盘右读数 R。

(三)竖直角的计算

1. 计算平均竖直角

盘左、盘右对同一目标各观测一次,组成一个测回。一测回竖直角值(盘左、盘右竖直角值的平均值即为所测方向的竖直角值)为:

$$a = (a_左 + a_右)/2$$

2. 竖直角 $\alpha_左$ 与 $\alpha_右$ 的计算

如图 6-4 所示,竖盘注记方向有全圆顺时针和全圆逆时针两种形式。竖直角是倾斜视线方向读数与水平线方向值之差,根据所用仪器竖盘注记方向形式来确定竖直角计算公式。

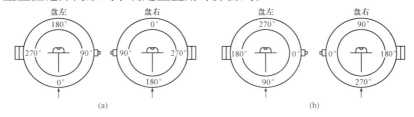

图 6-4 竖盘注记示意图

(a)全圆顺时针;(b)全圆逆时针

确定方法是:盘左位置,将望远镜大致放平,看一下竖盘读数接近 $0°$、$90°$、$180°$、$270°$ 中的哪一个,盘右水平线方向值为 $270°$,然后将望远镜慢慢上仰(物镜端抬高),看竖盘读数是增加还是减少,如果是增加,则为逆时针方向注记 $0° \sim 360°$,竖直角计算公式为:

$$\alpha_左 = L - 90°$$

$$\alpha_右 = 270° - R$$

如果是减少,则为顺时针方向注记 $0° \sim 360°$,竖直角计算公式为:

$$\alpha_左 = 90° - L$$

$$\alpha_右 = R - 270°$$

(四)竖盘指标差

望远镜视线水平且竖盘水准管气泡居中时,竖盘指标的正确读数应是 $90°$ 的整倍数。但是由于竖盘水准管与竖盘读数指标的关系难以完全正确,当视线水平且竖盘水准管气泡居中时的竖盘读数与应有的竖盘指标正确读数($90°$ 的整倍数)有一个小的角度差 i,称为竖盘指标差,即竖盘指标偏离正确位置引起的差值。

竖盘指标差 i 本身有正负号,一般规定当竖盘读数指标偏移方向与竖盘注记方向一致时,i 取正号,反之 i 取负号。如图 6-5 所示,竖盘注记与指标偏移方向一致,竖盘指标差 i 取正号。

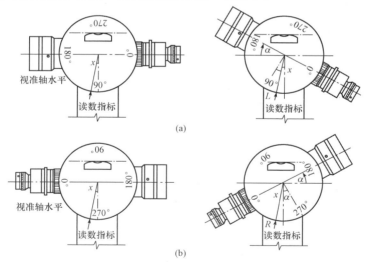

图 6-5 竖盘指标差

(a)盘左;(b)盘右

由于图 6-5 中竖盘是顺时针方向注记,按照上述规则并顾及竖盘

指标差 i，得到：

$$\alpha_左=(90°+i)-L$$
$$\alpha_右=R-(270°+i)$$

两者取平均得竖直角 α 为：

$$\alpha=\frac{1}{2}(\alpha_左+\alpha_右)=\frac{1}{2}\left[(R-L)-180°\right]$$

即：

$$i=\frac{1}{2}\left[(L+R)-360°\right]$$

(五)竖直角的观测方法

竖直角观测是用十字丝横丝切于目标顶端或量取仪器高部位的目标，调节竖盘水准管气泡居中后，读取竖盘读数，按计算公式算出竖直角。其观测步骤举例说明如下。

(1)安置仪器。如图 6-6 所示，在测站点 O 安置好经纬仪，并在目标点 A 竖立观测标志(如标杆)。

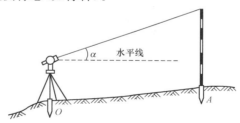

图 6-6　竖直角观测

(2)盘左观测。以盘左位置瞄准目标，使十字丝中丝精确地切准 A 点标杆的顶端，调节竖盘指标水准管微动螺旋，使竖盘指标水准管气泡居中，并读取竖盘读数 L，记入手簿(表 6-3)。

(3)盘右观测。以盘右位置同上法瞄准原目标相同部位，调竖盘指标水准管气泡居中，并读取竖盘读数尺，记入手簿。

(4)计算竖直角。根据公式计算 $\alpha'_左$、$\alpha'_右$ 及平均值 α(该仪器竖盘为顺时针注记)，计算结果填在表中。

（5）指标差计算与检核。按公式计算指标差，计算结果填在表中。

至此，完成了目标 A 的一个测回的竖直角观测。目标 B 的观测与目标 A 的观测与计算相同，见表 6-3。A、B 两目标的指标差互差为 9″，小于规范规定的 25″，成果合格。

表 6-3　　　　　　　　　　竖直角观测手簿

测站	目标	竖盘位置	竖盘读数	半测回竖直角	指标差	一测回竖直角	备注
			° ′ ″	° ′ ″	′	° ′ ″	
O	A	左	81 12 36	8 47 24	−45	8 46 39	
		右	278 45 54	8 45 54			
O	B	左	95 22 00	−5 22 00	−36	−5 22 36	
		右	264 36 48	−5 23 12			

提高竖直角观测速度和精度的方法

观测竖直角时，只有在竖盘指标水准管气泡居中的条件下，指标才处于正确位置，否则读数就有错误。然而每次读数都必须使竖盘指标水准管气泡居中是很费事的，因此，有些光学经纬仪，采用竖盘指标自动归零装置。当经纬仪整平后，竖盘指标即自动居于正确位置，这样就简化了操作程序，可提高竖直角观测的速度和精度。

三、角度测量误差

在水平角测量的过程当中，仪器误差、观测误差，以及外界条件会对测量精度有较大的影响。

1. 仪器误差

仪器误差一般可分为两个方面。

（1）仪器制造加工不完善而引起的误差。主要有度盘刻划不均匀误差、照准部偏心差(照准部旋转中心与度盘刻划中心不一致)和水平度盘偏心差(度盘旋转中心与度盘刻划中心不一致)。

> 仪器误差一般都很小,并且大多数都可以在观测过程中采取相应的措施消除或减弱它们的影响。

(2)仪器检验校正后的残余误差。主要是仪器的三轴误差(即视准轴误差、横轴误差和竖轴误差),其中,视准轴误差和横轴误差,可通过盘左、盘右观测取平均值消除,而竖轴误差不能用正、倒镜观测消除。

2. 观测误差

(1)仪器对中误差。仪器对中时,垂球尖没有对准测站点标志中心,产生仪器对中误差。对中误差对水平角观测的影响与偏心距成正比,与测站点到目标点的距离成反比,所以要尽量减少偏心距,对边长越短且转角接近180°的观测更应注意仪器的对中。

(2)仪器整平误差。因为照准部水准管气泡不居中,将导致竖轴倾斜而引起的角度误差,此项误差不能通过正倒镜观测消除。竖轴倾斜对水平角的影响,和测站点到目标点的高差成正比。所以,在观测过程中,特别是在山区作业时,应特别注意整平。

(3)目标偏心误差。目标偏心是标杆倾斜引起的。如标杆倾斜,又没有瞄准底部,则产生目标偏心误差。如图 6-7 所示,O 为测站,A 为地面目标点,AA'为标杆,标杆倾角为 α。目标偏心差为:

$$e = d\sin\alpha$$

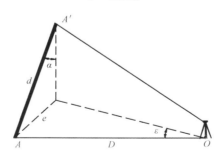

图 6-7　目标偏心误差

目标偏斜对观测方向的影响为：

$$\varepsilon=\frac{e}{D}\rho=\frac{d\sin\alpha}{D}\rho$$

从上式可见，目标偏心误差对水平方向影响与 e 成正比，与边长成反比。为了减小这项误差，测角时标杆应竖直，并尽可能瞄准底部。

(4)照准误差。照准误差与人眼的分辨能力和望远镜放大率有关。一般，人眼的分辨率为 $60''$。若借助于放大率为 V 倍的望远镜，则分辨能力就可以提高 V 倍，故照准误差为 $60''/V$。DJ$_6$ 型经纬仪放大倍率一般为 28 倍，故照准误差大约为 $\pm2.1''$。在观测过程中，若观测员操作不正确或视差没有消除，都会产生较大的照准误差。故观测时应仔细地做好调焦和照准工作。

> 为减小目标偏心对水平方向观测的影响，作为照准标志的标杆应竖直，水平角观测时，应尽量瞄准标杆的底部。当目标较近，又不能瞄准其底部时，最好采用悬吊垂球，瞄准垂球线。

(5)读数误差。该项误差主要取决于仪器的读数设备及读数的熟练程度。读数前要认清度盘以及测微尺的注字刻划特点，读数中要使读数显微镜内分划注字清晰。通常是以最小估读数作为读数估读误差，DJ$_6$ 型经纬仪读数估读最大误差为 $\pm6''$（或者 $\pm5''$）。

3. 外界条件的影响

外界条件的影响很多，也比较复杂。外界条件对测角的主要影响有：

(1)温度变化会影响仪器(如视准轴位置)的正常状态。

(2)大风会影响仪器和目标的稳定。

(3)大气折光会导致视线方向改变。

(4)大气透明度(如雾气)会影响照准精度。

(5)地面的坚实与否、车辆的振动等会影响仪器的稳定。

这些因素都会给测角的精度带来影响。要完全避免这些影响是不可能的，但如果选择有利的观测时间和避开不利的外界条件，并采取相应的措施，可以使这些外界条件的影响降低到较小的程度。

特别提示

水平角观测注意事项

(1)仪器安置的高度应合适,脚架应踩实,中心螺旋拧紧,观测时手不扶脚架,转动照准部及使用各种螺旋时,用力要轻。

(2)若观测目标的高度相差较大,特别要注意仪器整平。

(3)对中要准确。测角精度要求越高,或边长越短,则对中要求越严格。

(4)观测时要消除视差,尽量用十字丝交点照准目标底部或桩上小钉。

(5)精确估读尾数,按观测顺序记录水平度盘读数,注意检查限差。发现错误,立即重测。

(6)水准管气泡应在安置仪器时调好,一测回过程中不允许再调,如气泡偏离中心超过一格时,应重新整平重测该测回。

思考与练习

一、单项选择题

1. 在进行水平角度观测时,测回法适用于观测(　　)方向间的水平角度。

　　A. 一个　　　　B. 二个　　　　C. 三个　　　　D. 四个

2. 用经纬仪进行水平角度测量时,采用盘左、盘右两个盘位进行观测取平均值的方法,可以消除(　　)对观测结果的影响。

　　A. 视准轴不垂直于横轴的误差　　B. 外界条件的影响

　　C. 仪器对中的误差　　　　　　　D. 仪器整平的误差

3. 望远镜视线水平且竖盘水准管气泡居中时,竖盘指标的正确读数应是(　　)的整倍数。

　　A. 30°　　　　B. 45°　　　　C. 60°　　　　D. 90°

4. 由于照准部水准管气泡不居中,导致竖轴倾斜而引起的角度误差为(　　)。

　　A. 仪器整平误差　　　　　　B. 对中误差

C. 整平误差　　　　　　　　D. 目标偏心误差

二、多项选择题

1. 竖直角度简称竖直角,也称为(　　　)。

A. 垂直角　　　B. 高度角　　　C. 斜度角　　　D. 倾角

E. 铅垂角

2. 常用的水平角测量的方法有(　　　)。

A. 单丝观测法　　　　　　　B. 三丝观测法

C. 方向观测法　　　　　　　D. 测回法

E. 测设法

三、简答题

1. 观测水平角时,什么情况下采用测回法?

2. 什么是竖盘指标差?

3. 观误误差分为哪几种?

第七章　距离测量与直线定向

距离测量是测量的基本工作之一。测量上的距离是指两点间的水平距离。距离测量的方法主要有钢尺量距、视距测量、光电测距。

第一节　钢尺量距

一、直线定线

地面上两点之间的距离较远时,为使量距工作方便,可分成几段进行丈量,这种把多根标杆标定在已知直线上的工作称为直线定线。一般情况下,直线定线有目测定线法、经纬仪定线法两种。

(一)目测定线法

目测定线适用于钢尺量距的一般方法。如图 7-1 所示,M、N 是地面上互相通视的两个固定点,C、D 为待定分段点,其主要测设步骤如下:

(1)定线时,先在 M、N 点上竖立标杆,测量员甲位于 M 点后 1~2m 处,视线将 M、N 两标杆同一侧相连成线。

(2)测量员甲指挥测量员乙持标杆在点附近左右移动标杆,直至三根标杆的同侧重合到一起时为止。

(3)同法可定出 MN 方向上的其他分段点。定线时要将标杆竖直。在平坦地区,定线工作常与丈量距离同时进行,即边定线边丈量,如图 7-1 所示。

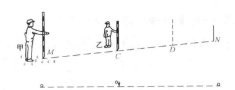

图 7-1　目测定线法示意图

(二)经纬仪定线法

经纬仪定线适用于钢尺量距的精密方法。如图 7-2 所示,欲在 AB 两点内精确定出 1、2 等点的位置。

(1)由甲将经纬仪安置于 A 点,用望远镜照准 B 点,固定照准部制动螺旋。

(2)将望远镜向下俯视,用手势指挥乙移动标杆,当标杆与十字丝纵丝重合时,便在标杆的位置打下木桩。

(3)根据十字丝在木桩上钉下铁钉,准确定出 1 点的位置。

(4)同理,定出 2 点和其他各点的位置。

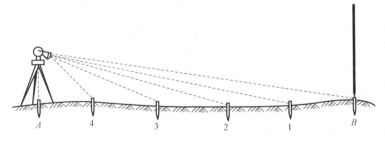

图 7-2　经纬仪定线法示意图

二、距离丈量方法

(一)距离丈量的一般方法

进行距离丈量时,一般有平坦地面的丈量方法、倾斜地面的丈量方法两种。

1. 平坦地面的丈量方法

丈量工作一般由两人进行,清除待量直线上的障碍物后在直线两端点 E、F 竖立测杆,然后在端点的外侧各立一标杆(图 7-3),后尺手持尺的零端位于 E 点,并在 E 点上插一测钎。前尺手持尺的末端并携带一组测钎的其余 5 根(或 10 根),沿 EF 方向前进,行至一尺段处停下。

2
前尺手

后尺手

F

E

图 7-3　平坦地面的距离丈量方法

后尺手将钢尺的零点对准 E 点,两人同时把钢尺拉紧后,前尺手在钢尺末端的整尺段长刻划处竖直插下一根测钎得到 1 点,即量完一个,沿定线方向依次前进,重复上述操作,后尺手手中的测钎数就等于量距的整尺段数 n。

随之后尺手拔起 E 点上的测钎与前尺手共同举尺前进,同法量出第二尺段。如此继续丈量下去,直至最后不足一整尺

> 用钢尺进行的距离丈量,对于较长的距离时,它一般需要前尺手、后尺手和记录工作的三个人。如若是在地势起伏较大或车辆较多的地区,则还需增加辅助人员。对于丈量较短的距离一般则需要两人。

段($n-B$)时,前尺手将尺上某一整数分划线对准 F 点,由后尺手对准 n 点在尺上读出读数,两数相减,即可求得不足一尺段的余长,设为 q。则 EF 两点间的距离=$n×$尺段长+余长。即:

$$D = nl + q \tag{7-1}$$

式中　n——尺段数;

　　　l——钢尺长度;

　　　q——不足一整尺的余长。

2. 倾斜地面的丈量方法

(1)平量法。如图 7-4(a)所示,丈量由 A 向 B 进行,后尺手将尺的零端对准 A 点,前尺手将尺抬高,并且目估使尺子水平,用垂球尖将尺段的末端投于 AB 方向线地面上,再插以测钎。依次进行,丈量 AB 的水平距离。若地面倾斜较大,将钢尺整尺拉平有困难时,可将一尺段分成几段来平量。

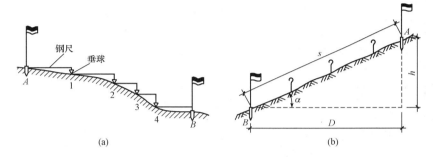

图 7-4　倾斜地面的丈量方法

(a)平量法;(b)斜量法

(2)斜量法。当倾斜地面的坡度比较均匀且较大时,如图 7-4(b)所示,可沿斜面直接丈量出 AB 的斜距 s,测出地面倾斜角 α 或 AB 两端点间的高差 h,按下式计算 A、B 两点间的水平距离 D,即:

$$D = s\cos\alpha = \sqrt{s^2 - h^2} \tag{7-2}$$

【例 7-1】　如图 7-4 所示,量得 $S' = 56.445\mathrm{m}$,$h = 2.423\mathrm{m}$,$\alpha = 2°27'$,试计算水平距离 D_{AB}。

解:$D_{AB} = \sqrt{S'^2 - h^2} = \sqrt{(56.445)^2 - (2.423)^2} = 56.393\mathrm{m}$

或 $D_{AB} = s\cos\alpha = 56.445 \times \cos 2°27' = 56.393\mathrm{m}$

为防止错误和提高丈量精度,还要按相反方向从 B 点起返量至 A 点,故称往返测法。往返各丈量一次称为一测回。往返测量所得的距离之差称为较小差。往返丈量的距离之差与平均距离之比,化成分子为 1 的分数时称为相对误差 K,可用它来衡量丈量结果的精度。即:

较差　　　　　　　　　$\Delta D = D_{往} - D_{返}$

距离平均值
$$D_{平均} = \frac{D_{往} + D_{返}}{2}$$

丈量精度
$$K = \frac{|D_{往} - D_{返}|}{D_{平均}}$$

相对误差分母越大,则 K 值越小,精度越高;反之,精度越低。

观测结果的取定

一般情况下,在平坦地区进行钢尺量距,其相对误差不应超过 1/3000,在量距困难的地区,相对误差也不应大于 1/1000。若符合要求,则取往返测量的平均长度作为观测结果。若超过该范围,应分析原因,重新进行测量。

【例 7-2】 如图 7-5 所示,丈量 A、B 两点间距,往测全长为 110.33m,返测全长为 110.35m,试计算量距相对误差 K 值。

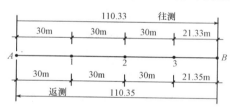

图 7-5 平坦地区往返丈量示意图

解:较差 $\Delta D = D_{往} - D_{返}$

$\qquad = 110.33 - 110.35$

$\qquad = -0.02\text{m}$

距离平均值 $D_{平均} = \dfrac{D_{往} + D_{返}}{2}$

$\qquad\qquad = \dfrac{110.33 + 110.35}{2}$

$\qquad\qquad = 110.34\text{m}$

$$量距相对误差 K = \frac{|D_{往} - D_{返}|}{D_{平均}}$$

$$= \frac{1}{D_{平均}/|D_{往} - D_{返}|}$$

$$= \frac{1}{5517}$$

丈量距离常用记录手簿,见表 7-1,随测随填入手簿,随计算,并查核其精度是否合格。

表 7-1 距离测量手簿

工程名称:××工程			天气:晴			测量:××
日 期:2014.5.10			仪器:钢尺			记录:××

测线		分段丈量长度/m		总长度/m	平均长度/m	精度	备注
		整尺段	零尺段				
AB	往	3×30	21.33	110.33	110.34	$\frac{1}{5517}$	量距方便地区
	返	3×30	21.35	110.35			

(二)精密丈量方法

1. 定线

欲精密丈量地面上 AB 两点间的距离,首先清除直线上的障碍物,然后安置经纬仪于 A 点上,瞄准 B 点,用经纬仪进行定线。在此视线上依次定出比钢尺一整尺略短的 A1、A2、A3 等尺段。在各尺段端点打下木桩,在木桩上画一条线或钉钉子,使其与 AB 方向重合,作为丈量的标志,如图 7-6 所示。

2. 量距

用检定过的钢尺丈量相邻两木桩之间的距离。丈量组一般由 5 人组成,2 人拉尺,2 人读数,1 人指挥兼记录和读记温度。

丈量时,拉伸钢尺置于相邻两木桩顶上,并使钢尺有刻划线一侧贴切十字线。后尺手将弹簧秤挂在尺的零端,以便施加钢尺检定时的标准拉力(30m 钢尺,标准拉力为 49N),如图 7-7 所示。两端的读尺

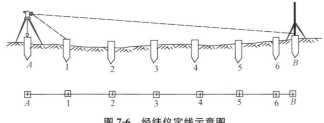

图 7-6   经纬仪定线示意图

员同时根据十字交点读取读数,估读到 0.1mm 记入手簿。每尺段要移动钢尺位置丈量 3 次,一般不得超过 2mm,否则要重量。如在限差以内,则取 3 次结果的平均值作为此尺段的观测成果。每量一尺段都要读记温度一次,估读到 0.5℃。

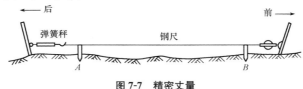

图 7-7   精密丈量

按上述由直线起点丈量到终点是为往测,往测完毕后立即返测,每条直线所需丈量的次数视量边的精度要求而定。

3. 测量桩顶高程

上述所量的距离,是相邻桩顶间的倾斜距离,为了改算成水平距离,要用水准测量方法测出各桩顶的高程,以便进行倾斜改正。水准测量宜在量距前或量距后往、返观测一次,进行检核。

> 相邻两桩顶往、返所测高差之差,一般不得超过 ±10mm;如在限差以内,取其平均值作为观测成果。

三、钢尺检定与改正

(一)钢尺检定

由于钢尺材料变形及制造误差等因素的影响,其实长和名义长(即尺上所注的长度)往往不一样,而且钢尺在长期使用中因受外界条件变化的影响也会引起尺长的变化。因此在精密丈量前须对所用钢尺进行检定,以便丈量距离时进行改正,求得正确的水平距离。

钢尺经检定后,应给出尺长方程式:

$$l_t = l_0 + \Delta l + \alpha l_0 (t - t_0) \tag{7-3}$$

式中　l_t——钢尺在温度 t℃时的实际长度;

　　　l_0——钢尺的名义长度;

　　　Δl——尺长改正数,即钢尺在温度 t_0 时的改正数,等于实际长度减去名义长度;

　　　α——钢尺的线膨胀系数,其值取为 $1.25 \times 10^{-5}/$℃;

　　　t_0——钢尺检定时的标准温度(20℃);

　　　t——钢尺使用时的温度。

钢尺检定的主要方法有与标准尺比长、将被检定钢尺与基准线长度进行实量比较两种。

1. 与标准尺比长

钢尺检定最简单的方法是:将欲检定的钢尺与检定过的已有尺长方程式的钢尺进行比较(认定它们的线膨胀系数相同),求出尺长改正数,再进一步求出欲检定钢尺的尺长方程式。

2. 将被检定钢尺与基准线长度进行实量比较

在测绘单位已建立的校尺场上,利用两固定标志间的已知长度 D 作为基准线来检定钢尺的方法是:将被检定钢尺在规定的标准拉力下多次丈量(至少往返各三次)基线 D 的长度,求得其平均值 D'。测定检定时的钢尺温度,然后通过计算即可求出在标准温度 $t_0 = 25$℃时的尺长改正数,并求得该尺的尺长方程式。

【**例 7-3**】　设标准尺的尺长方程式为 $L_{标} = 30 + 0.004 + 1.2 \times 10^{-5} \times 30(t - 20℃)$(m),被检定的钢尺,多次丈量标准长度为 29.998m,从而求得被检定钢尺的尺长方程式:

$$
\begin{aligned}
L_{t检} &= L_{t标} + (30 - 29.998) \\
&= 30 + 0.004 + 1.2 \times 10^{-5} \times 30(t - 20℃) + 0.002 \\
&= 30 + 0.006 + 1.2 \times 10^{-5} \times 30(t - 20℃) \text{(m)}
\end{aligned}
$$

(二)尺度长度的计算

1. 尺长改正

丈量距离时,因尺长误差、气温变化、地面倾斜等原因,导致量距成果产生误差,因此必须进行尺长改正、温度改正及倾斜改正等,计算出改正数的大小,以求得正确的水平距离。

设钢尺在标准温度,标准拉力下的实际长度为 l,名义长度为 l_0,则一整尺的尺长改正数为:

$$\Delta l = l - l_0 \tag{7-4}$$

平均每丈量 1m 的尺长改正数为:

$$\Delta l_1 = \frac{\Delta l}{l_0} = \frac{l - l_0}{l_0} \tag{7-5}$$

2. 尺度改正

钢尺长度受温度影响会伸缩。当量距时的温度 t 与检定钢尺时的温度 t_0 不一致时,要进行温度改正,其改正数为:

$$\Delta l_t = \alpha \times (t - t_0) l_d \tag{7-6}$$

式中 α ——钢尺的线膨胀系数(一般为 $0.0000125/℃$);

l_d ——丈量的一段距离。

【例 7-4】 用 30m 钢尺量得直线距离为 110.530m,丈量时温度为 $+10℃$,钢尺检定时温度为 $+20℃$,试计算温度改正数。

> 当丈量时温度大于检定时温度,改正数 Δl_t 为正,反之为负。

解: 温度改正数:

$$\Delta l_t = 0.0000125(10-20) \times 110.530 = -0.014\text{m}$$

3. 倾斜改正

倾斜距离 D' 与水平距离 D 之差,称为倾斜改正数。为了将倾斜距离 D' 改算为水平距离 D,需计算倾斜改正数,即:

$$\Delta l_h = -\frac{h^2}{2l_d} \tag{7-7}$$

式中 h ——两点间高差;

l_{d}——斜距。

【**例 7-5**】　地面上两桩间的斜距为 110.530m,两桩间高差为 +0.825m,试计算倾斜改正数。

解:倾斜改正数 $\Delta l_{\mathrm{h}} = -\dfrac{(+0.825)^2}{2 \times 110.530} = -0.003\mathrm{m}$

四、钢尺量距的误差分析

1. 定线误差

在量距时直线的方向点不在直线方向上,量的是折线长度,而不是直线长度,其差数称为定线误差。

2. 尺长误差

钢尺必须经过鉴定以求得其尺长改正数。尺长误差具有系统积累性,它与所量距离成正比。

3. 检定误差

钢尺检定后仍存在钢尺长度的误差,称为钢尺检定误差。一般尺长检定方法只能达到 ±0.5mm。

4. 温度误差

由于用温度计测量温度,测定的是空气的温度,而不是尺子本身的温度,两者温度之差可大于 5℃。因此,量距宜在阴天进行。

知识链接

影响量距成果的主要因素

(1)尺身不平。尺未拉平即尺中间下垂时读数将增大,所以应尽量使用较短的钢尺(如 30m 的钢尺)。

(2)定线不直。定线不直使丈量沿折线进行,其影响和尺身不水平的误差一样,在起伏较大的山区或直线较长或精度要求较高时应用经纬仪定线。

(3)拉力不均。钢尺的标准拉力西欧国家多取 100N,我国规定钢尺的标准拉力是 49N,故一般丈量中只要保持拉力均匀即可。

（4）对点和投点不准。丈量时用测钎在地面上标志尺端点位置，若前、后尺手配合不好，插钎不直，很容易造成 3～5mm 误差。如在倾斜地区丈量，用垂球投点，误差可能更大。在丈量中应尽力做到对点准确，配合协调，尺要拉平，测钎应直立，投点要准。

（5）丈量中常出现的错误。主要有认错尺的零点和注字，例如 6 误认为 9；记错整尺段数；读数时，由于精力集中于小数而对分米、米有所疏忽，把数字读错或读颠倒；记录员听错、记错等。为防止错误就要认真校核，提高操作水平，加强工作责任心。

第二节　视距测量

视距测量是用仪器望远镜内的视距丝装置，根据光学原理同时测定距离和高差的一种方法。这种方法具有操作方便、速度快、一般不受地形限制等优点。但精度较低，普通视距测量仅能达到 1/300～1/200 的精度。

一、普通视距测量

（一）视距测量原理

视距测量所用的仪器主要有经纬仪、水准仪和平板仪等。进行视距测量，要用到视距丝和视距尺。视距丝即望远镜内十字丝平面上的上下两根短丝，它与横丝平行且等距离，如图 7-8 所示。视距尺是有刻划的尺子，和水准尺基本相同。

1. 视准轴水平时的视距计算

（1）水平距离公式。如图 7-9 所示，AB 为待测距离，在 A 点安置经纬仪，B 点立视距尺，设望远镜视线水平，瞄准 B 点的视距尺，此时视线与视距尺垂直。若尺上 M、N 点成像在十字丝分划板上的两根视

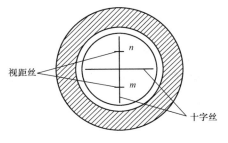

图 7-8　视距丝

距丝 m、n 处，那么尺上 MN 的长度可由上、下视距丝读数之差求得。
上、下丝读数之差称为视距间隔或尺间隔。

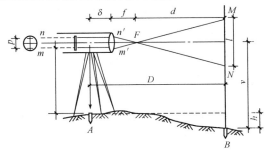

图 7-9　视线水平时的视距测量

图 7-9 中 l 为视距间隔，p 为上、下视距丝的间距，f 为物镜焦距，δ
为物镜至仪器中心的距离。

由相似三角形 $\triangle m'n'F$ 与 $\triangle MNF$ 可得：

$$\frac{d}{f}=\frac{l}{p}$$

则

$$d=\frac{f}{p}l$$

由图可以看出：

$$D=d+f+\delta \tag{7-8}$$

则 A、B 两点间的水平距离为：

$$D = \frac{f}{p}l + f + \delta \tag{7-9}$$

虽然不同型号的望远镜等效焦距 f 差别较大,但厂家通过调整上下丝间距 p 使 $\frac{f}{p}$ 视距乘常数 $K \approx 100$,物镜中心与仪器旋转中心的间距值称为视距加常数。

令

$$\frac{f}{p} = K, f + \delta = C$$

则

$$D = Kl + C \tag{7-10}$$

式中 K、C——视距乘常数和视距加常数。现代常用的内对光望远镜的视距常数,设计时已使 $K=100$,内对光式望远镜 C 值很小,接近于零(外对光式望远镜 C 值在 $0.2 \sim 0.7$m,C 值不能忽略),所以式(7-10)可改写为:

$$D = KL \tag{7-11}$$

(2)高差公式。如果再在望远镜中读出中丝读数 v(或者取上、下丝读数的平均值),用小钢尺量出仪器高 i,则 A、B 两点的高差为:

$$h = i - v \tag{7-12}$$

2. 视准轴倾斜时的视距计算

(1)水平距离公式。如图 7-10 所示,由于地面高低起伏,在实际测量时往往要使视线倾斜一个竖直角 α,才能在水准尺上进行视距读数。此时,视线不再垂直于水准尺,而相交成 $90° \pm \alpha$ 的角度,但上、下丝的夹角 φ 和视距乘常数 k 都没有改变,可设想将水准尺绕其与望远镜视线之交点旋转 α 角度,使水准尺仍与视线相垂直,读取上、下丝读数 a'、b',求得尺间隔 l' 为:

$$l' = |a' - b'| \tag{7-13}$$

由此即可利用公式(7-11)求得斜距 S 为:

$$S = kl' \tag{7-14}$$

进而可求得水平距离为:

$$D=S\cos\alpha=kl'\cos\alpha \qquad (7\text{-}15)$$

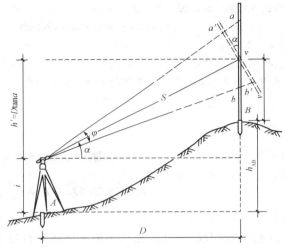

图 7-10　视线倾斜时的视距测量

即
$$L'=L\cos\alpha$$

将 $L'=L\cos\alpha$ 代入水平视距公式得出：

$$D'=KL'=KL\cos\alpha$$

推出
$$D=KL\cos^2\alpha \qquad (7\text{-}16)$$

式中 D 为水平距离，K 为常数 100，L 为视距间隔，α 为竖直角。

（2）高差公式。由图 7-10 可以看出，A、B 间的高差 h 为：

$$h=h'+i-v \qquad (7\text{-}17)$$

式中　h'——初算高差。

所以 A、B 间的高为：

$$h=\frac{1}{2}KL\sin2\alpha+i-v \qquad (7\text{-}18)$$

式中　α——视线倾斜角（竖直角）。

3. 视距测量的主要方法与步骤

视距测量主要用于地形测量，其主要测量方法与步骤如下：

（1）量仪高 i。在测站上安置经纬仪，对中、整平，用皮尺量取仪器横轴至地面点的铅垂距离,取至厘米。

(2)求视距间隔 L。对准 B 点竖立的标尺,读取上、中、下三丝在标尺的读数,读至毫米。上、下丝相减求出视距间隔 L 值。中丝读数 v 用以计算高差。

(3)计算 α。转动竖盘水准管微动螺旋,使竖盘水准管气泡居中,读取竖盘读数,并计算 α。

(4)计算 D 和 h。最后利用上述 i、L、v、α 四个量计算 AB 两点间的水平距离 D 和高差 h。

(二)视距测量的误差分析

(1)读数误差与视距丝在视距尺上读数的误差,与尺子最小分划的宽度、水平距离的远近和望远镜放大倍率等因素有关,因此读数误差的大小视使用仪器的作业条件而定。

(2)垂直折光影响是由于光线通过不同密度的空气层到达望远镜的,越接近地面的光线受折光影响越显著。经验证明,当视线接近地面在视距尺上的读数时,垂直折光引起的误差较大,并且这种误差与距离的平方成比例增加。

(3)视距尺倾斜误差的影响与竖直角有关,尺身倾斜对视距精度的影响很大。

特别提示

减小误差的措施

(1)为减少垂直折光的影响,观测时应尽可能使视线离地面 1m 以上。

(2)作业时,要将视距尺竖直,并尽量采用带有水准器的视距尺。

(3)要严格测定视距常数,视距乘常数值应控制在 100m±0.1m 之内,否则应加以改正。

(4)视距尺一般应是厘米刻划的整体尺。如果使用塔尺应注意检查各节尺的接头是否准确。

(5)要在成像稳定的情况下进行观测。

二、电磁波测距

(一)电磁波测距的分类

目前电磁波测距仪已发展为一种常规的测量仪器,其型号、工作方式、测程、精度等级也多种多样。对于电磁波测距仪,按载波分类可分为电磁波测距仪和光电测距仪两种。

电磁波测距仪的精度,由其机械结构和工作原理决定,常用如下公式表示:

$$m_D = a + b \cdot D \tag{7-19}$$

式中 a——不随测距长度变化的固定误差(mm);

b——随测距长度变化的误差比例系数(mm/km);

D——测距边长度(km)。

(二)电磁波测距的基本原理

电磁波测距是用电磁波作为载波进行长度测量的一种技术方法。其基本思想为测定电磁波往返于待测距离上的时间间隔,进而计算出两点间的长度,如图 7-11 所示。其基本计算公式为:

$$D = \frac{1}{2} \cdot t \tag{7-20}$$

式中 C——电磁波在大气中的传播速度;

t——电磁波在待测距离上的往返传播时间。

图 7-11　电磁波测距原理

特别提示

时间 t 的确定

精确测定 t 是电磁波测距的关键。由于电磁波的速度极高,以至于 t 值很小,必须用高分辨率的设备去确定电磁波在传输过程中的时间间隔或时刻。为了达到这一目的,出现了变频法、干涉法、脉冲法和相位法等不同的测距手段,设法将构成时间间隔的两个瞬间的电磁波的某种物理参数相互比较,从而精密地计算出时间 t。

(三)电测波测距的计算

1. 斜距计算

为了保证距离测量的精确性和可靠性,每一条边长都需要进行多测回测量,电磁波测距一测回是指照准一次读若干次数。三、四等导线测量要求四等及其以上等级的控制网应测四个测回,且往返双向测量。四等以下的控制网可以单向观测两个测回。$5''$级及其以上各等级的控制网应在每一测站测距时读取测站上的大气温度和大气压力,$5''$级以下各级的控制网可只在某一时段的始末测定气象数据,取平均作各边的气象数据。

由于电磁波的传播速度与传播路径的介质常数有关,而大气的介质常数随时间、地点、环境温度、气压、湿度等因数的影响而不断变化,加之反射棱镜为玻璃介质,对电磁波的传播影响与大气中有较大的差异,同时由于机械安装的误差,相位起算点、反射点和仪器对中的几何位置也很难做到完全一致。因此,仪器直接测定的距离值还需要加入与上述因素有关的改正数,才能得到仪器中心至棱镜中心的斜距。通常这些改正的是仪器常数、气象改正数。

特别提示

电磁波测距的取值

电磁波测距改正数一般不大,特别是碎部测量中距离较短时,为了提高作业速度,可以不考虑。乘常数主要是由测距仪的测尺频率偏离设计值产生的。20 世纪 80 年代以后生产的电磁波测距仪测尺频率既稳定又精确,新出厂合格产品的乘常数都很小,可以忽略不计。

(1)棱镜常数改正。由于反射棱镜为玻璃介质,电磁波的传播速度与大气中有较大的差异,同时反射点机械安装位置与对中的几何位置不一致,使测定的距离值与实际距离值相差一个固定的常数,此常数称为棱镜常数。如图7-12所示,设玻璃的折射率为 n(大气的折射率为1),则棱镜常数 $C = d - H(n-1)$。

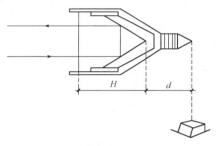

图 7-12　棱镜常数

棱镜常数的使用

　　设计时常使 C 值为一整数,有 0mm、-30mm 和 $+30$mm 三种,在仪器说明书中说明或在棱镜上标识。在多种仪器和棱镜混用时,应注意及时修改棱镜常数。

(2)气象改正。光在不同的介质中的传播速度是不一样的,即波长不同。而大气的介质常数随温度、气压的影响会发生微小的变化,这将导致测尺的长度发生微小的变化,从而影响测量结果。

仪器设计的测尺长度为标准大气状态(气压 760mmHg,温度 20℃)下的,而实际作业的大气状态有变化,因而应加入相应的改正值,称为气象改正 Δn,其大小与测定的长度成正比。

多数红外测距仪可按下式计算 Δn:

$$\Delta n = \left[(n_R - 1) - \frac{n_0 - 1}{1 + 0.003661t} \cdot \frac{P}{760} \right] \cdot D \qquad (7\text{-}21)$$

式中　　n_R——气象参考点大气折射率;

n_0——标准状态$(t = 20℃, P = 760\text{mmHg})$下的大气对测距载
波的折射率,n_0 和 n_R 可在仪器说明书中查取;

P——测距时的大气压(mmHg);

t——测距时的气温(℃)。

(3)加乘常数改正。仪器设计时相位
起算位置与仪器的几何对中位置是一致
的,测距频率为设计值。然而经运输、长
期使用,器件的机械位置和电气参数会发
生微小的变化,这将使相位中心发生偏
移,对测定距离值产生影响。此影响不随
测定距离长短变化,短期内为一固定常
数,称为测距仪的加常数。

> 大多数红外测距仪都有
> 改正数自动改正功能,按仪
> 器说明正确地安置仪器的棱
> 镜常数 C 及测距时的气压
> P、温度 t,即可得到改正
> 后的距离。

由于测距仪电子器件的老化,测距频率发生微小偏移,使测距信
号波长发生变化(测尺尺长变化),对测定距离的影响与距离的长度成
正比,为一比例系数,常以 ppm 表示,称为测距仪的乘常数。

2. 距离归算

电磁波测距仪可以测得仪器中心至棱镜中心的直线距离,必须经
过下述三次归算才能成为高斯平面上的长度,从而参加各种计算。

(1)水平距离归算。若已知仪器中心至棱镜中心的高差 h,则可用
勾股定理计算平距 S。

$$S = \sqrt{D^2 - h^2} \tag{7-22}$$

若已知测距仪中心至棱镜中心的垂直角为 α,则可用下式计算水
平距离:

$$S = D \cdot \cos\alpha \tag{7-23}$$

(2)水平距离归算到参考椭球面。设地面水平长度平行于椭球
面,由于水平面离开椭球面有一定的高程,将引起长度的归算改正。

如图 7-13 所示,地面两点的水平面上长度以 S_0 表示,其在椭球面
上的长度 S 可按下式计算:

$$S = S_0 \left(1 - \frac{H_m + h_g}{R_m}\right) \tag{7-24}$$

式中　H_m——地面两点间沿线的平均高程；

　　　h_g——测区大地水准面相对于参考椭球面的高差；

　　　R_m——椭球平均半径。

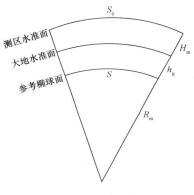

图 7-13　距离归算

(3)椭球面长度归算到高斯平面。高斯投影虽然没有角度变形，但有长度变形。椭球面长度可按下式归算为高斯平面上的长度 D。

$$D = S\left(1 + \frac{y_m^2}{2R_m^2}\right) \tag{7-25}$$

式中　y_m——A、B 两点的自然坐标平均值；

　　　R_m——椭球平均半径。

第三节　直线定向

在测量上，直线的方向是根据某一标准方向(也称基本方向)来确定的,确定一条直线与标准方向间的关系称为直线定向。通常用直线与标准方向间的水平角来表示。

一、标准方向的种类

标准方向通常有真子午线方向、磁子午线方向、坐标纵轴方向三种。

1. 真子午线方向

通过地面上一点并指向地球南北极的方向线,称为该点的真子午线方向。真子午线方向是用天文测量方法测定的。指向北极星的方向可近似地作为真子午线的方向。

2. 磁子午线方向

通过地面上一点的磁针,在自由静止时其轴线所指的方向(磁南北方向),称为磁子午线方向。磁子午线方向可用罗盘仪测定。由于地磁两极与地球两极不重合,致使磁子午线与真子午线之间形成一个夹角 δ,称为磁偏角。磁子午线北端偏于真子午线以东为东偏,δ 为正;以西为西偏,δ 为负。

3. 坐标纵轴方向

测量中通常以通过测区坐标原点的坐标纵轴为准,测区内通过任一点与坐标纵轴平行的方向线,称为该点的坐标纵轴方向。

二、直线定向的方法

在测量工作中,常采用方位角来表示直线定向。通过测站的子午线与测线间顺时针方向的水平夹角称为方位角。

方位角是直线一端点的标准方向的北端开始顺时针方向量至某直线的水平角度,用 α 来表示,角值范围自 $0°\sim360°$。由于子午线方向有真北、磁北和坐标北(轴北)之分,故对应的方位角分别称为真方位角(用 A 表示)、磁方位角(用 A_m 表示)和坐标方位角(用 α 表示),如图 7-14 所示。

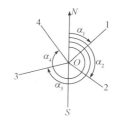

图 7-14　方位角示意图

三、坐标方位角的确定与推算

(一)坐标方位角的确定

如图 7-15 所示,直线 1—2 的点 1 是起点,点 2 是终点;通过起点

1 的坐标纵轴方向与直线 1-2 所夹的坐标方位角 α_{12} 称为直线 1-2 的正方位角，α_{21} 为直线 1-2 的反方位角。同样，也可称 α_{21} 为直线 2-1 的正方位角，而 α_{12} 为直线 2-1 的反方位角。一般在测量工作中常以直线的前进方向为正方向，反之称为反方向。在平面直角坐标系中通过直线两端点的坐标纵轴方向彼此平行，因此正、反坐标方位角之间的关系式为：

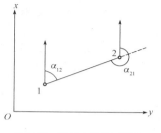

图 7-15　正反方位角示意图

$$\alpha_{21} = \alpha_{12} \pm 180°$$

当 $\alpha_{12} < 180°$ 时，上式用加 180°；

当 $\alpha_{12} > 180°$ 时，上式用减 180°。

【例 7-6】　如图 7-15 所示，若 $\alpha_{12} = 75°$，试计算其反方位角。

解：
$$\alpha_{21} = 75° + 180° = 205°$$

若 $\alpha_{12} = 320°38'20''$，则其反方位角

$$\alpha_{21} = 320°38'20'' - 180° = 140°38'20''$$

(二)坐标方位角推算

实际工作中，为了得到多条直线的坐标方位角，把这些直线首尾相接，依次观测各接点处两条直线之间的转折角，若已知第一条直线的坐标方位角，便可根据上述两种算法依次推算出其他各条直线的坐标方位角。

如图 7-16 所示，已知直线 12 的坐标方位角为 α_{12}，2、3 点的水平转折角分别为 β_2 和 β_3，其中 β_2 在推算路线前进方向左侧，称为左角；β_3 在推算路线前进方向的右侧，称为右角。欲推算此路线上另两条直线的坐标方位角 α_{23}、α_{34}。

根据反方位角计算公式得：

$$\alpha_{21} = \alpha_{12} + 180°$$

再由同始点直线坐标方位角计算公式可得：

$$\alpha_{23} = \alpha_{21} + \beta_2 = \alpha_{12} + 180° + \beta_2$$

上式计算结果如大于 360°，则减 360° 即可。同理可由 α_{23} 和 β_3，计

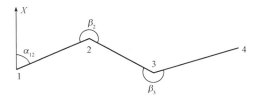

图 7-16 坐标方位角推算

算直线 34 的坐标方位角。

$$\alpha_{34} = \alpha_{23} + 180° - \beta_2$$

上式计算结果如为负值,则加 360° 即可。

上述两个等式分别为推算 23 和 34 各直线边坐标方位角的递推公式。由以上推导过程可以得出坐标方位角推算的规律为:下一条边的坐标方位角等于上一条边坐标方位角加 180°,再加上或减去转折角(转折角为左角时加,转折角为右角时减),即:

$$\alpha_{\text{下}} = \alpha_{\text{上}} \begin{array}{c} -\beta(\text{右}) \\ +\beta(\text{左}) \end{array} + 180°$$

若结果 ≥360°,则再减 360°;若结果为负值,则再加 360°。

【例 7-7】 如图 7-17 所示,直线 AB 的坐标方位角为 $\alpha_{AB} = 36°18'42''$,转折角 $\beta_A = 47°06'36''$,$\beta_1 = 228°23'24''$,$\beta_2 = 217°56'54''$,试计算其他各边的坐标方位角。

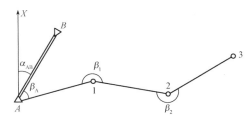

图 7-17 坐标方位角推算略图

解: $\alpha_{A1} = \alpha_{AB} + \beta_A = 36°18'42'' + 47°06'36'' = 83°25'18''$

$\alpha_{12} = \alpha_{A1} + \beta_1 + 180°$

$$= 83°25'18'' + 228°23'24'' + 180°(-360°)$$
$$= 131°48'42''$$
$$\alpha_{23} = \alpha_{12} - \beta_2 + 180°$$
$$= 131°48'42'' - 217°56'54'' + 180°$$
$$= 93°51'48''$$

四、坐标象限角直线定向

由标准方向线的北端或南端,顺时针或逆时针量到某直线的水平夹角,称为象限角,用 R 表示,其值在 $0°\sim 90°$ 之间。象限角不但要表示角度的大小而且还要标记该直线位于第几象限。象限角分别用北东、南东、南西和北西表示。

如图 7-18 所示,AO 在 Ⅰ 象限,记为北偏东 R_{OA} 或 NR_{OA};OB 在 Ⅱ 象限,记为南偏东 R_{OB} 或 SR_{OB};OC 在 Ⅲ 象限,记为南偏西 R_{OC} 或 SR_{OC};OD 在 Ⅳ 象限,记为北偏西 R_{OD} 或 NR_{OD}。象限角一般只在坐标计算时用,主要是指坐标象限角。

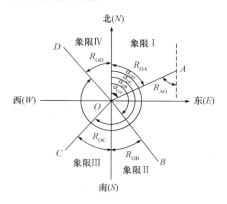

图 7-18 象限角

同正、反方向角的意义相同,任一直线也有它的正、反象限角,其关系是角值相等,方向不同。如直线 OA 的正、反象限角为 R_{OA}、R_{AO},其值 $R_{OA} = R_{AO}$,但 R_{OA} 方向为北东,而 R_{AO} 方向为南西。

象限角与方位角的关系

象限角一般只在坐标计算式时用,这时所说的象限角是指坐标象限角。坐标象限角与坐标方位角之间的关系见表 7-2。

表 7-2 坐标象限角与坐标方位角关系表

直线方向	由坐标方位角推算象限角	由象限角推算坐标方位角
北东,第 I 象限	$R=\alpha$	$\alpha=R$
南东,第 II 象限	$R=180°-\alpha$	$\alpha=180°-R$
南西,第 III 象限	$R=\alpha-180°$	$\alpha=180°+R$
北西,第 IV 象限	$R=360°-\alpha$	$\alpha=360°-R$

思考与练习

一、单项选择题

1. 在测量工作中,( )的精度要用相对误差来衡量。

   A. 高程测量 B. 水准测量 C. 角度测量 D. 距离测量

2. 测距仪按测程分为( )类。

   A. 二   B. 三   C. 四   D. 五

3. 测距仪按精度分( )级。

   A. 三   B. 四   C. 五   D. 六

4. 确定一条直线与基本方向间的关系称为( )。

   A. 直线测设 B. 直线定线 C. 直线测定 D. 直线定向

5. 在测量平面直角坐标系中,所用的方位角是( )。

   A. 真方位角   B. 假定方位角

   C. 坐标方位角   D. 磁方位角

二、多项选择题

1. 直线定线工作一般可用( )方法进行。

A. 拉线 B. 吊线 C. 目测 D. 仪器

E. 放线

2. 在倾斜地面丈量距离的方法包括( )。

A. 平量法 B. 斜量法 C. 竖量法 D. 直量法

E. 等量法

3. 测量距离的方法有( )。

A. 钢尺量距 B. 光电测距仪测距

C. 视线高法 D. 视距测量法

E. 经纬仪法

三、简答题

1. 什么是直线定线?

2. 钢尺检定时的量距方法有哪些?

3. 用钢尺量距时会产生哪些误差?

4. 什么是真子午线方向?

5. 什么是磁子午线方向?

6. 简述真方位角与磁方位角之间的关系。

四、计算题

1. 检定 30m 钢尺的实际长度为 30.0025m,检定时的温度为 20℃,用该钢尺丈量某段距离为 120.016m,丈量时的温度为 28℃,已知钢尺的膨胀系数 α 为 1.25×10^{-5},试计算该钢尺的尺长方程式和该段的实际距离。

2. 利用经纬仪进行视距测量,测得垂直角为 $12°23'35''$,标尺视距间隔为 0.35m,试计算测定的平距和斜距。

3. 某电磁波测距仪的标识精度为 2mm＋3ppm,测定距离为 1.5km 时其测量精度是多少?

第八章　控制测量

控制测量是研究精确测定地面点空间位置的学科。控制测量实质上也是点位的测量,测量控制点的平面位置和高程。所以控制测量又分为平面控制测量和高程控制测量两部分。

第一节　控制测量概述

一、控制测量的分类

测量控制网按其控制的范围分为国家控制网、城市控制网、小地区控制网三类。

(一)国家控制网

在全国范围内建立的控制网,称为国家控制网。它提供全国统一的空间定位基准,是全国各种比例尺测图和工程建设的基本控制,同时也为空间科学、军事等提供点的坐标、距离及方位资料,也可用于地震预报和研究地球形状大小。国家平面控制网的布设和逐级加密情况,如图 8-1 所示。

三角测量与导线测量是传统的测量方法。国家控制网按控制次序和按精度可以分为一、二、三、四等,其中在全国范围内首先建立一等天文大地三角锁,在全国范围内大致沿经线和纬线方向布设成间距约 200km 的格网状,在格网中间再用二等连续网填充三、四等则是在前者的基础上进行进一步加密。

(二)城市控制网

城市控制网是在国家控制网的基础上在一个城市的范围内进行,

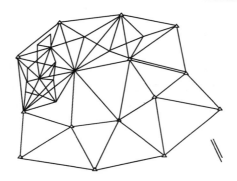

图 8-1 国家平面控制网的布设与逐级加密情况示意图

作为工程建筑设计和施工放样测量的依据。

(三)小地区控制网

小地区控制网是指在面积小于 $15km^2$ 的范围内建立的控制网,其主要为小区域的大比例尺地形测量或工程测量提供了依据。

小区域平面控制网亦应由高级到低级分级建立。测区范围内建立最高一级的控制网,称为首级控制网;最低一级的即直接为测图而建立的控制网,称为图根控制网。首级控制与图根控制的关系见表 8-1。

表 8-1 首级控制与图根控制的关系

测区面积/km²	首级控制	图根控制
1～10	一级小三角或一级导线	两级图根
0.5～2	二级小三角或二级导线	两级图根
0.5 以下	图根控制	

知识链接

测量工作原则

测量工作必须遵循"从整体到局部,先控制后碎部"的原则,先建立控制网,然后根据控制网进行测图和测设。控制测量的作用主要是为了保证测图和测设具有必要的精度,并使全测区精度均匀。它还可以使分片施测的碎部能准确地连接成一个整体。

二、平面控制测量

通过测量控制网中的水平角、水平距离推算控制点平面坐标的测量工作称为平面控制测量。平面控制测量是确定控制点的平面坐标。平面控制网的建立，可采用导线测量、三角形网测量、GNSS 测量等方法。

1. 导线测量

导线测量是建立小区域平面控制网常用的一种方法，特别是地物分布较复杂的建筑区、视线障碍较多的隐蔽区和带状地区多采用导线测量。

如图 8-2 所示，选定一系列相互通视的点（导线点），将相邻点连接成折线形式，依次测定各折线边（导线边）的长度和相邻边之间的夹角，已知第一点的坐标和第一边的坐标方位角后，就能利用所观测的边、角推算各点的坐标，这个过程称为导线测量。

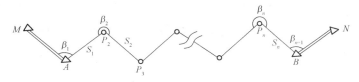

图 8-2　导线

知识链接

导线测量的特点和步骤

导线测量具有布设灵活、适合于通视条件较差的隐蔽地区等特点，因此导线测量是目前隐蔽测区控制测量中加密控制点的主要方法。导线测量实施步骤为技术设计—选点—打桩或埋石—观测—数据处理—成果验收与上交。

2. 三角形网测量

三角形网测量是在地面上选择一系列具有控制作用的控制点，组成互相连接的三角形，并扩展成网状，测量至少一条边的边长（基线）

和所有三角形的内角,其余边长按基线长度及所测内角用正弦定律推算,再根据起算数据即可求出所有控制点的平面位置。这种控制点称为三角点,这种图形的控制网称为三角形网,如图8-3所示。

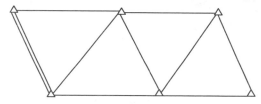

图 8-3　三角形网测量

3. GNSS测量

在测区范围内,选择一系列控制点,彼此之间可以通视也可以不通视,在一组控制点上安置GNSS卫星地面接收机,接收GNSS卫星信号,解算求得控制点至相应卫星的距离,通过一系列数据处理取得控制点的坐标,这种测量方法称为GNSS测量。

> **知识链接**
>
> #### 平面控制网的坐标系统的选择
>
> 平面控制网的坐标系统,应在满足测区内投影长度变形不大于2.5cm/km的要求下,作下列选择:
>
> (1)采用统一的高斯投影3°带平面直角坐标系统。
>
> (2)采用高斯投影3°带,投影面为测区抵偿高程面或测区平均高程面的平面直角坐标系统;或任意带,投影面为1985国家高程基准面的平面直角坐标系统。
>
> (3)小测区或有特殊精度要求的控制网,可采用独立坐标系统。
>
> (4)在已有平面控制网的地区,可沿用原有的坐标系统。
>
> (5)厂区内可采用建筑坐标系统。

三、高程控制测量

高程控制测量的方法主要有水准测量、三角高程测量两种。

高程控制测量控制点的布设原则与平面控制网基本一致,由高级到低级,先整体后局部。

用水准测量的方法测定控制点的高程,精度较高。但是在山区或丘陵地区,由于地面高差较大,水准测量比较困难,可以采用三角高程测量的方法测定地面点的高程,这种方法可以保证一定的精度,而且工作又迅速简便。

控制测量的作用

通过控制测量建立起来的控制网具有控制全局、限制误差累积的作用,是各项测量工作的依据,在研究地球形状大小、地壳形变、地震预报方面,在空间科学、军事打击方面,在多尺度、系列化比例尺地形图测绘和工程建设方面发挥着重要的基础性、保障性作用。

第二节　导线测量

将测区内相邻控制点连成直线而构成的折线,称为导线。这些控制点,称为导线点。导线测量是依次测定导线边的水平距离和两相邻导线边的水平夹角,然后根据起算数据,推算各边的坐标方位角,最后求出导线点的平面坐标。

用经纬仪测量转折角,用钢尺测定导线的边长,称为经纬仪钢尺量距导线;若用全站仪测量转折角和导线边长,则称为电磁波测距导线。

一、导线测量控制网布设形式

根据测区的地形情况和工程建设的需要,导线可布设成下列几种形式:

1. 闭合导线

起始于同一已知点的导线,称为闭合导线。如图 8-4 所示,导线

从已知高级控制点 B 和已知方向 MB 出发,经过 1、2、3、4 点,最后仍回到起点 B,形成一闭合多边形。它本身存在着严密的几何条件,具有检核作用。

> 闭合导线测量作业时,一定要加强已知点坐标、已知边坐标方位角抄录和应用时的检核。

2. 附合导线

导线由一已知控制点和一已知方向出发,连续经过一系列的导线点,最后附合到另一已知控制点和一已知方向,这种导线称为附合导线,如图 8-5 所示。如果在起、闭的两个已知点上均联测已知方向,则称为双定向导线;如果只在起始已知点上观测已知点作为连接方向,则称为单定向导线;如果在起、闭的两个已知点上均无连接方向,则称为无定向导线。如图 8-6 所示,由一个已知点 A 出发,经过若干个导线点 1、2、3,最后附合到另一个已知点 B 上,但起始边方位角不知道,且起、终两点 A、B 不通视,只能假设起始边方位角,这样的导线称为无定向附合导线。其适用于狭长地区。

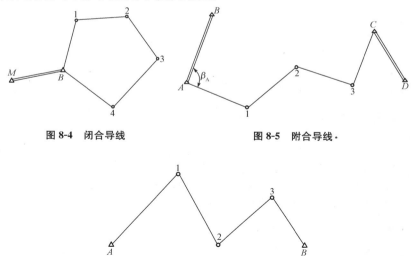

图 8-4　闭合导线　　　　　图 8-5　附合导线·

图 8-6　无定向导线

附合导线本身也具有严密的几何条件,可起检核观测成果的作用。带状地区的控制常采用这种形式。

附合导线的布设要求

　　在附合导线中,双定向导线的优点是有足够的检核条件、可靠性强,因而在生产实践中广泛应用;单定向导线只有一个起始方向,适宜已知方向较少的地区;无定向导线只有一个检核条件,因而只能在困难地区布设。

3. 支导线

　　导线由一已知控制点和一已知方向出发,经过 1~2 个导线点后既不回到原已知点上,也不附合到另一已知点上,这种导线称为支导线,如图 8-7 所示。支导线只具有必要的起始数据,缺少对观测成果的检核,因此仅用于图根控制测量,而且在布设时一般不得超过四条边。

图 8-7　支导线

支导线的布设要求

　　支导线只有一个起始已知点和一个连接方向,没有检核条件,可靠性差,因此只能在图根控制测量中使用,且要求导线边数不超过 3 条,支导线长度不应超过相应级别附合导线长度的 1/3~1/2。

4. 导线网

　　多条导线互相交叉构成的结点式、环形格网式的网状几何图形就是导线网。

导线网又可分为单结点导线网、多结点导线网等,环形格网式导线是多结点导线网,如图 8-8 所示。

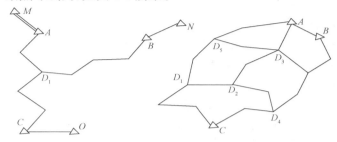

图 8-8　导线网

导线网的特点是检核条件多,平差计算复杂、工作量大,但图形可靠性强,点位精度均匀,因此,适宜在已知点稀少的地区作基本控制网。

特别提示

导线网的布设要点

(1)导线网用作测区的首级控制时,应布设成环形网,且宜联测 2 个已知方向。

(2)加密网可采用单一附合导线或结点导线网形式。

(3)结点间或结点与已知点间的导线段宜布设成直伸形状,相邻边长不宜相差过大,网内不同环节上的点也不宜相距过近。

二、导线测量外业工作

导线测量的外业工作主要包括:踏勘选点及建立标志、边长测量、角度测量和连接测量。

(一)踏勘选点及建立标志

(1)测区勘察。测区勘察前,要做好准备工作。首先要搜集与测区有关的测量资料,包括国家控制点、城市控制点等各类已知点的成果资料、已有地形图等。其次是利用已有资料研究测区情况,确定勘察测区的重点。测区勘察的重要任务之一是实地查看已知点是否完好,因为已知点是决定导线方案设计的关键。有些已知点,虽然有成果资料,但标石已被破坏,因此,要事先在已有地形图上展绘出各类已知点,在实地勘察时才能有的放矢。除了查看已知点之外,测区勘察还要了解有关测区的通视情况、交通情况以及地形等情况,确定困难类别,制定工期进度。

(2)方案设计。方案设计是施测前为满足用户需要和符合规范要求进行的重要工作,它是在测区勘察之后,在现有的地形图上根据测区的已知点情况、通视情况等合理设计导线的技术实施方案。设计时先在图上标出测区范围符合起始点要求且现存完好的已知点,再根据测量任务、地形条件和导线测量的技术要求,计划导线的布设形式、路线走向和导线点的位置及需要埋石的点位等。

导线布设的要求

为了使导线的计算不过于复杂,导线的路线应尽可能布设成单一附合路线或闭合路线,当路线长度超限时再考虑具有结点的导线网,当布设的导线作为首级控制时,应当布设成环形格网式的导线。导线的边长应尽可能大致相等,相邻边之比一般应不超过 $1:3$。

(3)选点。在测区现场依据室内设计和地形条件,经过比较与选择确定导线点的具体位置,这一工作叫选点。

导线点位的选定

(1)点位应选在土质坚实、稳固可靠、便于保存的地方,视野应相对开阔,便于加密、扩展和寻找。

(2)相邻点之间应通视良好,其视线距障碍物的距离,三、四等不宜小于 1.5m;四等以下宜保证便于观测,以不受旁折光的影响为原则。

（3）当采用电磁波测距时,相邻点之间视线应避开烟囱、散热塔、散热池等发热体及强电磁场。

（4）相邻两点之间的视线倾角不宜过大。

（5）充分利用旧有控制点。

（6）导线点应有足够的密度,分布要均匀,便于控制整个测区。

（7）导线边长应大致相等,尽量避免相邻边长相差悬殊,以保证和提高测角精度。

（二）导线角度测量

导线的水平角通常采用 DJ$_2$、DJ$_6$ 型经纬仪或全站仪按测回法进行观测,当在导线网结点处有多个方向时用方向法观测;垂直角一般用中丝法进行观测。角度观测的主要技术要求见表 8-2,限差要求见表 8-3。

表 8-2   导线测量水平角观测的技术要求

等　级	测回数		测角中误差(″)	半测回归零差		方位角闭合差(″)
	DJ$_2$	DJ$_6$		DJ$_2$	DJ$_6$	
一级	2	4	±5	8	18	$\pm10\sqrt{n}$
二级	1	3	±8			$\pm16\sqrt{n}$
三级	1	2	±12			$\pm24\sqrt{n}$
图根			±20	24″		$\pm40\sqrt{n}$

表 8-3   导线测量水平角观测的限差要求

仪器型号	半测回归零差(″)	一测回 2c 互差(″)	同方向各测回互差(″)
DJ2	8	13	9
DJ6	18	—	24

导线的转折角分为左角和右角,以导线为界按编号顺序方向前进,在前进方向左侧的角称左角,右侧的角称为右角。附合导线可测左角,也可测右角,一般统一观测同一侧的转折角。闭合导线一般是

观测多边形的内角。当导线点按逆时针方向编号时,闭合导线的内角即为左角;按顺时针方向编号时,则为右角。导线等级不同,测角技术要求也不同。图根导线一般用 DJ$_6$ 型光学经纬仪测一个测回,当盘左、盘右两个半测回角值的较差不超过 40″ 时,取其平均值。测角时,为了便于瞄准,可在已埋设的标志上用三根竹竿吊一个大垂球,或用测钎、觇牌作为照准标志。

图根导线的水平角观测要求

图根导线的水平角观测,由于边长一般较短,所以要特别注意对中与照准误差的影响。采用垂球对中,其偏差不应大于 2mm,最好用校正好的光学对点器进行对中。照准点上应采用细而直的标志(如测钎、觇牌),太短的边可悬挂垂球线作为照准目标,测钎尖端或垂球尖端要精确对准点位,若照准的是测钎,为避免测钎倾斜引起的测角误差应照准根部;若照准的是垂球,为避免垂球摆动引起测角误差应照准悬挂点部位。

(三)导线边长测量

导线边长测量的方法主要包括钢尺量距和光电测距两种。

1. 钢尺量距

导线边长用检定过的钢尺丈量,此种导线称为钢尺量距导线。对于一、二、三级导线,应按钢尺量距的精密方法进行丈量。对于图根导线,用一般方法往返丈量或同一方向丈量两次;当尺长改正数大于 1/10000 时,应加尺长改正。

量距的取值要求

量距时平均尺温与检定时温度相差 ±10℃ 时,应进行温度改正;尺面倾斜大于 1.5% 时,应进行倾斜改正;取其往返丈量的平均值作为成果,并要求其相对误差不大于 1/3000。

2. 光电测距

导线边长可用光电测距仪测定,此种导线称为光电测距导线。测量时要同时观测竖直角,供倾斜改正之用。光电测距导线的主要技术要求见表 8-4。

表 8-4 光电测距导线的主要技术要求

等级	导线长度/km	平均边长/km	测角中误差(″)	测距中误差/mm	测回数			方位角闭合差(″)	导线全长相对闭合差
					DJ$_1$	DJ$_2$	DJ$_6$		
一级	3.6	0.3	±5	±15	—	2	4	±10$\sqrt{n}$	1/14000
二级	2.4	0.2	±8	±15		1	3	±16$\sqrt{n}$	1/10000
三级	1.5	0.12	±12	±15		1	2	±24$\sqrt{n}$	1/6000

注:1. n 为导线的角数,M 为比例尺分母;

　　2. 导线网中结点与高级点间或者结点与结点间的导线长度不应大于附合导线规定长度的 0.7 倍;

　　3. 当附合导线长度短于规定长度的 1/3 时,导线全长的绝对闭合差不应大于 13cm;

　　4. 光电测距导线的总长和平均边长可放宽至 1.5 倍,但其绝对闭合差不应大于 26cm;

　　5. 分级布网时,一、二、三级导线根据已知点情况、测区情况,选用两个级别。

(四)导线点连测

如图 8-9 所示,导线与高级控制网连接时,需观测连接角 β_A、β_1 和连接边 D_{A1},用于传递坐标方位角和坐标。若测区及附近无高级控制点,在经过主管部门同意后,可用罗盘仪观测导线起始边的磁方位角,并假定起始点的坐标为起算数据。

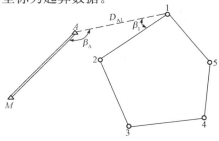

图 8-9　导线点连测

(五)导线测量记簿

导线测量记录可采用符合规范要求的电子记簿,也可采用人工记录。人工记录时,应当选用合适硬度的铅笔(如 2H、3H)、统一规格的记录手簿,笔粗、字大,要与手簿记录格相适应,一般字大接近字格的2/3,记录时严禁涂改、擦写、就字改字,杜绝誊抄原始观测数据,允许按规定划改,且划改要注明原因,划改的原因无非就是各个角色、仪器、外界环境等原因引起的仪器、目标动、看错、读错、听错、写错、算错、超限以及补测、重测等。每站观测结束后,应对本站观测记录进行认真检查,确认各项记载、计算正确无误时方可迁站,做到站站清。当天工作完成后,要按岗位角色的分工做好仪器的维护保养,做好当天工作的检查小结,尤其要做好当天记录手簿的检查工作。

三、导线测量内业计算

导线测量内业工作,是在完成并整理相应外业观测资料和根据已知的起算数据,通过误差按相关要求进行调查,应最后求得各导线点的平面坐标。

进行导线内业计算前,应全面检查外业观测手簿(包括水平角观测、边长观测、磁方位角观测等),确认观测记录及计算成果正确无误。然后绘制导线草图,将各项数据注于图上相应的位置,以便于进行导线的坐标计算。

导线计算可利用电子计算器,在规定的表格中进行。对于四等以下的导线,角值取至秒,边长和坐标取至毫米。对于图根导线,角值取至秒,边长和坐标取至厘米。

(一)导线测量计算准备工作

在导线计算之前一定要对外业观测数据作一次全面的检查和整理,查看有无遗漏、记错或算错的地方,各限差是否满足要求,如有超限情况,应立即进行补测。计算时应抄录已知数据,绘制导线略图并在略图上标注导线点点号、相应的角度和边长、起始方位角及起算点的坐标。

导线计算的准备工作包括以下内容。

1. 野外观测手簿的检查

在计算之前,应当对野外观测记录认真检查,检查角度计算是否正确,记录格式是否符合规范要求,各项限差是否符合要求,距离中数计算是否正确,距离斜距观测值是否已化为平距等。

2. 角度观测成果的化算

严格来讲,计算高斯平面直角坐标,要先将地面测得的角度观测值化算到参考椭球面,然后再化算到高斯平面上。正如第四章所述,由于地面测得的角度观测值化算到参考椭球面要加的三差改正很小,因此,四等以下的导线不用三差改正。但把参考椭球面的角度化算成高斯平面上的夹角,须加曲率改正。曲率的大小应根据规范规定计算,对于四等以下的导线,如果曲率改正数小于 $1''$,也可以忽略不计。

> 小区域平面控制测量,直接把测区当成平面看待,不需要进行角度的改化。

3. 距离观测成果的化算

地面测得的水平距离应当先化算到参考椭球面上,再化算到高斯平面上,这样才能用于计算点的坐标。化算的过程分别称为高程归化和高斯投影改化。

> 在实际测量工作中,有时候采用抵偿高程面坐标系,此时,只需将地面测得的距离化算到抵偿高程面即可。

因为距离的高程归化改正数和高斯投影的长度改化改正数符号相反,因此,当高程归化和高斯投影改化的改正数之和小于相应边长的 $1/40000$ 时可以不加改正,即直接把地面两点之间的平距视为高斯平面上的边长。

(二)闭合导线坐标计算

1. 角度闭合差的计算与调整

n 边形闭合导线内角和的理论值为:

$$\sum \beta_{理} = (n-2) \cdot 180° \tag{8-1}$$

由于观测角不可避免地含有误差,致使实测的内角之和 $\sum \beta_{测}$ 不等于理论值,而产生角度闭合差 f_β,为:

$$f_\beta = \sum \beta_测 - \sum \beta_理 \qquad (8\text{-}2)$$

f_β 超过 $f_容$，则说明所测角度不符合要求，应重新检测角度。若 f_β 不超过 $f_容$，可将闭合差反符号平均分配到各观测角中。

改正后之内角和应为 $(n-2) \cdot 180°$，以作计算校核。

2. 推算坐标方位角

用改正后的导线左角或右角推算各边的坐标方位角。

根据起始边的已知坐标方位角及改正角按下列公式推算其他各导线边的坐标方位角。

$$\alpha_前 = \alpha_后 + 180° + \beta_左 （适合于测左角）$$
$$\alpha_前 = \alpha_后 + 180° - \beta_右 （适合于测右角） \qquad (8\text{-}3)$$

上式中，算出的方位角大于 $360°$，应减去 $360°$，为负值时，应加上 $360°$。

3. 坐标增量的计算

一导线边两端点的纵坐标（或横坐标）之差，称为该导线边的纵坐标（或横坐标）增量，常以 Δx（或 Δy）表示。

> 闭合导线各边的坐标方位角推算完后，最终还要推回起始边上，看其是否与原来的坐标方位角相等，以此作为计算检核。

设 i、j 为两相邻的导线点，量两点之间的边长为 D_{ij}，已根据观测角调整后的值推出了坐标方位角为 α_{ij}，由三角几何关系可计算出 i、j 两点之间的坐标增量（在此称为观测值）Δx_{ij} 和 Δy_{ij}，分别为：

$$\Delta x_{ij测} = D_{ij} \cdot \cos\alpha_{ij}$$
$$\Delta y_{ij测} = D_{ij} \cdot \sin\alpha_{ij} \qquad (8\text{-}4)$$

在进行闭合导线坐标增量闭合差的计算与调整过程中，因闭合导线从起始点出发经过若干个导线点以后，最后又回到了起始点，其坐标增量之和的理论值为零，如图 8-10(a) 所示。即：

$$\sum \Delta x_{ij理} = 0$$
$$\sum \Delta y_{ij理} = 0 \qquad (8\text{-}5)$$

由上式可知，坐标增量由边长 D_{ij} 和坐标方位角 α_{ij} 计算而得，但是边长同样存在误差，从而导致坐标增量带有误差，即坐标增量的实测

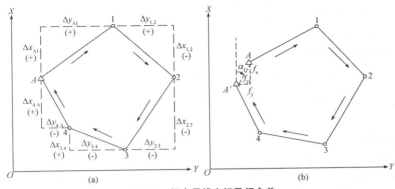

图 8-10　闭合导线坐标及闭合差

（a）坐标增量；（b）坐标增量闭合差

值之和 $\sum \Delta x_{ij測}$ 和 $\sum \Delta y_{ij測}$ 一般情况下不等于零，这就是坐标增量闭合差，通常以 f_x 和 f_y 表示，如图 8-10(b)所示。即：

$$\begin{cases} f_x = \sum \Delta x_{ij測} \\ f_y = \sum \Delta y_{ij測} \end{cases} \tag{8-6}$$

由于坐标增量闭合差存在，根据计算结果绘制出来的闭合导线图形不能闭合，如图 8-10(b)所示，不闭合的缺口距离，称为导线全长闭合差，通常以 f_D 表示。按几何关系，用坐标增量闭合差可求得导线全长闭合差 f_D。即：

$$f_D = \sqrt{f_x^2 + f_y^2} \tag{8-7}$$

导线全长相对闭合差

　　导线全长闭合差 f_D 是随着导线的长度增大而增大，导线测量的精度是用导线全长相对闭合差 K（即导线全长闭合差 f_D 与导线全长 $\sum D$ 之比值）来衡量的，即：

$$K = \frac{f_D}{\sum D} = \frac{1}{\sum D / f_D}$$

建筑测量员专业与实操

（三）附合导线坐标计算

附合导线坐标计算步骤与闭合导线完全相同。仅由于两者形式不同，使其在角度闭合差和坐标增量闭合差的计算上有所不同。

1. 坐标方位角的计算

附合导线如图 8-11 所示。由于附合导线不构成闭合多边形，但也存在着角度闭合差，其角度闭合差是根据导线端已知边的坐标方位角及导线转折角来计算的。高级点 A、B、C、D 的坐标已知，按坐标反算公式可计算得起始边与终止边的坐标方位角 α_{AB} 和 α_{CD}。本例所观测的导线转折角为左角。由起始边坐标方位角及导线左角，根据坐标方位角推算公式可依次推算各边的坐标方位角如下：

图 8-11　附合导线略图

$$\alpha_{B1} = \alpha_{AB} + 180° + \beta_{B}$$
$$\alpha_{12} = \alpha_{B1} + 180° + \beta_{1}$$
$$\alpha_{23} = \alpha_{12} + 180° + \beta_{2}$$
$$\alpha_{34} = \alpha_{23} + 180° + \beta_{3}$$
$$\alpha_{4C} = \alpha_{34} + 180° + \beta_{4}$$
$$+\underline{\alpha'_{CD} = \alpha_{4C} + 180° + \beta_{C}}$$
$$\alpha'_{CD} = \alpha_{AB} + 6 \times 180° + \sum \beta_{测}$$

写成一般公式为：

$$\alpha'_{终} = \alpha_{始} + n \times 180° + \sum \beta_{测}$$

式中　n——附合导线转折角的个数(包括连接角)。

若观测右角,则按下式计算 $\alpha'_{终}$:

$$\alpha'_{终} = \alpha_{始} + n \times 180° - \sum \beta_{测} \tag{8-8}$$

终止边的坐标方位角 $\alpha_{终}$ 是已知的,由于角度观测中不可避免地存在有误差,使得 $\alpha'_{终}$ 不等于 $\alpha_{终}$,其差值即为角度闭合差 f_β,即:

$$f_\beta = \alpha'_{终} - \alpha_{终} \tag{8-9}$$

角度闭合差的容许值与闭合导线相同。

关于角度闭合差 f_β 的调整,当用左角计算 $\alpha'_{终}$ 时,改正数与 f_β 反号;当用右角计算 $\alpha'_{终}$ 时,改正数与 f_β 同号。

2. 坐标增量闭合的计算

在附合导线坐标增量闭合差计算中,附合导线的首尾各有一个已知坐标值的点,如图 8-11 所示的 B 点和 C 点,称之为始点和终点。附合导线的纵、横坐标、增量的代数和,在理论上应等于终点与终点的纵、横坐标差值,即:

$$\begin{cases} \sum x_{理} = x_{终} - x_{始} \\ \sum y_{理} = y_{终} - y_{始} \end{cases} \tag{8-10}$$

但由于量边和测角有误差,根据观测值推算出来的纵、横坐标增量之代数和 $\sum \Delta x_{ij测}$ 和 $\sum \Delta_{ij测}$,与理论值通常是不相等的,二者之差即为纵、横坐标增量闭合差:

$$\begin{cases} f_x = \sum x_{ij测} - (x_{终} - x_{始}) \\ f_y = \sum y_{ij测} - (y_{终} - y_{始}) \end{cases} \tag{8-11}$$

如图 8-11 所示附合导线坐标计算见表 8-5。

(四)支导线坐标计算

支导线没有检核限制条件,不需要计算角度闭合差和坐标增量闭合差,只要根据已知边的坐标方位角和已知点的坐标,把外业测定的转折角和转折边长,直接代入相应公式中计算出各边方位角及各边坐

表 8-5

附合导线坐标计算表

点号(1)	观测角 /(° ′ ″)(2)	改正数 /(″)(3)	改正后的角值 /(° ′ ″)(4)	坐标方位角 /(° ′ ″)(5)	边长 /m(6)	Δx/m(7)	Δy/m(8)	Δx/m(9)	Δy/m(10)	x/m(11)	y/m(12)	点号(13)
A′												A′
				93 56 15								
A(P₁)	186 35 22	−3	186 35 19							167.81	219.17	A(P₁)
				100 31 34	86.09	−15.73	−1 +84.64	−15.73	+84.63			
P₂	163 31 14	−4	163 31 10							152.08	303.80	P₂
				84 02 44	133.06	+13.80	−1 +132.34	+13.80	+132.33			
P₃	184 39 00	−3	184 38 57							165.88	436.13	P₃
				88 41 41	155.64	−1 +3.55	−2 +155.60	+3.54	+155.58			
P₄	194 22 30	−3	194 22 27							169.42	591.71	P₄
				103 04 08	155.02	−35.05	−2 +151.00	−35.05	+150.98			
B(P₅)	163 02 47	−3	163 02 44							134.37	742.69	B(P₅)
				86 06 52								
B′												B′
∑	892 10 53		892 10 37		529.81	−33.43	+523.58	−33.44	+523.52			

辅助计算

$f_\beta = \alpha_{A'A} + \sum\beta + n\cdot180 - \alpha_{B'B} = 16''$ $f_限 = \pm30''\sqrt{n} = 67''$

$f_x = \sum\Delta x_测 - \sum\Delta x_理 = +0.01$ $f_y = \sum\Delta y_测 - \sum\Delta y_理 = +0.06$

$f_D = \sqrt{f_x^2 + f_y^2} = 0.06m$ $K = \dfrac{f_D}{\sum D} = \dfrac{1}{8800}$ 容许全长相对闭合差:1/4000

导线略图

标增量,最后推算出待定导线点的坐标。所以,支导线只适用于图根控制补点使用。

由于支导线既不回到原起始点上,又不附合到另一个已知点上,所以在支导线计算中也就不会出现下列两种矛盾:

(1)观测角的总和与导线几何图形的理论值不符的矛盾,即角度闭合差。

(2)从已知点出发,逐点计算各点坐标,最后闭合到原出发点或附合到另一个已知点时,其推算的坐标值与已知坐标值不符的矛盾,即坐标增量闭合差。

特别提示

支导线与其他导线异同处

支导线是只有起始已知边,既无闭合已知点也无闭合已知边的单导线,从起始数据和观测数据准备、坐标方位角推算、坐标增量计算、导线点坐标的计算与附合导线、闭合导线一样。不同之处在于,支导线不存在角度闭合差、坐标闭合差,不能判定观测成果的质量。

(五)无定向导线计算

在密集的城镇建筑区以及平坦隐蔽地区的地形控制测量中,通视条件的限制往往给附合导线观测连接角带来很多困难,甚至是不可能的,用 GPS 建立首级控制网的测区,出现无定向附合导线的情况会经常发生。根据实际作业的需要,提出了无定向附合导线。如图 8-12 所示,附合在两已知点 A、B 之间的导线,没有在两端点上观测连接角(定向角),故称之为无定向附合导线。

无定向导线计算的思路是:首先假定第一条边的方位角,由此推算各边的假定方位角及各边假定坐标增量,再根据起、

无定向附合导线与附合导线的计算不同,由于无定向导线没有起始已知边,即整条导线无起始方位角,因此,计算时首先要解算导线起始边的方位角,然后才能进行坐标计算。

图 8-12　无定向附合导线

闭点的假定坐标增量计算两已知点之间的假定坐标方位角,两已知点间的已知坐标方位角和假定坐标方位角之差,即为假定坐标系与实际坐标系之间的夹角,将各点的假定坐标系按此差值旋转,即得各点的实际坐标。

四、查找导线测量错误的方法

在导线计算中,若发现闭合差超限,首先应检查外业记录和内业计算。若检查无误,则说明导线外业中边长或角度测量存在错误,应到现场返工重测。为减少重测工作量,事前应对可能发生错误的角或边进行分析。下述为查找边长测错的方法,仅适用于只有一条边长测错,其他边角均未测错的情况。

(一)一个角度测错的查找方法

(1)若为闭合导线,可按边长和角度,用一定的比例尺绘出导线图,如图 8-13 所示,并在闭合差 1—1′的中点作垂线。如果垂线通过或接近通过某导线点(如点 2),则该点发生错误的可能性最大。

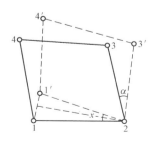

图 8-13　闭合导线测量错误检查

(2)若为附合导线,先将两个端点展绘在图上,则分别自导线的两个端点 B、C 按边长和角度绘出两条导线,在导线的交点处发生测角错误的可能性大。如图 8-14 中的点 3 处。

图 8-14 附合导线测量错误检查

(二)一条边长测错的查找方法

内业计算过程中,在角度闭合差符合要求的情况下,发现导线相对闭合差大大超限,则可能是边长测错,可先按边长和角度绘出导线图。然后找出与闭合差 1—1′ 平行或大致平行的导线边(如图 8-15 中 2—3 导线边),则该边发生错误的可能性最大。

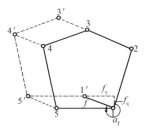

图 8-15 边长测错的检查

也可用下式计算闭合差 1—1′ 的坐标方位角:

$$\alpha_f = \arctan \frac{f_y}{f_x}$$

如果某一导线边的坐标方位角与 α_f 很接近,则该导线边发生错误的可能性大。

第三节 交会测量

交会测量是已知控制点较多地区增补控制点的一种辅助方法。根据观测元素不同分为角度交会测量、距离交会测量、边角交会测量等,根据设站位置不同分为前方交会测量、侧方交会测量、后方交会测量等。

一、角度前方交会测量

(一)前方交会计算公式及检核

如图 8-16 所示,在 $\triangle ABP$ 中,已知 A、B 两点的坐标(x_A,y_A)和 (x_B,y_B)。在两已知点设站,测得 A、B 两点的夹角为 α 和 β,通过解三角形计算 P 点坐标(x_P,y_P),这个测量过程就是前方交会。

已知点、待定点及观测角的编号规则是根据 $\triangle ABP$ 的点号依 A、B、P 按逆时针方向编号的,A、B 两点是已知点,P 点是待定点。A 点所测的角是 α,B 点所测的角为 β。

图 8-16 前方交会

经推导整理简化得待定点 P 的坐标计算公式如下:

$$\begin{cases} x_P = \dfrac{x_A \cot\beta + x_B \cot\alpha - y_A + y_B}{\cot\alpha + \cot\beta} \\ y_P = \dfrac{y_A \cot\beta + y_A \cot\alpha + x_A - x_B}{\cot\alpha + \cot\beta} \end{cases} \tag{8-12}$$

上式称为余切公式,也称戎格公式。

如果将 P 点的坐标代替 A 点坐标,A 点代替 B 点,同样可以得出 B 点的坐标为:

$$\begin{cases} x_B = \dfrac{x_P \cot\alpha + x_A \cot\gamma - y_P + y_A}{\cot\gamma + \cot\alpha} \\ y_B = \dfrac{y_P \cot\alpha + y_A \cot\gamma + x_P - x_A}{\cot\gamma + \cot\alpha} \end{cases} \tag{8-13}$$

(二)角度前方交会的检核

计算检核,求未知点坐标时,用式(8-12)。为了检查计算过程中有无错误,可以根据 A、P 点计算 B 点坐标,并与 B 点坐标比较,计算时用式(8-13)。这样可以检查计算过程中有无错误。

如图 8-17 所示,在 $\triangle ABP$ 中,可以求得 P 点的坐标(x'_P,y'_P),在 $\triangle BCP$ 中,同样可以求出 P 点的坐标(x''_P,y''_P)。若这两组坐标的交差在允许限差内,则可取它们的平均值作为最后结果。限差为:

$$\Delta s=\sqrt{\delta_x^2+\delta_y^2}\leqslant 2\times 0.1M(\text{mm}) \tag{8-14}$$

式中,$\delta_x=x'_P-x''_P$;$\delta_y=y'_P-y''_P$;M 为测图比例尺分母。

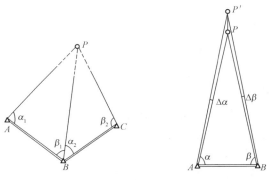

图 8-17 前方交会检核图形

计算结果栓核

计算检核只能检查计算过程是否有误,当外业观测数据有误时,则无法检查。为了检核外业观测数据是否有错误,可通过增加多余观测的方法进行,这样不但能检核观测数据有无错误,同时还可以提高 P 点的精度。按规定,当布设前方交会时,应由三个已知点对待定点进行观测。

(三)角度前方交会的特殊情况

在方向交会测量中,未知点至两起算点方向的夹角称为交会角,通常用 γ 表示。当交会角 γ 过大或过小时,由于观测角 α、β 含有误差,将使 P 点有较大的位移 PP'。所以测量规范规定,交会角一般不得大于150°或小于30°。

为了满足交会角的要求,可以根据地形条件和已知点的分布情况而改变交会图形,如图 8-18(a)、(b)所示为前方交会图形的重组形式。图 8-18(c)所示为前方交会图形的特殊变形。

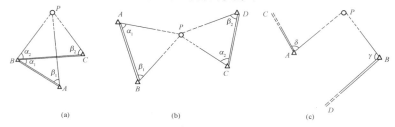

(a)   (b)   (c)

图 8-18　前方交会图形特殊变形

角度前方交会计算示例

为了便于计算,应绘制观测略图,对各点和角度进行编号。交会点一般编号为 P,已知点编号为 A、B,按逆时针方向编排,A、B 点的角度编号一般为 α、β,观测图形如图 8-16 所示。计算示例见表 8-6。

表 8-6　　　　　　　　　前方交会计算

	点号	x/m		角度	y/m
A	小山	5522.01	α_1	$59°20'59''$	1523.29
B	凤岭	5189.35	β_1	$54°09'52''$	1116.90
P	尖岗	5059.93			1595.34
B	野狼坡	5189.35	α_2	$61°54'29''$	1116.906
C	刘寺	4671.79	β_2	$55°44'54''$	1236.06
P	尖岗	5060.02			1595.35
	中数 x_P	5059.98		中数 y_P	1595.34
计算与检核		测图比例尺 1∶1000,$f_{容}=\pm 0.3\times 1000=\pm 300(\mathrm{mm})$ $f_s=\pm\sqrt{f_x^2+f_y^2}=\pm\sqrt{50^2+10^2}=\pm 51(\mathrm{mm})$			

二、角度侧方交会测量

侧方交会,就是在一个已知点 B(或 A)上和待定点 P 上设站,分别观测 β(或 α)和 γ 角。计算时根据三角形三个内角和等于 $180°$ 的性质,计算出另一个已知点上的内角 α(或 β),再由已知点 A、B 的坐标和 α、β,应用余切公式计算出 P 点的坐标即可。侧方交会图形如图 8-19 所示。

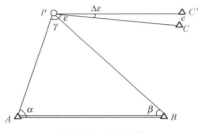

图 8-19　侧方交会

为了检查观测角和已知点 A、B 的坐标是否有误,通常在待定点 P 测角时除观测已知点 A、B 外,还应观测另一个已知点 C,得观测角 $\varepsilon_{测}$。根据已知点 A、B 求得 P 点坐标后,即可计算角 $\varepsilon_{计}=\alpha_{PB}-\alpha_{PC}$,与观测值 $\varepsilon_{测}$ 进行比较作为检核条件。

$$\alpha_{PB}=\arctan\frac{\Delta y_{PB}}{\Delta x_{PB}},\alpha_{PC}=\arctan\frac{\Delta y_{PC}}{\Delta x_{PC}}$$

则,检查角 $\varepsilon_{测}$ 与 $\varepsilon_{计}$ 较差为 $\Delta\varepsilon''=\varepsilon_{计}-\varepsilon_{测}$,误差允许值为:

$$\Delta\varepsilon''_{允}=\frac{M}{5000\times S_{PC}}\rho''$$

当 $\Delta\varepsilon''\leqslant\Delta\varepsilon''_{允}$ 时,计算成果认为是合格的,否则重测。

三、角度后方交会测量

后方交会,就是仅在待定点 P 上设站,观测三个已知点 A、B、C,得观测角 α、β。然后根据三个已知点的坐标和观测角 α、β 计算待定点 P 的坐标,这种方法就是后方交会,如图 8-20 所示。由于这种方法只架设

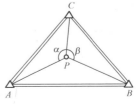

图 8-20　后方交会

一次仪器,故在大型工程放样、全站仪测图定点时经常用到,应掌握后方交会的观测方法和计算技巧。

计算后方交会点坐标的公式很多,下面介绍几种常用的计算公式。

(一)角度后方交会的余切计算公式

已知点 $A(x_A,y_A)$、$B(x_B,y_B)$、$C(x_C,y_C)$ 和观测角 α、β,如图 8-20 所示,计算公式如下:

$$\begin{cases} \mathrm{I} = (y_C-y_B)\cot\beta-(y_A-y_C)\cot\alpha-(x_A-x_B) \\ \mathrm{II} = (x_C-x_B)\cot\beta-(x_A-x_C)\cot\alpha+(y_C-y_A) \\ \cot Q=\dfrac{\mathrm{I}}{\mathrm{II}} \end{cases} \quad (8\text{-}15)$$

由已知点坐标 $\cot Q$ 求 N,则:

$$\begin{cases} N = (y_C-y_B)(\cot\beta-\cot Q)-(x_C-x_B)(1+\cot\beta\cdot\cot Q) \\ N = (y_A-y_C)(\cot\alpha+\cot Q)+(x_A-x_C)(1-\cot\alpha\cdot\cot Q) \end{cases}$$

$$(8\text{-}16)$$

求 P 点的坐标:

$$\begin{cases} x_P=x_C+\dfrac{N}{1+\cot^2 Q} \\ y_P=y_C+\cot Q\cdot\dfrac{N}{1+\cot^2 Q} \end{cases} \quad (8\text{-}17)$$

使用上述公式时,一定要注意点名和角度的编号,已知点 A、B、C 逆时针编号,PC 边的左边观测角为 α,对应的已知点为 A;PC 边右边的观测角为 β,对应的已知点为 B 点。

(二)仿权公式

仿权公式也称重心公式,此种计算公式的形式与广义算术平均值的计算公式类同,故此得名仿权公式。

未知点 P 的坐标计算公式如下:

$$\begin{cases} x_P=\dfrac{P_A x_A+P_B x_B+P_C x_C}{P_A+P_B+P_C} \\ y_P=\dfrac{P_A y_A+P_B y_B+P_C y_C}{P_A+P_B+P_C} \end{cases} \quad (8\text{-}18)$$

式中:

$$P_A = \frac{1}{\cot\angle A - \cot\alpha}, P_B = \frac{1}{\cot\angle B - \cot\beta}, P_A = \frac{1}{\cot\angle C - \cot\gamma}$$

$\angle A$、$\angle B$、$\angle C$ 为三个已知点 A、B、C 构成的三角形的内角。α、β、γ 为未知点 P 上的三个角,不论 P 点在什么位置,它们均满足下列等式:

$$\alpha = \alpha_{PB} - \alpha_{PC}, \beta = \alpha_{PC} - \alpha_{PA}, \gamma = \alpha_{PA} - \alpha_{PB} \qquad (8\text{-}19)$$

仿权公式计算过程中的重复运算公式较多,如由已知点坐标反算坐标方位角来求得 $\angle A$、$\angle B$、$\angle C$ 和仿权 P_A、P_B、P_C 的计算,只需换一换变量就能完成几个计算步骤,因而使用计算机和编程计算器比较方便。

(三)角度后方交会的危险圆

如图 8-21 所示,P 点若选在已知 $\triangle ABC$ 的外接圆上,观测角 α、β 在圆周上任何一个位置,其角值不变。在这种情况下,无论运用后方交会的哪一种公式,都解算不出 P 点的坐标 (x_P, y_P)。现以仿权公式为例说明危险圆的问题。

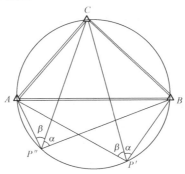

图 8-21　后方交会的危险圆

若 P 点位于 $\triangle ABC$ 的外接圆上,观测角与已知角必有如下关系:

$$\angle A = \alpha \quad \angle B = \beta \quad \angle C = 360° - \gamma$$

故
$$P_A = \frac{1}{\cot\angle A - \cot\alpha} = \infty$$

测量上把已知 $\triangle ABC$ 的外接圆称为后方交会的危险圆。判断危险圆的方法主要有图解法和解析法两种。

(1)图解法,用较精确的观测略图判断。

(2)解析法,$\alpha + \beta + \angle C$ 不得在 $160° \sim 200°$ 之间。

在实际工作中,选点时一般可不考虑危险圆(当四个已知点共圆时要考虑危险圆)问题,但在选取计算图形时一定要顾及危险圆问题,使两组计算图形的 P 点都选在远离危险圆上。如图 8-22 所示,不能选择 N_2、N_3、N_4 三个已知点组成计算图形。当未知点 P 位于已知三角形内部,既能避开危险,又能提高交会精度。

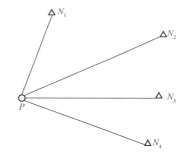

图 8-22　选取计算图形避开危险圆示意图

选择计算图形时应注意事项

(1)避开危险圆,即使 $\alpha + \beta + \angle C \neq 160° \sim 200°$。

(2)交会角不能太大或太小,交会角应在 $30° \sim 150°$。

(3)未知点尽量选在已知三角形内。

(4)对于仿权公式,应避免接近一条直线的三个已知点作为计算图形,如图 8-22 所示,不应选 N_2、N_3、N_4 作为计算图形。

(5)对于后方交会余切公式,编号时要避免 α_{PC} 接近 $90°$ 或 $270°$。如图 8-22 所示,编号时不应把 N_3 作为起算点 C。

角度后方交会测量计算示例

已知点坐标和观测数据及计算见表 8-7。

表 8-7　　　　　　　　　　后方交会计算

x_A	2858.06	y_A	6860.08	α	118°58′18″
x_B	4374.87	y_B	6564.14	β	204°37′22″
x_C	5144.96	y_C	6083.07	γ	36°24′20″
$x_A - x_B$	−1516.81	$y_A - y_B$	295.94	α_{BA}	168°57′35.7″
$x_B - x_C$	−770.09	$y_B - y_C$	481.07	α_{CB}	148°00′27.0″
$x_A - x_C$	−2286.90	$y_A - y_C$	777.01	α_{CA}	161°14′03.0″
A	7°43′32.7″	P_A	0.126185		
B	159°02′51.3″	P_B	−0.208617	x_P	4657.78
C	13°13′36.0″	P_C	0.345003	y_P	6074.26
$\sum$	180°00′00.0″	$\sum$	0.262571		
示意图			野外观测略图		

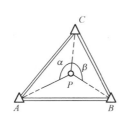

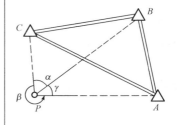

四、单三角形法测量

在只有两个已知点确定待定点 P 的情况下,前方交会、侧方交会必须有三个已知点方可保证交会点坐标的可靠性;而后方交会必须有四个已知点才可,要求 P 点坐标必须观测三个角才能保证其正确性;

观测一个三角形三个角的方法就称为单三角形法。

由于观测了三角形的三个内角,这就增加了一个图形条件即三个内角和等于 $180°$,但是由于测量过程中存在误差,致使三内角和不等于 $180°$ 产生一个三角形闭合差 f_β。即:

$$f_\beta = \alpha' + \beta' + \gamma' - 180°$$

式中,α'、β'、γ' 分别为 α、β、γ 角的观测值。

为了使三角形三内角之和等于 $180°$,就必须对三个观测值进行平差,求其改正数。改正数的计算如下:

$$V_\alpha = V_\beta = V_\gamma = -f_\beta/3$$

当不能平均分配时,一般将多一秒或少一秒的改正数分配给较大的那个观测值。改正后的角值为:

$$\begin{cases} \alpha = \alpha' + V_\alpha \\ \beta = \beta' + V_\beta \\ \gamma = \gamma' + V_\gamma \end{cases}$$

最后由已知点 A、B 的坐标 (x_A, y_A)、(x_B, y_B) 和 α、β 按前方交会公式计算 P 点的坐标 (x_P, y_P)。

单三角形的计算见表 8-8。

表 8-8 　　　　　　　　　　　单三角形计算

点名		观测角	改正数	平差角	x/m	y/m
(A)青山	α	$58°39'55''$	$+3''$	$58°39'58''$	3124532.34	445016.43
(B)N04	β	$53°57'24''$	$+4''$	$53°57'28''$	3124701.47	445193.50
(P)N17	γ	$67°22'30''$	$+4''$	$67°22'34''$	3124741.87	444970.54
	$\sum$	$179°59'49''$	$+11''$	$180°00'00''$		
$\cot\alpha$		0.60882	$\cot\beta$	0.727669	$\cot\alpha+\cot\beta$	1.33649
示意图				观测略图		

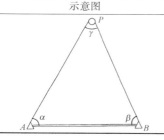

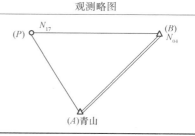

> **特别提示**
>
> **单三角形计算的检查**
>
> 单三角形定点时,如果已知点坐标抄错或、的位置弄反,这些错误不能在计算时发现,所以单三角形计算时,一定要严格检查。

五、测边交会测量

为了测定待定点 P 的坐标,除了测角交会测量外,测边交会在工程建设和大比例尺地形测量中已广泛应用。测边交会,就是在已知点设站测定已知点到未知点之间的距离,来确定待定点坐标的方法。

(一)利用余弦定理计算待定点坐标的方法

如图 8-23 所示,该图是测边交会的原理图。图中 A、B 两点为已知点,P 为待定点,a、b 为观测边,c 为已知边,可由 A、B 两已知点的坐标反算求得,则 AB 边长 c 为:

$$c=\sqrt{(x_B-x_A)^2+(y_B-y_A)^2} \qquad (8\text{-}20)$$

在△ABP 中由于三条边的边长已知,可由余弦定理计算出 α、β,

则:
$$\begin{cases} \alpha=\arccos \dfrac{c^2+b^2-a^2}{2bc} \\ \beta=\arccos \dfrac{c^2+a^2-b^2}{2ac} \end{cases} \qquad (8\text{-}21)$$

当求出 α、β 后,就可使用前方交会公式计算 P 点坐标。

(二)利用观测边直接计算坐标

如图 8-24 所示,从 P 点向已知边 AB 作垂线,垂足为 O,设 $PO=h$,$AO=b_1$,$BO=a_1$。在△APO 中,则有 $\cot\alpha=b_1/h$。

在△BPO 中,则有 $\cot\beta=a_1/h$

在△ABP 中,根据余弦定理则有:

$$\cos A=\frac{c^2+b^2-a^2}{2bc} \qquad (8\text{-}22)$$

在△AOP 中,则有:

$$\cos A = b_1/b \qquad\qquad (8\text{-}23)$$

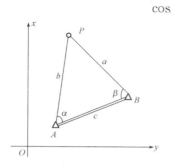

图 8-23　用角度计算坐标的测边交会

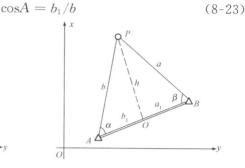

图 8-24　直接计算坐标的测边交会

由式(8-22)和式(8-23)可得:

$$\begin{cases} b_1 = \dfrac{c^2 + b^2 - a^2}{2c} \\ a_1 = \dfrac{c^2 + a^2 - b^2}{2c} \end{cases}, h = \sqrt{a^2 - a_1^2} = \sqrt{b^2 - b_1^2}$$

将 $\cot\alpha = b_1/h$，$\cot\beta = a_1/h$ 代入余切公式得:

$$\begin{cases} x_P = \dfrac{a_1 x_A + b_1 x_B - h(y_A - y_B)}{a_1 + b_1} \\ y_P = \dfrac{a_1 y_A + b_1 y_B + h(x_A - x_B)}{a_1 + b_1} \end{cases} \qquad (8\text{-}24)$$

使用式(8-24)时,必须注意 A、B、P 的编号问题,A、B、P 是按逆时针方向编排,并使 $\angle A$、$\angle B$、$\angle P$ 所对的边分别记为 a、b、c。

特别提示

P 点坐标的取值

在实际作业中,为了检核和提高交会精度,一般采用三个已知点向未知点测量三条边,然后每两条边组成一计算图形,可组成三组图形,选取两组较好的交会图形计算 P 点坐标。当两组算得的点位较差值 $e \leqslant M/5000$(M 为测图比例尺分母)时,取其平均值作为 P 点的坐标。

第四节 高程控制测量

小地区高程控制测量的方法主要有三、四等水准测量和三角高程测量。如果测区地势比较平坦,可采用四等或图根水准测量,三角高程测量主要用于山区或丘陵地区的高程控制。

一、三、四等水准测量

三、四等水准测量除建立小地区的首级高程控制外,还可作为大比例尺测图和建筑施工区域内的工程测量以及建(构)筑物变形观测的基本控制。

(一)三、四等水准测量的主要技术要求

三、四等水准测量的主要技术要求见表8-9。三、四等水准观测的技术要求见表8-10。

表 8-9 　　　　　　　　三、四等水准测量的主要技术要求

等级	路线长度/km	水准仪	水准尺	观测次数		往返较差、附合或环线闭合差	
				与已知点联测	附合或环线	平地/mm	山地/mm
三	≤50	DS$_1$	钢瓦	往返各一次	往一次	$\pm12\sqrt{L}$	$\pm4\sqrt{n}$
		DS$_3$	双面		往返各一次		
四	≤16	DS$_3$	双面	往返各一次	往一次	$\pm20\sqrt{L}$	$\pm6\sqrt{n}$

注:L 为水准路线长度,km;n 为测站数。

表 8-10 　　　　　　　　三、四等水准观测的技术要求

等级	水准仪	视线长度/m	前后视距差/m	前后视距累积差/m	视线高度	黑面、红面读数之差/mm	黑面、红面所测高差之差/mm
三	DS$_1$	100	3	6	三丝能读数	1.0	1.5
	DS$_3$	75				2.0	3.0
四	DS$_3$	100	5	10	三丝能读数	3.0	5.0

(二)四等水准测量的点位布设

四等水准点一般布设成附合或闭合水准路线。点位应选择在土质坚硬、周围干扰较少、能长期保存并便于观测使用的地方,同时应埋设相应的水准标志。一般一个测区需布设三个以上水准点,以便在其中某一点被破坏时能及时发现与恢复。

(三)观测顺序

(1)先照准后视标尺黑面,用微倾螺旋使水准管气泡居中,然后按视距丝读取上、下、中丝读数,记为(A)、(B)、(C)。

> 水准点可以独立于平面控制点单独布设,也可以利用有埋设标志的平面控制点兼作高程控制点,布设的水准点应作相应的点之记,以利于后期使用与寻找检查。

(2)照准后视标尺红面,同(1)项操作,读取中丝读数,记为(D)。

(3)照准前视标尺黑面,同(1)项操作,读取上、下、中丝读数,记为(E)、(F)、(G)。

(4)照准前视标尺红面,同(1)项操作,读取中丝读数,记为(H)。

每次中丝读数前,水准管气泡必须严格居中。

四等水准测量测站观测顺序简称为:"后—后—前—前"(或黑—红—黑—红)。

(四)测站计算与校核

(1)视距计算。

后视距离:$(I)=[(A)-(B)]\times100$

前视距离:$(J)=[(D)-(E)]\times100$

前、后视距差:$(K)=(I)-(J)$

前、后视距累积差:本站$(L)=$本站$(K)+$上站(L)

(2)同一水准尺黑、红面中丝读数校核。

前尺:$(M)=(F)+K_1-(G)$

后尺:$(N)=(C)K_2-(H)$

(3)高差计算及校核。

黑面高差:$(O)=(C)-(F)$

红面高差:$(P)=(H)-(G)$

校核计算:红、黑面高差之差$(Q)=(O)-[(P)\pm0.100]$

或$(Q)=(N)-(M)$

高差中数:$(R)=[(O)+(P)\pm0.100]/2$

在测站上,当后尺红面起点为 4.687m,前尺红面起点为 4.787时,取$+0.1000$;反之,取-0.1000。

(4)每页计算校核。

1)高差部分。每页上,后视红、黑面读数总和与前视红、黑面读数总和之差,应等于红、黑面高差之和,还应等于该页平均高差总和的两倍,即对于测站数为偶数的页为:

$$\sum[(C)+(H)]-\sum[(F)+(G)]=\sum[(O)+(P)]=2\sum(R)$$

对于测站数为奇数的页为:

$$\sum[(C)+(H)]-\sum[(F)+(G)]=\sum[(O)+(P)]$$
$$=2\sum(R)\pm0.100$$

2)视距部分。末站视距累积差值:

$$末站(L)=\sum(I)-\sum(J)$$
$$总视距=\sum(I)+\sum(J)$$

(5)成果计算与校核。在每个测站计算无误后,并且各项数值都在相应的限差范围之内时,根据每个测站的平均高差,利用已知点的高程,推算出各水准点的高程。

知识链接

三、四等水准测量的成果处理

水准测量成果处理是根据已知点高程和水准路线的观测数据,计算待定点的高程值。《工程测量规范》(GB 50026—2007)规定,各等级水准网应采用最小二乘法进行严密平差计算。

二、三角高程测量

(一)三角高程测量原理

三角高程测量是根据已知点高程及两点间的垂直角和距离确定

所求点高程的方法。

如图 8-25 所示，在 M 点安置仪器，用望远镜中丝瞄准 N 点觇标的顶点，测得竖直角 α，并量取仪器高 i 和觇标高 v，若测出 M、N 两点间的水平距离 D，则可求得 M、N 两点间的高差，即：

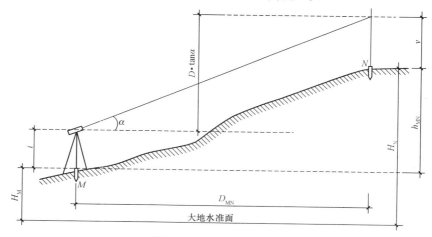

图 8-25　三角高程测量原理

$$h_{MN} = D \cdot \tan\alpha + i - v$$

根据 M 点高差 H_M 及高差 h_{MN}，N 点高程为：

$$H_N = H_M + D \cdot \tan\alpha + i - v \tag{8-25}$$

三角高程测量一般采用对向观测法，如图 8-25 所示，即由 M 向 N 观测称为直舰，再由 N 向 M 观测称为反舰，直舰和反舰称为对向观测。采用对向观测的方法可以减弱地球曲率和大气折光的影响。对向观测所求得的高差较差不应大于 $0.1D$（D 为水平距离，以 km 为单位，其结果以 m 为单位）。取对向观测的高差中数为最后结果，即：

$$h_{中} = \frac{1}{2}(h_{MN} - h_{NM}) \tag{8-26}$$

上式适用于 M、N 两点距离较近（小于 300m）的三角高程测量，此时水准面可近似看成平面，视线视为直线。当距离超过 300m 时，就要考虑地球曲率及观测视线受大气折光的影响。

（二）地球曲率和大气折光对高差的影响

当考虑地球曲率和大气折光影响，单向观测时的高差可根据采用斜距或平距分别按下列公式计算：

$$h = S\sin\alpha_v + (1-k)\frac{S^2\cos^2\alpha_v}{2R} + i - v$$

$$h = D\tan\alpha_v + (1-k)\frac{D^2}{2R} + i - v \tag{8-27}$$

式中　h——高程导线边两端点的高差（m）；

S——高程导线边的倾斜距离（m）；

D——高程导线边的水平距离（m）；

α_v——垂直角；

k——当地的大气折光系数；

R——地球平均曲率半径（m）；

i——仪器高（m）；

v——觇牌高（m）。

大气折光系数 K 的求取

大气折光系数 K 的求取是非常关键的。因为 K 值的变化是非常复杂的，它不仅与气温、气压、湿度和空气密度有关，而且还随地区、季节、气候、地形、植被及高度的变化而变化。因此，实际工作中，通常选取全国性或地区性的平均 K 值来代替某一地区的 K 值。目前我国一般采用 $K=0.11$，此值对大多数地区是适用的。

当 K 值确定后，可以编制"两差改正数表"，计算高差时，可以直接从表8-11中查取两差改正数，边长大于400m的图根三角高程测量要考虑两差。

表 8-11　　　　　　两差改正数表

距离/m	0	100	200	300	400	500	600	700	800	900	备注
0	0.000	0.001	0.003	0.006	0.011	0.017	0.025	0.034	0.045	0.057	$K=$
1000	0.070	0.085	0.101	0.118	0.137	0.157	0.179	0.202	0.226	0.252	0.11

续表

距离 /m	0	100	200	300	400	500	600	700	800	900	备注
2000	0.275	0.308	0.338	0.369	0.402	0.437	0.472	0.509	0.548	0.587	$K=$
3000	0.629	0.671	0.715	0.761	0.807	0.856	0.905	0.956	1.009	1.062	0.11

(三)三角高程测量方法

(1)在测站上安置仪器(经纬仪或全站仪),量取仪高;在目标点上安置觇标(标杆或棱镜),量取觇标高。

(2)采用经纬仪或全站仪采用测回法观测竖直角 α,取平均值为最后计算取值。

(3)采用全站仪或测距仪测量两点之间的水平距离或斜距。

(4)采用对向观测,即仪器与目标杆位置互换,按前述步骤进行观测。

(5)应用推导出的公式计算出高差及由已知点高程计算未知点高程。

【例 8-1】 如图 8-25 所示,设 M、N 两点的水平距离为 $D_{MN}=224.350\text{m}$,M 点的高程为 $H_M=40.45\text{m}$,M 点设站照准 N 点测得竖直角 $\alpha_{MN}=4°25'17''$,仪器高 $i_M=1.50\text{m}$,觇标高 $v_N=1.10\text{m}$;N 点测得竖直角 $\alpha_{NM}=-4°35'38''$,仪器高 $i_N=1.50\text{m}$,觇标高 $v_M=1.20\text{m}$,求 N 点高程 H_N。

解: $h_{MN}=D_{MN}\cdot\tan\alpha_{MN}+i_M-v_N$

$\qquad\quad =224.35\times\tan 4°25'17''+1.50-1.10$

$\qquad\quad =17.75(\text{m})$

$h_{NM}=D_{MN}-\tan\alpha_{MN}+i_N-v_M$

$\quad =224.35\times\tan(-4°35'38'')+1.50-1.20$

$\quad =-17.73(\text{m})$

$h_{MN(平均)}=(h_{MN}-h_{NM})/2=(17.75+17.73)/2=17.74(\text{m})$

$\qquad H_N=H_M+h_{MN(平均)}=40.45+17.74=58.19(\text{m})$

(四)图根三角高程测量实施

在地势起伏较大的测区,在坡缓地区除用水准测量的方法测定图根点高程外,坡度较陡测区要用三角高程测量的方法测定图根点。可根据已知点分布和测区情况,尽量沿最短边和最短路线组成三角高程闭合路线或附合路线,也可采用交会的方法来确定图根点高程。

图根三角高程测量的主要技术要求见表 8-12。

表 8-12 图根三角高程测量的技术要求

| 高程测量方法 | 竖直角观测 | | 对向观测或单向两次高差不符值/m | 各方向推算的高程较差/m | 线路闭合差/mm | 闭合差配赋方法 |
	仪器类型	测回数	垂直角指标差之差/(")				
电磁波测距三角高程	DJ_6 以上	对向观测 1	25	$0.4S_{KM}$	小于 0.4 倍级基本等高距	$\pm 40\sqrt{\sum D_{KM}}$	按边长成比例分配

由三个以上已知高程的控制点,用独立交会法确定图根点高程;只有一个已知高程的控制点,可用极坐标辐射法确定图根点高程,但要采用两次仪器高法单向观测进行检核;除水准测量方法外,通常用三角高程导线测量的方法确定图根点高程。

1. 独立交会高程测量

独立交会高程测量是根据已知点,用三角高程测量方法测定图根点高程的一种方法。《城市测量规范》(CJJ/T 8—2011)规定,通常采用不少于三个方向单向观测的三角高程测量确定图根点的高程,对向观测为两个方向。交会图形,如图 8-26 所示。

独立交会点高程通常用于测定图根点的高程,但所求点不能作为起算点再发展。独立交会高程多在交会法测定图根点平面位置的同时测定,一般不单独进行。

图 8-26(a)所示为三个直觇,称为前方交会;如图 8-26(b)所示为一个对向观测和一个反觇观测,又称为侧方交会。

无论是前方交会或侧方交会,所计算的高差不得超过其规定限差,否则须重新测量。当其差值小于规定要求时,则取其平均值作为

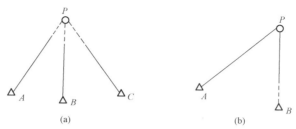

图 8-26　独立交会高程测量

(a)前方交会；(b)侧方交会

P 点的最后高程。具体计算见表 8-13。

表 8-13　　　　　　　　　　侧方交会高程计算

所求点	P_6		
起算点	N_3	N_5	N_5
观测方法	反觇	直觇	反觇
α D/m	$-2°23'15''$ 624.42	$+3°04'23''$ 748.35	$-3°00'46''$ 748.35
$D\cdot\tan\alpha$ i t r	-28.03 $+1.51$ -2.26 $+0.03$	$+40.18$ $+1.60$ -2.20 $+0.04$	-39.39 $+1.48$ -1.73 $+0.04$
高差 h/m	-28.75	$+39.62$	-39.42
起算点高程 H_A/m	258.26	245.42	245.42
所求点高程 H_B/m	285.01	285.04	285.02
高程中数	285.02		
观测略图			

计算完后,必须根据等高距检核高程互差,符合要求后方可作为图根点使用。

2. 三角高程导线测量

(1)三角高程导线的布设。三角高程导线是在平面控制测量的基础上,将待求高程点构成导线的形式附合闭合于已知点上,并对向观测相临两点间的垂直角,以测定平面控制点高程的一种高程测量方法。

> 图根电磁波测距三角高程导线布设的边数按规定不得超过12条边,超过时应布设成带结点的导线网。

三角高程导线类似于平面控制的导线测量。其布设形式有附合高程导线和闭合高程导线两种形式,如图 8-27 所示。

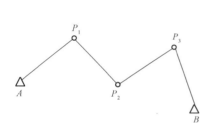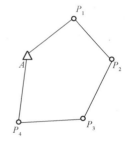

图 8-27　三角高程导线

起闭于两个已知高程点间的高程导线称为附合高程导线;起闭于同一个高程点间的高程导线称为闭合高程导线,这两种布设形式可应用于导线测量及三角测量。用于单一导线时,只要在观测水平角时同时对向观测竖直角和距离,并量取仪器高和觇标高即可。

(2)三角高程导线的计算。

1)两点间的高差计算。计算前必须认真检查测量成果是否有误,记录是否齐全,确认无误后方可进行计算。首先将观测数据、点号、已知点点名等填写在相应的表格内,按高差公式计算各个高差。具体计算见表 8-14。

表 8-14   **两点间的高差计算**

所求点	N_1		N_2		B	
起算点	A	A	N_1	N_1	N_2	N_2
觇法	直	反	直	反	直	反
α	$+2°13'25''$	$-2°01'42''$	$-4°36'28''$	$+4°51'05''$	$+3°25'02''$	$-3°11'21''$
D	421.35	421.35	500.16	500.16	408.76	408.76
$\tan\alpha$	0.038829	-0.035416	-0.080595	0.084876	0.059713	-0.055719
h'	18.36	-14.92	-40.31	42.45	$+24.29$	-22.66
i	1.60	1.61	1.58	1.62	1.61	1.59
r	$+0.01$	$+0.01$	0.02	$+0.02$	$+0.01$	$+0.01$
t	-2.62	-2.02	-2.30	-3.10	$+3.40$	-1.46
h	15.35	-15.32	-41.01	$+40.99$	$+22.51$	-22.52
中数 h /m	$+15.34$		-41.00		$+22.52$	
观测略图						

2)高差闭合差计算、配赋及高程计算。三角高程导线的路线闭合差计算方法与水准路线计算完全相同,即:

闭合路线:$f_h = \sum h_{测}$;

附和路线:$f_h = \sum h_{测} - (H_{终} - H_{起})$。

闭合差不超限时,其处理通常按与边长成正比配赋。求得改正后的高差,就可逐点推算高程。具体计算见表 8-15。

表 8-15　　　　　　　　高差闭合差计算、配赋及高程计算

点号	距离/m	平均高差/m	改正数/m	改正后高差/m	点之高程/m	备注
A	421	+15.34	−0.05	+15.29	298.42	
N_1	500	−41.00	−0.07	−41.07	311.71	
N_2	407	+22.52	−0.05	+22.47	270.64	
B	1328	−3.14	−0.17	−3.31	293.11	
Σ						

$H_B - H_A = -3.31$；

$f_h = -3.14 + 3.31 = +0.17$；

每百米改正数 $v = \dfrac{-0.17}{13.3} = -0.013$。

第五节　GPS 控制测量

　　全球定位系统(Global Positioning System,GPS)是利用人造卫星进行地面测量的定位系统。它具有速度快、精度高、不受天气限制、任何时候都能测量、不需要点间通视、不用建造观测觇标、能同时获得点的三维坐标等优点。但 GPS 要求测站上空开阔,以便于接收卫星信号,因此,GPS 技术不适合隐蔽地区的测量。

　　卫星定位系统都是通过接收在空间飞行的卫星发射的无线电信号来实现定位的。目前,正在运行的全球定位系统有美国的全球卫星定位系统(GPS)和俄罗斯的全球卫星导航系统,我国也建立了北斗卫星导航定位系统。在本节主要介绍美国的全球卫星定位系统(GPS)。

一、GPS 组成及系统

(一)GPS 组成

GPS 主要由空间部分、地面监控部分和用户接收机三部分组成。

1. 空间部分

GPS空间部分由 21＋3 颗(备用 3 颗)卫星组成,分布在 6 个轨道面上。每颗卫星可覆盖全球 38％的面积,每个轨道面有 4 颗卫星,按等间隔分布,可保证在地球上任何地点、任何时间、在高度角大于 15°以上的天空同时能观测到 4 颗以上卫星。

> **特别提示**
>
> **卫星的装配组成**
>
> 卫星上装有原子钟(铷钟和铯钟),并发出两个频率的载波无线电信号,即 $L_1 = 1575.42$MHz 载波,其上带有 1.023MHz 的伪随机噪声码,称为 C/A 码(CoarseCode,粗码),10.23MHz 的伪随机噪声码,称为 P 码(PrecisionCode,精码)及每秒 50bit 的导航电文;$L_2 = 1227.6$MHz 载波,其上只调制精码和导航电文。

2. 监控部分

监控部分包括 1 个主控站、3 个注入站和 5 个监控站。监控站的主要任务是监控卫星运行和服务状态,接收卫星下行信号并传送给主控站。主控站的任务是根据监控站观测资料,计算每颗卫星的轨道参数和卫星钟改正数,推算一天以上的卫星星历和钟差,并转化为导航电文发给注入站。

> 3个注入站的任务是在每颗卫星运行到上空时,把卫星星历、轨道纠正信息和卫星钟差纠正信息等控制参数和指令注入卫星存储器。

3. 用户接收机部分

接收机的种类很多,按接收频率可分类为单频接收机和双频接收机;按定位功能可分类为导航型接收机和定位型接收机等。双频接收机一般用于静态大地测量和高精度动态测量,也就是定位型接收机。目前,接收机正向多功能、广用途、全跟踪、微型化、功耗小、精度高等方向发展。

(二)GPS 坐标系统

GPS 所用的坐标系统是 World Geodetic System 1984 坐标系,简

称 WGS—84 坐标系。WGS—84 坐标系属于协议地球坐标系,坐标系的原点位于地球质心。

坐标系表示形式

每一种坐标系都有两种表示形式:以经度 L、纬度 B 和高程 H 表示的球面大地坐标系,和以 X、Y、Z 表示的三维空间直角坐标。GPS 接收机可以输出某一种坐标或同时输出两种坐标。

二、GPS 定位原理及方法

(一)GPS 定位方法分类

1. 根据定位的模式分类

(1)绝对定位。绝对定位又称单点定位,即利用 GPS 卫星和用户接收机之间的伪距观测值,确定测站点在 WGS—84 坐标系中的位置。这种定位模式的特点是单机作业,作业方式简单,精度较低。因此,绝对定位通常用于导航和精度要求不高的测量中。

(2)相对定位。相对定位又称差分定位,是利用两台或两台以上 GPS 接收机,在不同的测站观测相同的 GPS 卫星,从而确定两个测站之间的相对位置或基线向量,基线是用两点间的坐标增量表示的。这种方法是目前 GPS 定位中精度较高的一种,因为这种方法采用无码相位测量,即载波相位测量,因而被广泛使用。

2. 根据定位所采用的观测值分类

(1)伪距定位。伪距定位采用的观测值为 GPS 伪距观测值。它既可以是 C/A 码伪距,也可以是 P 码伪距。伪距定位的优点是数据处理简单,缺点是定位精度较低,利用 C/A 码进行实时绝对定位,各坐标分量精度在 5～10m 之间,三维综合精度在 15～30m 之间;利用 P 码进行实时绝对定位,各坐标分量精度在 1～3m 之间,三维综合精度在 3～6m 之间。

（2）载波相位定位。载波相位定位采用的观测值为 GPS 的载波相位观测值，即 L_1、L_2 或它们的某种线性组合。载波相位定位的优点是观测值的精度高，一般优于 2 个毫米；其缺点是数据处理过程复杂。

3. 根据获取定位结果的时间分类

（1）实时定位。实时定位是由观测数据实时地解算出接收机天线所在的位置的一种定位方法。

（2）非实时定位。非实时定位又称后处理定位，它是通过对观测数据事后处理来进行定位的方法。

4. 根据定位时接收机的运动状态分类

（1）静态定位。静态定位，就是在进行 GPS 定位时，接收机的天线始终处于静止状态。多台接收机在不同的测站上连续地同步观测相同的卫星，观测时间从

> 静态定位观测时间越长，多余观测数越多，定位的精度相对提高。

几分钟、几小时甚至到数十小时不等，以获取充分的多余观测数据。测后，通过数据处理，求得本测站的坐标或两两测站间的坐标差。静态定位一般用于高精度的测量定位。

（2）动态定位。动态定位，就是在进行 GPS 定位时，将一台接收机固定在已知点上作为基准站，另一台接收机在运动过程中实时定位。

（二）GPS 定位基本原理

1. GPS 绝对定位基本原理

（1）伪距法定位的基本原理。伪距定位是测定 GPS 卫星发射的无线电信号传播到测站的时间，根据无线电信号传播的速度来推算距离的。

> 在实际的 GPS 定位中，往往是几种定位方法的组合，如采用伪观测值的动态实时定位，采用载波相位观测值的静态相对定位等。

设某一信号自卫星发射的 GPS 标准时刻为 T^j，接收机所接收到该信号的 GPS 标准时刻为 T_i，若无线电信号的传播速度为 c，则在忽略大气折射影响的情况下，卫星至观测站的几何距离为：

$$\rho_i^j = c \cdot (T_i - T^j)$$

（8-28）

由于卫星钟的钟面时 t^j 和接收机钟面时 t_i 都与 GPS 标准时刻存在钟差，设分别为 δt^j、δt_i，则有：

$$t^j = T^j + \delta t^j$$
$$t_i = T_i + \delta t_i$$
$$T_i - T^j = t_i - t^j - \delta t_i + \delta t^j \qquad (8\text{-}29)$$

将式(8-28)代入式(8-29)，并令

$$\tilde{\rho}_i^j = c(t_i - t^j + \delta t^j)$$

得

$$\tilde{\rho}_i^j = \rho_i^j + c \cdot \delta t_i \qquad (8\text{-}30)$$

卫星钟面时 t^j 及其钟差 δt^j 均可从导航电文中获取，因此 $\tilde{\rho}_i^j$ 是实际获得的观测量，由于其中含有接收机钟差的影响，故称其为伪距。用户一般不能以足够的精度测定接收机钟差 δt_i，通常把它作为一个待定参数与接收机所在测站点位置一起解算。

设接收机所在测站点的坐标为 X、Y、Z，卫星坐标为 X_s、Y_s、Z_s，则：

$$\rho_i^j = \sqrt{(X-X_s)^2 + (Y-Y_s)^2 + (Z-Z_s)^2} \qquad (8\text{-}31)$$

将式(8-31)代入式(8-30)，并考虑大气折射对卫星信号传播的影响，得：

$$\tilde{\rho}_i^j = \sqrt{(X-X_s)^2 + (Y-Y_s)^2 + (Z-Z_s)^2} + c \cdot \delta t_i + \Delta_{i,I_g}^j(t) + \Delta_{i,T}^j(t)$$
$$(8\text{-}32)$$

式中　$\Delta_{i,I_g}^j(t)$——观测历元 t 时刻电离层折射对测码伪距的影响；

　　　$\Delta_{i,T}^j(t)$——观测历元 t 时刻对流离层折射对测码伪距的影响。

由于卫星坐标及电离层折射、对流离层折射对测码伪距的影响可从导航电文中获取，则式(8-28)中只有测站点的坐标 X、Y、Z 和接收机钟差 δt_i 共 4 个未知数，因此，接收机只要在测站上同时观测 4 颗以上卫星，如图 8-28 所示，

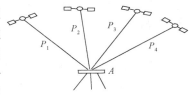

图 8-28　伪距法定位原理

则可解出这 4 个未知数。这就是伪距定位的原理。由于这种定位方法只涉及一个地面点，故又称为单点定位。

（2）相位法定位的基本原理。相位法分有码测量和无码测量两种，有码测量是指利用 GPS 的 C/A 码和 P 码进行的定位测量；无码测量是由 GPS 卫星发射的载波信号进行的相位测量，又称非码相位测量或载波相位测量。

载波相位测量是测量接收机接收到的载波信号，与接收机产生的参考载波信号之间的相位差。设 $\varphi^j(t^j)$ 为卫星 j 于历元 t^j 发射的载波信号相位；$\varphi(t_i)$ 为接收机于历元 t_i 的参考信号相位，同时考虑到接收到的信号相位与卫星发射信号的相位相等，则上述相位差可表示为：

$$\Phi_i^j = \varphi_i(t_i) - \varphi^j(t^j) \tag{8-33}$$

对于一个稳定良好的振荡器来说，相位与频率之间的关系，一般可表示为：

$$\varphi(t + \Delta t) = \varphi(t) + f \cdot \Delta t \tag{8-34}$$

式中 f——信号频率；

Δt——微小的时间间隔。

将式（8-29）代入式（8-34），则有：

$$\begin{aligned}\Phi_i^j(t_i) &= \varphi_i(T_i) - \varphi^j(T^j) + f \cdot (\delta t_i - \delta t^j) \\ &= f \cdot \Delta \tau_i^j + f \cdot (\delta t_i - \delta t^j)\end{aligned} \tag{8-35}$$

式中，$\Delta \tau_i^j$ 是在卫星钟与接收机钟同步的情况下卫星信号的传播时间，它与卫星信号的发射历元及该信号的接收历元有关。因为卫星信号的发射历元一般是未知的，所以应将其化为接收机历元的函数。

设 $\rho_i^j(\Delta \tau_i^j)$ 为卫星 j 与接收机 i 之间的几何距离，则在忽略大气折射的情况下有：

$$\Delta \tau_i^j = \rho_i^j(\Delta \tau_i^j)/c \tag{8-36}$$

由于 $\rho_i^j(\Delta \tau_i^j)$ 是卫星信号发射历元 T^j 与接收历元 T_i 的函数，考虑到关系式 $T^j = T_i - \Delta \tau_i^j$，将式（8-36）按级数展开，且只取一次项，得：

$$\Delta \tau_i^j = \frac{1}{c}\rho_i^j(T_i) - \frac{1}{c}\dot{\rho}_i^j(t_i)\dot{\Delta \tau}_i^j \tag{8-37}$$

若进一步考虑接收机观测历元 t_i 和钟差 δt_i 与 T_i 之间的关系,则利用式(8-29)将上式改写为以接收机的观测历元 t_i 表达的形式:

$$\Delta \tau_i^j = \frac{1}{c}\rho_i^j(t_i) - \frac{1}{c}\dot{\rho}_i^j(t_i)\delta t_i(t_i) - \frac{1}{c}\dot{\rho}_i^j(t_i)\Delta \tau_i^j \qquad (8-38)$$

上式右边仍含有 $\Delta \tau_i^j$,可用迭代法求解,由于 $\dot{\rho}_i^j(t_i)/c$ 很小,故收敛很快,这里只取一次迭代,并略去 $\dot{\rho}_i^j(t_i)/c$ 的平方项,可得:

$$\Delta \tau_i^j = \frac{1}{c}\rho_i^j(t_i)\left[1 - \frac{1}{c}\dot{\rho}_i^j(t_i)\right] - \frac{1}{c}\dot{\rho}_i^j(t_i)\delta t_i(t_i) \qquad (8-39)$$

如果考虑大气折射的影响,则卫星信号的传播时间最终可表示为:

$$\Delta \tau_i^j = \frac{1}{c}\rho_i^j(t_i)\left[1 - \frac{1}{c}\dot{\rho}_i^j(t_i)\right] - \frac{1}{c}\dot{\rho}_i^j(t_i)\delta t_i(t_i) + \frac{1}{c}\left[\Delta_{i,I_p}^j(t_i) + \Delta_{i,T}^j(t_i)\right]$$

$$(8-40)$$

式中 $\Delta_{i,I_p}^j(t_i)$——观测历元 t_i 时刻电离层折射对卫星载波信号传播路线的影响;

            $\Delta_{i,T}^j(t_i)$——观测历元 t_i 时刻对流层折射对卫星载波信号传播路线的影响。

将式(8-40)代入式(8-35),并略去观测历元的下标,则得以观测历元 t_i 为根据的载波相位差:

$$\Phi_i^j(t_i) = \frac{1}{c}f \cdot \rho_i^j(t)\left[1 - \frac{1}{c}\dot{\rho}_i^j(t)\right] + f \cdot \left[1 - \frac{1}{c}\dot{\rho}_i^j(t)\right]\delta t_i(t) -$$

$$f\delta t^j + \frac{f}{c}\left[\Delta_{i,I_p}^j(t) + \Delta_{i,T}^j(t)\right] \qquad (8-41)$$

因为通过测量接收机振荡器所产生的参考载波信号与接收机接收到的卫星载波信号之间的相位差只能测定其不足一周的小数部分,所以,如果假设 $\delta \varphi_i^j(t_0)$ 为某一起始观测历元 t_0 的相位差的小数部分,$N_i^j(t_0)$ 为相应起始观测历元 t_0 的载波相位差的整周数,则于历元 t_0 在卫星与测站的距离上的总相位差为:

$$\Phi_i^j(t_0) = \delta \varphi_i^j(t_0) + N_i^j(t_0) \qquad (8-42)$$

当卫星于历元 t_0 被跟踪(锁定)后,载波相位变化的整周数便被自动记数,所以,对其后任一观测历元 t 的总相位差,可写出:

$$\Phi_i^j(t)=\delta\varphi_i^j(t)+N_i^j(t-t_0)+N_i^j(t_0) \tag{8-43}$$

式中，$N_i^j(t-t_0)$ 表示从某一起始观测历元 t_0 至历元 t 之间的载波相位的整周数，可由接收机连续记数来确定，为已知量，令：

$$\varphi_i^j(t)=\delta\varphi_i^j(t)+N_i^j(t-t_0)$$

则式（8-43）可写为：

$$\Phi_i^j(t)=\varphi_i^j(t)+N_i^j(t_0)$$

或

$$\varphi_i^j(t)=\Phi_i^j(t)-N_i^j(t_0) \tag{8-44}$$

式中 $\varphi_i^j(t)$ ——载波相位的实际观测量；

$N_i^j(t_0)$ ——通常称为整周未知数或整周模糊度，一般是未知的。

因为对同一观测站和同一卫星而言，$N_i^j(t_0)$ 只与起始历元 t_0 有关，所以，在历元 t_0 与 t 的观测过程中，只要跟踪的卫星不中断（失锁），$N_i^j(t_0)$ 就保持为一个常量。将式（8-43）代入式（8-44），得载波相位的观测方程为：

$$\varphi_i^j(t)=\frac{1}{c}f\cdot\rho_i^j(t)\left[1-\frac{1}{c}\dot{\rho}_i^j(t)\right]+f\cdot\left[1-\frac{1}{c}\dot{\rho}_i^j(t)\right]\delta t_i(t)-$$

$$f\delta t^j-N_i^j(t_0)+\frac{f}{c}\left[\Delta_{i,I_P}^j(t)+\Delta_{i,T}^j(t)\right] \tag{8-45}$$

考虑到 $\lambda=c/f$，则可得测相伪距的观测方程为：

$$\lambda\varphi_i^j(t)=\rho_i^j(t)\left[1-\frac{1}{c}\dot{\rho}_i^j(t)\right]+c\cdot\left[1-\frac{1}{c}\dot{\rho}_i^j(t)\right]\delta t_i(t)-$$

$$c\cdot\delta t^j-\lambda N_i^j(t_0)+\Delta_{i,I_p}^j(t)+\Delta_{i,T}^j(t) \tag{8-46}$$

式中，含有 $\rho_i^j(t)/c$ 的项，对伪距的影响为米级。在相对定位中，如果基线较短（例如<20km），则可以忽略，于是式（8-45）和式（8-46）便可简化为：

$$\varphi_i^j(t)=\frac{1}{c}f\cdot\rho_i^j(t)+f\cdot\left[\delta t_i(t)-\delta t^j\right]-N_i^j(t_0)+\frac{f}{c}\left[\Delta_{i,I_P}^j(t)+\Delta_{i,T}^j(t)\right]$$

$$\tag{8-47}$$

$$\varphi_i^j(t)\lambda=\rho_i^j(t)+c\cdot\left[\delta t_i(t)-\delta t^j\right]-\lambda N_i^j(t_0)+\Delta_{i,I_P}^j(t)+\Delta_{i,T}^j(t)$$

$$\tag{8-48}$$

这就是载波相位观测的数学模型。将式（8-48）与式（8-32）比较可知，式（8-48）只是多了一项与整周未知数有关的项之外，其形式完全与测码伪距定位的基本观测方程相似,故解算也类似,但载波相位观测相对定位的方法更精确。

2. GPS 相对定位基本原理

相对定位的最基本情况,是用两台 GPS 接收机,分别安置在基线的两端并同步观测相同的卫星,以确定基线端点在协议地球坐标系中的相对位置,如图 8-29 所示。这种方法,可以推广到多台接收机安置在若干条基线上,通过同步观测 GPS 卫星,以确定多条基线端点相对位置的情况。相对定位常用的组合方法有单差、双差和三差三种。

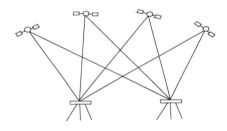

图 8-29　GPS 相对定位

> **特别提示**
>
> **相对定位精度的提高**
>
> 　　在两个测站(或多个测站)同步观测相同的卫星,卫星的轨道误差、卫星钟差、接收机钟差以及电离层和对流层的折射误差等,对观测量的影响具有一定的相关性,因此,利用这些观测量的不同组合进行相对定位,可以有效消除或减弱这些误差的影响,从而提高相对定位的精度。

(1)单差观测量及其基线解。单差就是在不同的两个测站同步观测相同卫星所得观测量之差。

如图 8-30 所示,设两台接收机在 1、2 两个测站同步观测相同的卫星,根据式(8-48),1、2 两个测站的观测量方程分别为:

$$\varphi_1^i(t)\lambda = \rho_1^i(t) + c \cdot [\delta t_1(t) - \delta t^i] - \lambda N_1^i(t_0) + \Delta_{1,I_P}^i(t) + \Delta_{1,T}^i(t)$$

$$(8\text{-}49)$$

$$\varphi_2^j(t)\lambda = \rho_2^j(t) + c \cdot [\delta t_2(t) - \delta t^j] - \lambda N_2^j(t_0) + \Delta_{2,I_P}^j(t) + \Delta_{2,T}^j(t)$$

$$(8\text{-}50)$$

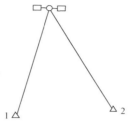

图 8-30　单差观测

因为是两台接收机在同一接收机钟面时对同一卫星取得的观测量,故以式(8-49)减式(8-50)得:

$$\lambda[\varphi_2^j(t) - \varphi_1^j(t)] = [\rho_2^j(t) - \rho_1^j(t)] + c \cdot [\delta t_2(t) - \delta t_1(t)] - \lambda[N_2^1(t_0)$$
$$- N_1^j(t_0)] + [\Delta_{2 \cdot IP}^j(t) - \Delta_{1 \cdot IP}^j(t)] + [\Delta_{2 \cdot T}^j(t) - \Delta_{1 \cdot T}^j(t)]$$

$$(8\text{-}51)$$

若应用符号

$$\Delta\varphi^j(t) = \varphi_2^j(t) - \varphi_1^j(t)$$

$$\Delta t(t) = \delta t_2(t) - \delta t_1(t)$$

$$\Delta N^j = N_2^j(t_0) - N_1^j(t_0)$$

$$\Delta\Delta_{IP}^j(t) = \Delta_{2 \cdot IP}^j - \Delta_{1 \cdot IP}^j(t)$$

$$\Delta\Delta_T^j(t) = \Delta_{2 \cdot T}^J(t) - \Delta_{1 \cdot T}^j(t)$$

则单差方程可写为:

$$\lambda\Delta\varphi^j(t) = [\rho_2^j(t) - \rho_1^j(t)] + c \cdot \Delta t(t) - \lambda\Delta N^j + [\Delta\Delta_{IP}^j(t) - \Delta\Delta_T^j(t)]$$

$$(8\text{-}52)$$

可见,在单差方程中,已经消除了卫星钟的钟差,$\Delta t(t)$项是两个接收机的相对钟差(钟差之差),它对于同一历元,两个接收机同步观测是常量。

式(8-52)的相对钟差参数 $\Delta t(t)$ 可作为待定参数,即有多少次观测就有多少个这样的参数。若用两台接收机分别安放在图 8-30 的 1、2 两个测站上,对 M 颗卫星进行 N 次历元观测,就可以按式(8-52)建立

$M \cdot N$ 个观测方程,其中,待定坐标参数 3 个,整周未知数参数 3 个,钟差参数 N 个,即共有 $(M+N+3)$ 个未知数。当观测方程个数超过未知数个数时,按最小二乘法求解。

(2)双差观测量及其基线解。双差即在不同的测站同步观测同一组卫星,对求得的单差再求差的结果。如图 8-31 所示,在 1、2 两个测站同步观测 j、k 两颗卫星,根据式(8-52),并忽略大气残差的影响,可得双差观测量方程为:

$$\lambda \, \nabla\Delta\varphi^{jk}(t) = [\rho_2^k(t) - \rho_1^k(t) - \rho_2^j(t) + \rho_1^j(t)] - \lambda \, \nabla\Delta N^{kj} \quad (8\text{-}53)$$

式中,$\nabla\Delta\varphi^{jk}(t) = \Delta\varphi^k(t) - \Delta\varphi^j(t)$;$\nabla\Delta N^{kj} = \Delta N^k - \Delta N^j$。

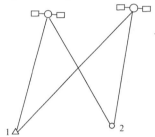

图 8-31 双差观测

可见,双差观测量方程中,消除了接收机钟差的影响。

当对 M 颗卫星进行 N 次单差观测,由于双差观测是两颗卫星的单差之差,则 M 颗卫星可组成 $(M-1)$ 次双差观测,因此,双差观测总观测方程为 $(M-1) \cdot N$ 个。双差观测只包含 $(M-1)$ 个整周未知参数,实际上是单差观测的整周未知参数之差,加上 3 个未知点坐标,共有 $(M+2)$ 个未知数。同理,当观测方程个数超过未知数个数时,按最小二乘法求解。

(3)三差观测量及其基线解。三差即在不同历元同步观测同一组卫星,对求得的双差再求差的结果。如果分别以 t_1 和 t_2 表示两个不同的历元,可得三差观测量方程为:

$$\lambda\delta \, \nabla\Delta\varphi^{jk}(t) = [\rho_2^k(t_2) - \rho_1^k(t_2) - \rho_2^j(t_2) + \rho_1^j(t_2)] -$$
$$[\rho_2^k(t_1) - \rho_1^k(t_1) - \rho_2^j(t_1) + \rho_1^j(t_1)] \quad (8\text{-}54)$$

式中，$\delta \nabla \Delta \varphi^{jk}(t) = \nabla \Delta \varphi^{jk}(t_2) - \nabla \Delta \varphi^{jk}(t_1)$。

可见，三差观测量方程中，整周未知参数的影响已被消除，只有未知点的坐标是未知数。

相对定位常用组合方法的异同

(1)单差基线解是利用原始观测量组成方程组，将未知点坐标、接收机钟差参数和其他参数一并求解，观测量间是独立的。

(2)双差基线解是对原始观测量先行消去接收机钟差参数再组成方程组，求解其他参数和未知点坐标，观测量间是相关的。

(3)三差基线解是在双差观测量的基础上，又消去了整周未知参数的影响后组成方程组，求解未知点坐标。显然，观测量间也是相关的。原则上讲，三种解法的原始观测量和待定参数相同，在本质上没有区别。由于双差法是利用差值组成观测量方程，能较好地削弱卫星对两测站的共同影响部分，所以人们更倾向于用双差求解。三差法观测组成观测量时较复杂，但观测量个数明显减少，不需要解整周未知参数，通常用于短时间观测的快速定位中。

三、GPS 控制网的分级与网形设计

(一)GPS 控制网分级

GPS 控制网按精度可以分为 AA、A、B、C、D、E 六级。精度指标通常以网中相邻点之间的弦长误差表示。其精度按下式计算：

$$\sigma = \sqrt{a^2 + (b \cdot D)^2} \tag{8-55}$$

式中　σ——GPS 网中相邻点间的距离中误差；

　　　a——固定误差(mm)；

　　　b——比例误差系数(1×10^{-6}，即 ppm)；

　　　D——相邻点间的距离(km)。

规范对于各等级的 GPS 网都有具体的规定，见表 8-16。

表 8-16   GPS 网的精度分级

级别	固定误差 a/mm	比例误差系数 b/ppm	相邻点间的平均距离 d/km
AA	≤3	≤0.01	1000
A	≤5	≤0.1	300
B	≤8	≤1	70
C	≤10	≤5	10～15
D	≤10	≤10	5～10
E	≤10	≤20	0.2～5

特别提示

GPS 网的精度设计

GPS 网的精度设计主要根据网的用途。对于较大的工程,可采用分级布设的方法,即先布设高等级的框架网,再布设全面。地形控制布设更高等级的控制网。地形测量通常布设 C 级和 C 级以下的控制网,只有在较大区域测图时,才布设更高等级的控制网。

(二)GPS 控制网布设形式

1. 同步图形扩展式

这是布设 GPS 网最常用的方式。将多台接收机安置在不同的测站上,观测一个同步时段后,把其中的几台接收机迁至另外几个测站上,和没有迁站的接收机一起再进行同步观测,周而复始,直至观测完网中所有点。每次观测都可得到一个同步图形,不同的同步图形间有若干个公共点相连,这种布网形式称为同步图形扩展式。同步图形扩展式作业方法简单,布网扩展速度快,图形精度高,因而在实践中得到了广泛应用。

特别提示

相斜两个图形间连接方式的选择

根据相邻两个图形间公共(相连)点的多少,同步图形扩展式又分为点连接、边连接和点边混合连接等。

点连接是相邻同步图形之间仅有一个公共点相连接。边连接是相邻同步图形之间由一条公共边相连。点边混合连接是根据测量的具体情况,将多种连接方式结合起来,灵活应用的作业方法。

2. 会战式

将多台 GPS 接收机集中在一段不太长的时间内共同作业,所有接收机在一批点上进行较长时间的同步观测。观测结束后,所有接收机迁移到下一批点上进行相同方式的观测,这就是所谓会战式布设 GPS 网。这种网的各条基线因观测时间长和时段多而具有较高的精度,一般用于构建 A、B 级的 GPS 网。

3. 跟踪站式

将数台接收机长期固定在测站上,进行常年不间断的观测,这种布网形式称为跟踪站式。其特点是观测时间长,数据量大,多余观测数多,精度高,这种形式主要用于构建国家框架网,对于普通形式的 GPS 网,一般不采用这种布网形式。

知识链接

GPS 控制网的布网与设计要求

(1)GPS 控制网应根据测区情况与交通情况设计,虽然 GPS 控制网不要求点间通视,但应当考虑常规测量方法的加密应用,每个点至少应当有一个通视方向。

(2)在布设城市 GPS 控制网时应顾及原有的控制测量成果和大比例尺地形图的沿用,宜采用原有的城市坐标系统。对于符合 GPS 网布设要求的旧控制点应尽量利用原有的标石。

(3)为求 GPS 在地面坐标系中的坐标,应在地面坐标系中选定起算数据和联测若干个原有地方控制点。联测地方控制点的点数一般不少于3个。联测点最好均匀分布在网的边缘。

(4)GPS网经三维平差后,得到的是相对于参考椭球面的大地高,为求得GPS控制点的正常高,应进行水准测量的高程联测。C级及C级以下控制网的高程联测应采用不低于四等水准或与其精度相当的方法进行。联测点数应符合相应的规范要求。

四、GPS测量的观测工作

(一)GPS测量的准备工作

1. 收集资料

根据测区范围和任务要求,收集有关国家三角网、导线网、水准路线和已有的国家各级GPS网资料,包括测区地形图、交通图、大地网图、已知点点之记、成果表、技术总结等。

2. 图上设计

根据控制点的密度要求,在图上选定GPS网的点位,点位要选在交通方便、便于观测的地点。点间不要求通视,但为了布设低等控制网时的联测,在地面点上应与1或2个点相互通视。

> 为了归算至国家坐标系,网中应有三个以上点与原有大地点重合,并有三个以上点用水准进行联测。

(二)选点与埋石

1. 选点

选点员根据设计图到实地踏勘,最后选定点位。点位基础应坚实稳定,既易于长期保存,又有利于观测作业。点位应位于视野开阔、卫星高度角大于15°、附近无大功率无线电发射源且交通便利的地方。

2. 埋石

各级GPS点按规定埋设中心标石,测图点、临时性控制点可以使用木桩等临时标记。点位确定之后应绘点之记。

(三)观测实施

地形控制网采用载波相位法观测,同步观测接收机数应多于 2 台。观测前根据测区位置编制出 GPS 卫星可见性预报表,其中包括可见卫星号、卫星高度和方位角、最佳观测星组、点位几何图形强度因子等内容。

(1)规定时间同步观测同一组卫星。

(2)观测期间,操作员注意查看并记录仪器工作状态、测站信息、接收卫星数量、卫星号、各通道信噪比、相位测量残差、实时定位的结果及其变化和存储情况等。

(3)观测前后应各量取天线高一次,每两次量取的天线高互差应小于 3mm,取中数作为天线高。

(4)观测资料齐全,包括观测的相关记录和测量手簿。

> **特别提示**
>
> **观测实施操作注意事项**
>
> (1)GPS 接收机在观测前应进行预热和静置。
>
> (2)一般情况下尽量利用脚架安置天线,天线中心要与标志中心在同一垂线方向上,偏离值不得超过 2mm。天线中心距地面高度不得小于 1.2m。
>
> (3)检查测站上电源电缆和天线等各项连接是否正确。

思考与练习

一、单项选择题

1. 一条导线从一已知控制点和已知方向出发,经过若干点,最后测到另一已知控制点和已知方向上,该导线称为(　　)。

    A. 支导线　　　B. 复测导线　　　C. 附合导线　　　D. 闭合导线

2. 一条导线从一已知控制点和已知方向出发,观测若干点,不回到起始点,也不测到另一已知控制点和已知方向上,该导线称为(　　)。

A. 附合导线   B. 环形导线   C. 闭合导线   D. 支导线

二、多项选择题

1. 在小地区测量工作中,控制测量包括(   )。

   A. 平面控制测量   B. 角度控制测量

   C. 高程控制测量   D. 距离控制测量

   E. 交会控制测量

2. 建立小区平面控制,一般采用的方法有(   )。

   A. 三角测量   B. 导线测量   C. 交会测量   D. 水准测量

   E. 平面测量

3. 在一般工程测量中,根据测区的不同情况和要求,导线通常布

   设成(   )。

   A. 闭合导线   B. 图根导线   C. 附合导线   D. 支导线

   E. 复测导线

4. 导线测量的外业工作包括踏勘选点、埋设标志、(   )等工作。

   A. 角度测量   B. 边长测量   C. 方位测量   D. 坐标测量

   E. 距离测量

三、简答题

1. 什么是平面控制测量? 建立平面控制网的方法有哪些?

2. 如何进行平面控制网坐标系统的选择?

3. 导线测量控制网的布设形式主要有哪几种?

4. 选定导线定位应注意哪些问题?

5. 导线测量的外业工作主要包括哪些?

6. 简述导线测量计算的准备工作。

7. 如何确定大气折光系数 K?

8. 什么是 GPS 绝对定位? 什么是 GPS 相对定位?

9. 简述 GPS 伪距定位原理。

10. GPS 控制网的布设形式主要有哪几种?

11. 简述 GPS 测量的准备工作。

第九章　全站仪测量

第一节　角度测量

角度测量是全站仪最基本的测量模式,角度测量是测定测站点至两个目标点之间的水平夹角,与此同时还测定相应目标的天顶距。

一、观测参数设置

角度测量的主要误差是仪器的三轴误差(视准轴、水平轴、垂直轴),对观测数据的改正可按设置由仪器自动完成。

知识链接

仪器三项误差改正

(1)视准轴改正。仪器的视准轴和水平轴误差采用正、倒镜观测可以消除,也可由仪器检验后通过内置程序计算改正数自动加入改正。

(2)双轴倾斜补偿改正。仪器垂直轴倾斜误差对测量角度的影响可由仪器补偿器检测后通过内置程序计算改正数自动加入改正。

(3)曲率与折射改正。地球曲率与大气折射改正,可设置改正系数,通过内置程序计算改正数自动加入改正。

二、水平角(右角/左角)的切换

将仪器调为角度测量模式,如图 9-1 所示操作进行水平角(右角/左角)的切换。

操作过程	操作	显示
①按[F4](↓)键两次转到第3页功能	[F4] 两次	V: 90°10′20″ HR: 120°30′40″ 置零　锁定　置盘　P1↓ - - - - - - - - - - - - - - - - 倾斜　复测　V%　P2↓ - - - - - - - - - - - - - - - - H-蜂鸣　R/L　竖角　P3↓
②按[F2](R/L)键，右角模式 HR切换到左角模式HL	[F2]	V: 90°10′20″ HR: 230°29′20″
③以左角HL模式进行测量		H-蜂鸣　R/L　竖角　P3↓

图 9-1　水平角(右角/左角)的切换

三、水平角(右角)和垂直角测量

将仪器调为角度测量模式，如图 9-2 所示操作进行。

操作过程	操作	显示
①照准第一个目标A	照准A	V: 90°10′20″ HR: 120°30′40″ 置零　锁定　置盘　P1↓
②设置目标A水平角为0°00′00″ 按[F1](置零)键和(是)键	[F1]	水平角置零 >OK? ---　---　[是]　[否]
	[F3]	V: 90°10′20″ HR: 0°00′00″ 置零　锁定　置盘　P1↓
③照准第二个目标B，显示目标 B的V/H	照准目标B	V: 96°48′24″ HR: 153°29′21″ 置零　锁定　置盘　P1↓

图 9-2　水平角(右角)和垂直角测量

第二节 距离测量

距离测量必须选用与全站仪配套的合作目标,即反光棱镜。由于电子测距为仪器中心到棱镜中心的倾斜距离,因此仪器站和棱镜站均需要精确对中、整平。在作距离测量之前通常需要确认大气改正的设置和棱镜常数设置,只有合理设置仪器参数,才能得到高精度的观测成果。

一、设置仪器参数

拓普康的棱镜常数为0,若使用其他厂家的棱镜,则须设置相应的棱镜常数。一旦设置了棱镜常数,关机后该常数仍被保存。操作过程见表9-1。

表9-1   设置棱镜常数操作过程

操作过程	按键	显　　　示
1. 在距离测量或坐标测量模式下,按[F3](S/A)键	[F3]	SET AUDIO MODE PRISM:0mm PPM:0 SIGNAL:「||||」 PRISM PPM T-P…
2. 按[F1](PRISM)键	[F1]	PRISM CONST. SET PRISM:0mm INPUT… …ENTER
3. 按[F1](INPUT)键,输入棱镜常数	[F1]	RISM CONST. SET PRISM:−30mm 1234 5678 9.0-[ENT]

续表

操作过程	按键	显　　示
4. 按［ENT］键，返回到声音设置模式	［F4］	SET AUDIO MODE PRISM：−30mm PPM：0 SIGNAL：「||||」 PRISM PPM T-P…

二、设置大气改正

光在大气中的传播速度，随大气的温度和气压而变化。仪器一旦设置大气改正值，即可自动对结果进行大气改正。大气改正值在关机后仍保留在仪器内存里。

大气改正值是由大气温度、大气压力、海拔高度、空气湿度推算出来的。

全站仪直接输入大气改正值的主要步骤

(1)在全站仪功能菜单界面中单击"测量设置"。

(2)在全站仪系统设置菜单栏中单击"气象参数"。

(3)清除掉已有的 PPM 值，输新值。

(4)单击"保存"。

三、距离测量模式

全站仪进行距离测量时，主要有连续测量模式、精测模式、粗测模式和跟踪模式四种模式。

四、距离测量的过程

距离测量过程如图 9-3 所示。

操 作 过 程	操 作	显 示
1.照准棱镜中心	照准	V : 90°10′20″ HR : 120°30′40″ 置零 锁定 置盘 P1↓
2.按距离测量键[◢]，距离 测量开始	◢	HR : 120°30′40″ HD*[r] <<m VD : m 测量 模式 S/A P1↓
3.显示测量的距离		HR : 120°30′40″ HD* 123.456m VD : 5.678m 测量 模式 S/A P1↓
4.再次按[◢]键，显示变为水平角 （HR）、垂直角（V）和斜距（SD）	◢	V : 90°10′20″ HR : 120°30′40″ SD : 131.678m 测量 模式 S/A P1↓

图 9-3　距离测量过程

第三节　坐标与放样测量

一、坐标测量

（一）测站点坐标的设置

设置仪器（测站点）相对于测量坐标原点的坐标，仪器可自动转换和显示未知点（棱镜点）在该坐标系中的坐标，分别如图 9-4 所示，见表 9-2。

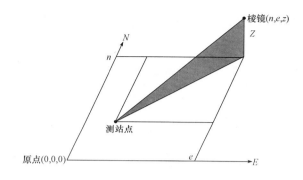

图 9-4 测站点坐标设置

表 9-2 测站点坐标的设置

操作过程	操作及按键	显　示
①在坐标测量模式下,按[F4] (↓)键进入第 2 页功能	[F4]	N:　　　　　　　123.456m E:　　　　　　　34.567m Z:　　　　　　　78.912m 测量　　模式　　S/A　　P1↓ - 镜高　　仪高　　测站　　P2↓
②按[F3](测站)键	[F3]	N→:　　　　　　　0.000m E:　　　　　　　0.000m Z:　　　　　　　0.000m 输入　　…　　…　　回车 - 1234　　5678　　90. -[ENT]
③输入 N 坐标	[F1] 输入数据 [F4]	N　　　　　　　51.456m E→　　　　　　　0.000m Z:　　　　　　　0.000m 输入　　…　　…　　回车
④按同样方法输入 E 和 Z 坐 标。输入数据后,显示屏返回坐 标测量模式		N:　　　　　　　51.456m E:　　　　　　　34.567m Z:　　　　　　　78.912m 测量　　模式　　S/A　　P1↓

(二)仪器高的设置

仪器高的设置见表9-3。

表 9-3　　　　　　　　　　　仪器高的设置

操作过程	操作及按键	显　　　示
①在坐标测量模式下,按[F4]（↓）键,进入第2页功能	[F4]	N:　　　　　　　123.456m E:　　　　　　　34.567m Z:　　　　　　　78.912m 测量　　模式　　S/A　　P1↓ ---------------------------- 镜高　　仪高　　测站　　P2↓
②按[F2]（仪高）键,显示当前值	[F2]	仪器高 输入 仪高:　　　　　　0.000m 输入　　…　　…　　回车 ---------------------------- 1234　　5678　　90.-[ENT]
③输入棱镜高	[F1] 输入仪器高 [F4]	N:　　　　　　　123.456m E:　　　　　　　34.567m Z:　　　　　　　78.912m 测量　　模式　　S/A　　P1↓

(三)坐标测量的基本过程

通过输入仪器高和棱镜高后进行坐标测量时,可直接测定未知点的坐标。具体操作见表9-4。

表 9-4 坐标测量过程

操作过程	操作及按键	显　　示
①设置已知点 A 的方向角	设置方向角	V:　　　　　　90°10′20″ HR:　　　　　120°30′40″ 置零　　锁定　　置盘　P1↓
②照准目标 B	照准目标	N ∗ [r]:　　　　　　　　m E:　　　　　　　　　　m Z:　　　　　　　　　　m 测量　　模式　　S/A　P1↓
③按 ↙ 键,开始测量显示结果	↙	N:　　　　　　123.456m E:　　　　　　34.567m Z:　　　　　　78.912m 测量　　模式　　S/A　P1↓

二、放样测量

放样是全站仪的一项最常用的功能,它的目的是将设计的点位落实到地面的具体位置上。全站仪放样有两种方式:极坐标放样和坐标放样。极坐标放样是测距测角的逆过程,需要通过其他计算工具计算出待放样点的转角(方位角)和边长。而坐标放样是直接根据设计的坐标来放样待测点的位置,坐标放样之前同样需要设置测站和定向。

放样测量功能可显示测量的距离与预置距离之差,测量距离—放样距离＝显示值,利用该功能,可进行各种距离测量模式如斜距、平距或高差的放样。具体操作见表 9-5。

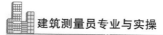

表 9-5 放样测量过程

操作过程	操作及按键	显　示
①在距离测量模式下按[F4]（↓）键，进入第 2 页功能	[F4]	HR：　　　　　120°30′40″ HD＊　　　　　123.456m VD：　　　　　5.678m 测量　模式　S/A　P1↓ - - - - - - - - - - - - - - - - - 偏心　放样　m/f/i　P2↓
②按[F2]（放样）键，显示出上次设置的数据	[F2]	放样 HD：　　　　　0.000m 平距　高差　斜距 ……
③通过按[F1]～[F3]键选择测量模式。例：水平距离	[F1]	放样 HD：　　　　　0.000m 输入　…　…　回车 ———————— 1234　5678　90—[ENT]
④输入放样距离	[F1] 输入数据 [F4]	放样 HD：　　　　　100.000m 输入　…　…　回车
⑤照准目标（棱镜），测量开始，显示出测量距离与放样距离之差	照准 P	HR：　　　　　120°30′40″ dHD＊[r]：　　　　　m VD：　　　　　m 测量　模式　S/A　P1
⑥移动目标棱镜，直至距离差等于 0m 为止		HR：　　　　　120°30′40″ dHD＊[r]：　　　　　23.456m VD：　　　　　5.678m 测量　模式　S/A　P1↓

全站仪的操作注意事项

全站仪操作时的注意事项主要包括以下几个方面：

(1)使用前应结合仪器,仔细阅读使用说明书。熟悉仪器各功能和实际操作方法。

(2)望远镜的物镜不能直接对准太阳,以避免损坏测距部的发光二极管。

(3)在阳光下作业时,必须打伞,防止阳光直射仪器。

(4)迁站时即使距离很近,也应取下仪器装箱后方可移动。

(5)仪器安置在三脚架上之前,应旋紧三脚架的三个伸缩螺旋。仪器安置在三脚架上时,应旋紧中心连接螺旋。

(6)运输过程中必须注意防震。

(7)仪器和棱镜在温度的突变中会降低测程,影响测量精度。要使仪器和棱镜逐渐适应周围温度后方可使用。

(8)作业前检查电压是否满足工作要求。

思考与练习

1. 全站仪有哪些常见的测量功能？

2. 如何用全站仪进行距离测量？

3. 采用全站仪正式测量前,应做好哪些准备工作？

4. 简述全站仪仪器的三项误差改正。

5. 试述全站仪直接输入大气改正值的主要步骤。

6. 全站仪在使用时应注意哪些事项？

7. 试述全站仪距离测量的基本过程。

第十章　大比例尺地形图测绘

第一节　地形图测绘

控制测量工作结束后,应根据图根控制点,测定地物和地貌的特征点平面位置和高程,并按规定的比例尺和地物地貌符号缩绘成地形图。

地球表面形状复杂,地势形态各异,总的来说可分为地物和地貌两大类。地物是指地球表面上轮廓明显,具有固定性的物体,如道路、房屋、江河、湖泊等。地貌是指地球表面高低起伏的形态,如高山、丘陵、平原、洼地等。地物和地貌统称为地形。

地形图就是将地面上一系列地物和地貌特征点的位置,通过综合取舍,垂直投影到水平面上,按一定比例缩小,并使用统一规定的符号绘制成的图纸。地形图不但表示地物的平面位置,还用特定符号和高程注记表示地貌情况。地形图能客观形象地反映地面的实际情况,可在图上量取数据,获取资料,方便设计和应用。

一、地形图的比例尺

1. 地形图比例尺的种类

地形图上某一线段的长度与实地相应线段的长度之比,称为地形图的比例尺。可分为数字比例尺和图式比例尺两种。

(1)数字比例尺。数字比例尺是指以分子为1分母为整数的分数式表示的比例尺,一般注记在地形图下方中间部位。通常用分子为1

的分数式 $1/M$ 来表示，其中"M"称为比例尺分母。设图上某一直线的长度为 d，地面上相应线段的水平长度为 D，则图的比例尺为：

$$\frac{d}{D} = \frac{1}{D/d} = \frac{1}{M}$$

比例尺的大小是以比例尺的比值来衡量的，分数值越大（分母 M 越小），比例尺越大，图上所表示的地物、地貌越详尽；相反，分数值越小（分母 M 越大），比例尺越小，图上所表示的地物、地貌越粗略。

> 图解比例尺的优点在于从图上直接量算地面长度，或将地面上长度转绘到图上只需要在图上直接量测，不需要计算，并且受纸张变形及复印变形的影响相对较小。

（2）图式比例尺。图式比例尺常绘制在地形图的下方，用以直接量度图内直线的水平距。根据量测精度又可分为直线比例尺和复式比例尺，如图 10-1 所示。

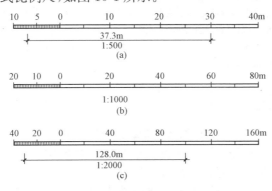

图 10-1　图式比例尺

2. 地形图比例尺的精度

一般认为，人们用肉眼能分辨的图上最小距离是 0.1mm。所以，地形图上 0.1mm 所代表的实地水平距离，称为比例尺精度。即：比例尺精度＝0.1mm×比例尺分母。比例尺大小不同其比例尺精度也不同，见表 10-1。可以看出，比例尺越大，其比例尺精度越小，地形图的精度就越高。地形图测图的比例尺，可根据工程的设计阶段、规模大小和管理的需要,按表 10-2 选用。

表 10-1　　　　　　　　　大比例尺地形图的比例尺精度

比例尺	1∶500	1∶1000	1∶2000	1∶5000
比例尺精度	0.05	0.10	0.20	0.50

表 10-2　　　　　　　　　　测图比例尺的选用

比例尺	用　　　途
1∶5000	可行性研究、总体规划、厂址选择、初步设计等
1∶2000	可行性研究、初步设计、矿山总图管理、城镇详细规划等
1∶1000	初步设计、施工图设计;城镇、工矿总图管理;竣工验收等
1∶500	

注:1. 对于精度要求较低的专用地形图,可按小一级比例尺地形图的规定进行测绘或利用小一级比例尺地形图放大成图。

2. 对于局部施测大于 1∶500 比例尺的地形图,除另有要求外,可按 1∶500 地形图测量的要求执行。

知识链接

地形图比例精度与测量的关系

(1)可根据地形图比例尺确定实测精度。如在 1∶1000 地形图上绘制地物时,其量距精度能达到 1～10cm 即可。

(2)可根据用图需表示地物、地貌的详细程度,确定所选用地形图的比例尺。如果要求能反映出量距精度为 ±20cm 的图,则应选 1∶2000 的地形图。

二、地形图的符号和图例

(一)地形图的分幅与编号

为了方便测绘、管理和使用地形图,需要将各种比例尺的地形图进行统一的分幅与编号,并注在地形图上方的中间部位,这种在地球表面进行的分块称为地形图的分幅,给每幅地形图一个代号,称为地形图的编号。

地形图的分幅可分为两大类:一是按经纬度进行的分幅,称为梯形分幅法,一般用于国家基本比例尺系列的地形图;二是按平面直角坐标进行的分幅,称为矩形分幅法,一般用于大比例尺地形图。

1. 梯形分幅与编号

(1)分幅与编号的方法。我国基本比例尺地形图包括 1:1000000,1:500000,1:250000,1:100000,1:50000,1:25000,1:10000 和1:5000。梯形分幅统一按经纬度划分,但使用的基本图幅编号方法却有两种,一种是传统的编号方法,另一种是有利于计算机管理的新编号方法。

分幅与编号的基本原则

1)由于分带投影后,每带为一个坐标系,因此地形图的分幅必须以投影带为基础,按经纬度划分,并且尽量用"整度、整分"的经差和纬差来划分。

2)为便于测图和用图,地形图的幅面大小要适宜,且不同比例尺的地形图幅面大小要基本一致。

3)为便于地图编绘,小比例尺的地形图应包含整幅的较大比例尺图幅。

4)图幅编号要能反映不同比例尺之间的联系,以便进行图幅编号与地理坐标之间的换算。

(2)传统的分幅与编号。基本比例尺地形图的分幅都是以1:1000000分幅为基础来划分的。

1)1:1000000 地形图的分幅与编号。1:1000000 比例尺地形图的分幅与编号采用"国际分幅编号"。将整个地球从经度180°起,自西向东按 6°经差分成 60 个纵列,自西向东依次用数字 1,2,…,60 编列数;从赤道起分别由南向北、由北向南,在纬度 0°～88°的范围内,按 4° 纬差分成 22 个横行,依次用大写字母 A,B,C,…,V 表示,如图 10-2 所示为 1∶1000000 地形图的分幅与编号及我国区域 1∶1000000 图幅。1∶1000000 比例尺地形图的编号以"横行—纵列"的形式来表示。例如郑州所在国际百万分之一地形图的编号为 1—49。

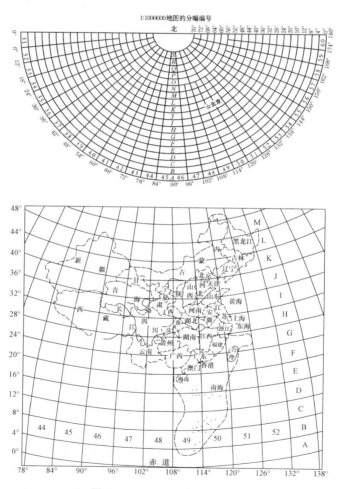

图 10-2　1∶1000000 分幅与编号

┌───┐
特别提示

纵列号与6°带带号之间的关系

纵列号与6°带带号之间有下列关系式:纵列号＝带号±30。当图幅在东半球时取"＋"号,在西半球时取"－"号。由于我国位于东半球,故纵号与带号的关系式为:纵列＝带号＋30。
└───┘

其他比例尺分幅和1:1000000地形图的关系,见表10-3。

表 10-3　　　　　　　国家基本比例尺分幅对应关系表

比例尺		1:1000000	1:500000	1:250000	1:100000	1:50000	1:25000	1:10000	1:5000
图幅	经差	6°	3°	1°30′	30′	15′	7′30″	3′45″	1′52.5″
	纬差	4°	2°	1°	20′	10′	5′	2′30″	1′15″
行列数量关系	行数	1	2	4	12	24	48	96	192
	列数	1	2	4	12	24	48	96	192
图幅数量关系		1	4	16	144	576	2304	9216	36864
			1	4	36	144	576	2304	9216
				1	9	36	144	576	2304
					1	4	16	64	256
						1	4	16	64
							1	4	16
								1	4

2)1:500000、1:250000、1:100000地形图的分幅与编号。如图10-3所示,1:500000、1:250000、1:100000地形图的分幅和编号都是在1:1000000地形图的分幅编号基础上进行的。

3)1:50000、1:25000地形图的分幅与编号。将一幅1:100000地形图,按经差15′、纬差10′等分成(2行×2列)4幅,每幅为1:50000的地形图,分别以代码A、B、C、D表示。

再将一幅1:50000地形图,按经差7′30″、纬差5′等分成(2行×2列)4幅,每幅为1:25000的地形图,分别以代字1、2、3、4表示。

40°

1	3	5	7	9	11	
[1]	[2] 18	[3]	[4]			
25	A	29	31	B	35	
38	42	48				
49 [5]	[6]	[7]	[8]			
62	64	66	68	70	72	
73	75	77	79	81	83	
[9]	[10] 90	[11]	[12] 96			
97	C	101	103	D	107	
110	114	116	120			
[13]	[14]	[15]	[16]			
134	136	138	140	142	144	

36°

114°   120°

图 10-3　1：500000、1：250000、1：100000 地形图分幅编号

地形图编号规定

　　1：50000、1：25000 地形图的编号是在前一级图幅编号上加上本幅代字,如某地 1：50000、1：25000 地形图的编号分别为 I－49－48－C,I－49－48－C－4。

　　4)1：10000、1：5000 地形图的分幅与编号。1：10000 地形图是在 1：100000 地形图的基础上进行分幅和编号的。将一幅 1：100000 地形图按经差 3′45″、纬差 2′30″等分成(8 行×8 列)64 幅,每幅为 1：10000 地形图,分别以代字(1),(2),(3),…,(64)表示。1：10000 地形图的编号是在 1：100000 地形图的编号上加上本幅代码,如 I－49－48－(64)。

　　(3)新的梯形分幅与编号。新的地形图图幅分幅方法仍以 1：1000000 图幅为基础划分,各种比例尺图幅的经差和纬差也不变,其编号是在 1：100 图幅编号的基础上接该地形图比例尺代码和该图幅在 1：1000000 地形图上的行、列,比例尺代码见表 10-4。除 1：1000000 外,其他比例尺地形图的图幅编号均由 10 位字母数字串组成的代码构成,见表 10-5。

表 10-4　　　　　　　　　　　地形图比例尺代码

比例尺	1：500000	1：250000	1：100000	1：50000	1：25000	1：10000	1：5000
代　码	B	C	D	E	F	G	H

表 10-5　　　　　　　　　　　新的图幅编号写法

行号	列号	比例尺代码	横	行	号	纵	列	号

　　(4)各种比例尺地形图新旧图幅编号对照。各种比例尺地形图的经差、纬差，及原图幅编号、新图幅编号示例见表 10-6。

表 10-6　　　　　　　各种比例尺地形图的图幅大小及编号

比例尺	经差	纬差	原图幅编号	新图幅编号
1：1000000	6°	4°	I—49	I49
1：500000	3°	2°	I—49—B	I49B001002
1：250000	1.5°	1°	I—49—[8]	I49C002004
1：100000	30′	20′	I—49—48	I49D004012
1：50000	15′	10′	I—49—48—C	I49E008023
1：25000	7′30″	5′	I—49—48—C—4	I49F016046
1：10000	3′45″	2′30″	I—49—48—(64)	I49G032096
1：5000	1′52.5″	1′45″	I—49—48—(64)—d	I49H064192

　　(5)接图表。接图表俗称"九空格"，也叫图幅接合表，用于表示某图幅与其相邻图幅的邻接关系，如图幅 I—49—1—A 的相邻图幅见表 10-7。

表 10-7　　　　　　　　　　　接图表

J—48—144—D	J—49—133—C	I—49—133—D
I—48—1—B	I—49—1—A	I—49—1—B
I—48—1—D	I—49—1—C	I—49—1—D

2. 矩形和正方形分幅与编号

矩形和正方形分幅是按平面直角坐标来划分的,编号则用图幅的图廓西南角坐标以 km 为单位表示。

(1)矩形分幅与编号。矩形分幅也是按平面直角坐标划分,通常采用 40cm×40cm、40cm×50cm、50cm×50cm 成图规格,图幅的面积及尺寸见表 10-8。

表 10-8　　　　　地形图矩形分幅的图幅边长及面积

比例尺	1∶500	1∶1000	1∶2000	1∶5000
图幅标准	50cm×50cm	50cm×50cm	50cm×50cm	40cm×40cm
图幅实地边长	250m×250m	500m×500m	1000m×1000m	2000m×2000m
实地面积	$0.0625km^2$	$0.25km^2$	$1.0km^2$	$2.0km^2$
1∶5000 图幅内的分幅数	64	16	4	1
1∶2000 图幅内的分幅数	16	4	1	
1∶1000 图幅内的分幅数	4	1		

矩形分幅通常在南北方向为 40cm,东西方向为 50cm。常用的编号方法有以下两种:

1)以图幅西南角坐标值千米数为编号。

2)以图幅西南角坐标值 x、y 分别除以 x、y 方向的图廓线实际长度,以其商为图幅编号。

(2)其他编号法。大比例尺地形图也可采用工程代号和数字相结合的办法,如"二〇七—8—5"表示本图幅为二〇七工程第八场区的第五幅图;又如"四三七三—2"表示本图幅为"四三七三"工程的第二幅图。

2. 正方形分幅与编号

正方形分幅通常采用 50cm×50cm 的成图规格,由于这种分幅方法的尺寸不论在何处都是一样的,因此,其面积是一定的,见表 10-9。

表 10-9　　　　　　　地形图正方形分幅的图幅边长及面积

比例尺	1：500	1：1000	1：2000
图幅实地边长	250m	500m	1000m
实地面积	0.0625km²	0.25km²	1.0km²

图幅编号的方法，通常采用图幅西南角坐标千米数为编号，x 坐标在前，y 坐标在后，中间用短横线连接，如 35.0—46.0。根据图幅的边长，1：500 比例尺图幅的坐标值取至 0.01km，1：1000 及 1：2000 则取至 0.1km。

比例尺图幅尺寸及编号规定

正方形分幅通常是取测区适当位置的整数坐标作为某矩形图幅的原点，一般该图幅的编号为整数值，其余各图幅的坐标必将是图幅尺寸的整数倍与原点坐标的和或差。例如，某 1：500 比例尺图幅的编号为 93.75—89.25，则该图幅所在的 1：1000 及 1：2000 比例尺图幅编号分别为 93.5—89.0 和 93.0—89.0。

(二)地形图符号

地形图图式中的符号有地物符号、地貌符号、注记符号三种。它们是测图和用图的重要依据。

1. 地物符号

地形图上用来表示地物的符号，称为地物符号。按照地物在地形图上的特征和大小不同，地物符号可分为以下几种：

(1)比例符号。将地物按照地形图比例尺缩绘到图上的符号，称为比例符号。

(2)半比例符号。对于地面上的某些线状地物，如围墙、栅栏、小路、电力线、管线等，其长度比例符号的中心线就是实际地物中心线。

(3)非比例符号。有些重要地物，因为其尺寸较小，无法按照地形图比例尺缩小并表示到地等。显然，非比例符号只能表示地物的实地位置，而不能反映出地物的形状与大小。

特别提示

注记的作用

注记应指示明确，与被注记物体的位置关系密切；避免遮盖重要地物。例如，铁路、公路、河流及有方位意义的物体轮廓，居民地的出入口，道路、河流的交叉或转弯点，以及独立符号和特殊地貌符号等。

3. 标记符号标题

表 10-10 是地形图图示中的一些常用符号。

表 10-10　　　　　　　　　地形图图示中的一些常用符号

符号名称		1：500　1：1000　1：2000
比例尺		0.5·|63.2　▲75.4
山洞	依比例尺的	⌒
	不依比例尺的	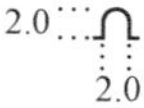 2.0·⌒ 2.0
地类界		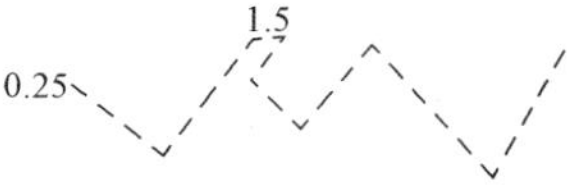 0.25 ∿ 1.5
独立树	阔叶	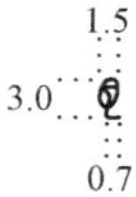 3.0·○ 1.5 0.7
	针叶	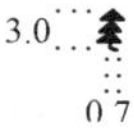 3.0·♠ 0.7
行树		⊥ 10.0 ⊥　　1.0 ○　　○　　　○　　　○
耕地	水稻田	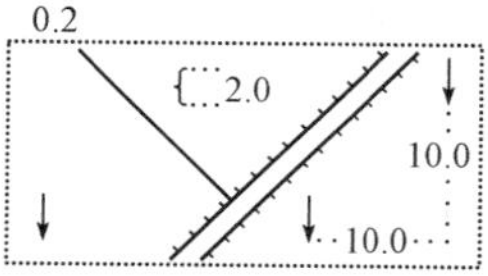 0.2 { 2.0 10.0 10.0

续一

符号名称		1∶500 1∶1000 1∶2000
耕地	旱地	
	菜地	
三角点	凤凰山—点名 394.468—高程	
小三角点	横 山—点名 95.93—高程	
图根点	埋石的 N16——点号 84.46——高程	
	不埋石的 25——点号 62.74——高程	
水准点	Ⅱ京石5—点名 32.804—高程	
台阶		
温室、菜窖、花房		
纪念像、纪念碑		

符号名称		1∶500　1∶1000　1∶2000	
烟囱		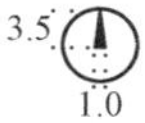 3.5 ⊕ 1.0	
电力线	高压	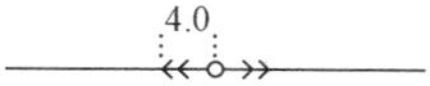 4.0 ←←○→→	
	低压	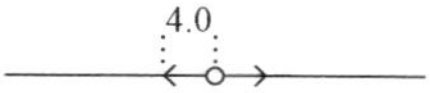 4.0 ←○→	
消火栓		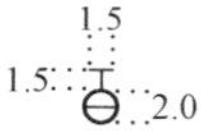 1.5 1.5∶⊖ 2.0	
管线——地下检修井	上水	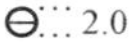 ⊖∶2.0	
	下水	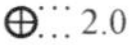 ⊕∶2.0	
	不明用途	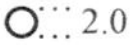 ○∶2.0	
围墙	砖、石及混凝土墙	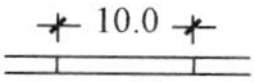 ✚ 10.0 ✚	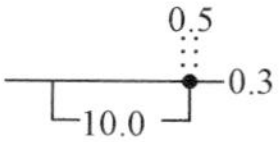 0.5 ●—0.3 └10.0
	土墙	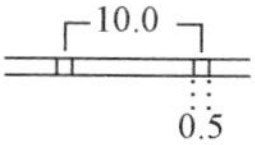 ┌10.0 └0.5	
栅栏、栏杆		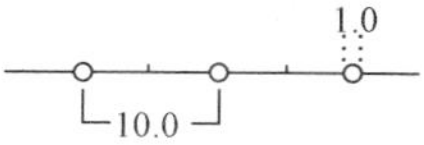 1.0 ○—○—○ └10.0	
铁路		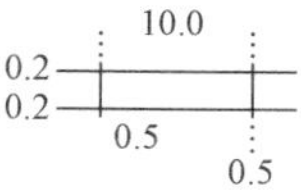 10.0 0.2 0.2 0.5　0.5	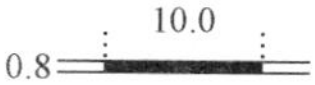 10.0 0.8

2. 地貌符号

地貌是指地球表面高低起伏的形态,包括高山、丘陵、平原、洼地等。地形图上用来表示地面高低起伏形状的符号,称为地貌符号。在地形图上通常用等高线表示地貌。用等高线表示地貌不仅能表示地面的起伏状态,还能表示出地面的坡度和地面点的高程。

(1)等高线的概念。等高线是地面上高程相等的各相邻点连成的闭合曲线。如图 10-4 所示,有一高地被 H_1、H_2 和 H_3 所截,因此各水平面与高地的相应的截线,就是等高线。

(2)等高线的分类。

1)基本等高线:基本等高线是按基本等高距测绘的等高线(称首曲线),通常在地形图中用细实线描绘。

2)加粗等高线:为了计算高程方便起见,每隔 4 条首曲线(每 5 倍基本等高距)加粗描绘一条等高线,叫作加粗等高线,又称计曲线。

3)半距等高线:当首曲线不足以显示局部地貌特征时,可以按 1/2 基

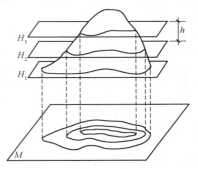

图 10-4 等高线示意图

本等高距描绘等高线,叫作半距等高线,又称间曲线。以长虚线表示,描绘时可不闭合。

4)辅助等高线:当首曲线和间曲线仍不足以显示局部地貌特征时,还可以按 1/4 基本等高距描绘等高线,叫作辅助等高线,又称助曲线。常用短虚线表示,描绘时也可不闭合。

知识链接

等高距的确定

等高距以 h 来表示,等高距的大小是根据地形图的比例尺、地面坡度及用图目的而选定的。等高线的高程必须是所采用的等高距的整数倍,如果某幅图采用的等高距为 3m,则该幅图的高程必定是 3m 的整数倍,如 30m、60m,而不能是 31m、61m 或 66.5m 等。等高距越大,表示地貌越不详尽,等高距越小,表示地貌越详尽。地形图的基本等高距应符合表 10-11 的规定。

表 10-11	地形图的基本等高距			m
基 本 等 高 距　　比例尺　　　地形类别	比例尺			
	1：500	1：1000	1：2000	1：5000
平坦地	0.5	0.5	1	2
丘陵地	0.5	1	2	5
山地	1	1	2	5
高山地	1	2	2	5

注：1. 一个测区同一比例尺，宜采用一种基本等高距。
　　2. 水域测图的基本等深距，可按水底地形倾角所比照地形类别和测图比例尺选择。

典型的等高线地面上地貌的形态是各种各样的，但主要是由山丘、盆地、山脊、山谷、鞍部等几种典型地貌组成。

（1）山头与洼地。山头是指凸出而高于四周的高地，大的称为山岭，小的称为山丘，最高部分称为山顶，山头和洼地的等高线都是一组闭合的曲线组成的，地形图上区分它们的方法是：内圈等高线比外圈等高线所注高程小时，表示洼地，如图 10-5 所示。另外，还可使用示坡线表示，示坡线是指示地面斜坡下降方向的短线，一端与等高线连接并垂直于等高线，表示此端地形高，不与等高线连接端地形低。

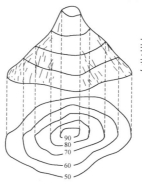
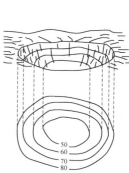

图 10-5　山顶等高线及示坡线示意图

(2)山脊和山谷。山顶向山脚延伸的凸起部分,称为山脊。山脊的等高线是一组凸向低处的曲线,山脊最高点的连线称为山脊线或分水线。两山脊之间向一个方向延伸的低凹部分叫山谷。山谷的等高线是一组凸向高处的曲线,山谷内最低点的连线称为山谷线或分水线,如图 10-6 所示。

> 山脊线和山谷线统称为地性线,不论是山脊线还是山谷线,它们都要与等高线垂直相交。

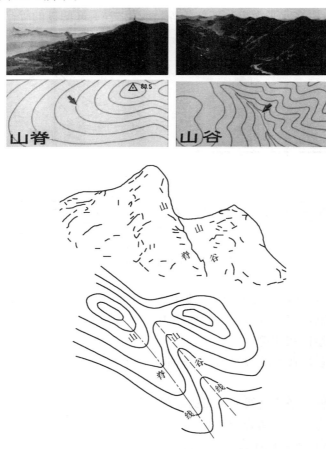

图 10-6　山脊和山谷等高线示意图

（3）鞍部。鞍部是相邻两个山头之间的低地，形似马鞍，由此称为鞍部。鞍部又是两条山脊和两条山谷的会合处。鞍部等高线的特点是在一组大的封闭曲线内套有两组小的闭合曲线，如图 10-7 所示。

（4）陡峭与悬崖。陡峭是山区的坡度极陡处，若用等高线表示非常密集，因此采用峭壁符号来代表这一部分等高线。垂直的陡坡叫断崖，这部分等高线几乎重合在一起，所以在地形图上通常用锯齿形的符号表示。山头上部向外凸出，腰部洼进的陡坡称为悬崖，它上部的等高线投影在水平面上与下部的等高线相交，下部凹进的等高线用虚线来表示，如图 10-8 所示。

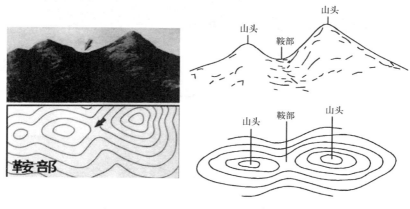

图 10-7　鞍部等高线示意图

（5）其他特殊地貌。特殊地貌通常不能用等高线表示，图式中规定有相应的符号，其表示图例如图 10-9 所示。测绘时，应测出分布特征，然后绘以相应符号。

由基本地貌的等高线和等高线的定义，可得出等高线有如下特性：

（1）同一条等高线上各点的高程相等。

（2）等高线为闭合曲线，不能中断，若不在本幅图内闭合，则必在相邻的其他图幅内闭合。

（3）等高线只有在悬崖、绝壁处才能重合或相交。

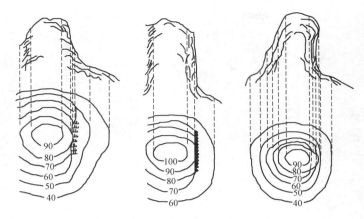

图 10-8　峭壁、断崖、悬崖等高线示意图

（4）等高线与山脊线、山谷线正交。

（5）在同一幅图内，等高线平距的大小与地面坡度成反比。平距大，地面坡度缓；平距小，则地面坡度陡；平距相等，则坡度相同。倾斜地面上的等高线是间距相等的平行直线。

地物注记就是用文字、数字或特定的符号对地形图上的地物作补充和说明，如图上注明的地名、控制点名称、高程、房屋层数、河流名称、深度、流向等。

三、测图前的准备工作

测图前，除了做好仪器的准备工作外，还应做好测图板的准备工作，主要包括图纸的准备、绘制坐标格网和展绘控制点等。

当今，测图多用聚酯薄膜，其主要优点是透明度好、伸缩性小、不怕潮湿和牢固耐用，并可直接在底图上着墨复晒蓝图，加快出图速度。若没有聚酯薄膜，应选用优质绘图纸测图。

1. 图纸准备

由于测绘地形图时是将地形情况按比例缩绘在图纸上，使用地形图时也是按比例在图上量出相应地物之间的关系。

图 10-9　特殊地貌的表示

因此,测图用纸的质量要高,伸缩性要小。否则,图纸的变形就会使图上地物、地貌及其相互位置产生变形。

2. 绘制坐标网格

为了把控制点准确地展绘在图纸上,应先在图纸上精确地绘制 10cm×10cm 的直角坐标方格网,然后根据坐标方格网展绘控制点。绘制坐标方格网和展绘控制点可用比较精确的直尺按对角线法进行绘制和展点。

如图 10-10 所示,首先,依据图纸的四角用直尺画出两条对角线,从交点 O 起,在对角线上精确量取四段相等的长度得 OA、OB、OC、OD,连接 A、B、C、D 四点即得矩形 $ABCD$。自 A 和 D 点起,分别沿 AB 和 DC 方向每隔 10cm 截取一点;再自 A、B 点起,分别沿 AD 和 BC 方向每隔 10cm 截取一点,然后连接相应各点,即得坐标格网和内图廓线。

> 坐标格网绘成后,应立即进行检查,各方格网实际长度与名义长度之差不应超过0.2mm,图廓对角线长度与理论长度之差不应超过0.3mm。如超过限差,应重新绘制。

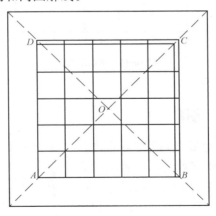

图 10-10　绘制坐标格网示意图

3. 控制点展绘

方格网测绘完毕后,还要根据测图范围给方格网注上坐标值,然后进行控制点的展绘。

展绘时,先根据控制点的坐标,确定其所在的方格,如图 10-11 所示,控制点 A 点的坐标为 $x_A=647.44m$,$y_A=634.90m$,由其坐标值可知 A 点的位置在 $plmn$ 方格内。然后用 1:1000 比例尺从 P 和 n 点各沿 pl、mn 线向上量取 47.44m,得 c、d 两点;从 p、l 两点各沿 pn、lm 线向右量取 34.90m,得 a、b 两点;连接 ab 和 cd,其交点即为 A 点在图上的位置。同法,将其余控制点展绘在图纸上,并按规定,在点的右侧画一横线,横线上方注点名,下方注高程,如图 10-11 中的 1、2、3……各点。

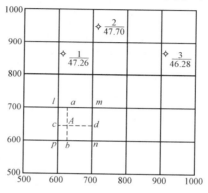

图 10-11　展点示意图

四、碎部点的选择

碎部点又称地形点,指的是地物和地貌的特征点。碎部点的选择和测图的速度和质量有直接的关系。选择碎部点的根据是测图比例尺及测区内地物和地貌的状况。碎部点应选在能反映地物和地貌特征的点上。碎部点应尽量选在地物、地貌的特征点上。

控制点展绘完成后,必须进行校核。其方法是用比例尺量出各相邻控制点之间的距离,与控制测量成果表中相应距离比较,其差值在图上不得超过0.3mm,否则应重新展点。

碎部点的正确选择

碎部点的正确选择是保证成图质量和提高测图效率的关键。

（1）对于地貌，碎部点应选择在最能反映地貌特征的山脊线、山谷线等地性线上，根据这些特征点的高程勾绘等高线，就能得到与地貌最为相似的图形。

（2）对于地物，碎部点应选择在决定地物轮廓线上的转折点、交叉点、弯曲点及独立地物的中心点等，如房的角点、道路的转折点、交叉点等。这些点测定之后，将它们连接起来，即可得到与地面物体相似的轮廓图形。由于地物的形状极不规则，故一般规定主要地物凹凸部分在图上大于0.4mm均应表示出来。在地形图上小于0.4mm，可用直线连接。

在平坦或坡度均匀地段，碎部点的间距和测碎部点的最大视距，应符合表10-12的规定。

表 10-12　　平坦地区碎部点的间距和测碎部点的最大视距

测图比例尺	地形点最大间距/m	最大视距/m	
		主要地物点	次要地物点和地形点
1：500	15	60	100
1：1000	30	100	150
1：2000	50	130	250
1：5000	100	300	350

五、地形图测绘方法

地形图测绘的方法包括经纬仪测绘法、光电测距仪测绘法、小平板仪与经纬仪联合测绘法和摄影测量方法等。

（一）经纬仪测绘法

经纬仪测绘法的实质是按极坐标定点进行测图，此方法具有操作

简单、灵活等优点,适用于各类地区的地形图测绘。经纬仪测绘法的操作步骤如下:

(1)安置仪器。如图 10-12 所示,在测站点 A 上安置经纬仪,经过对中、整平后,测定竖盘指标差 x(一般应小于 $1'$),量取仪器高 i,记入手簿。

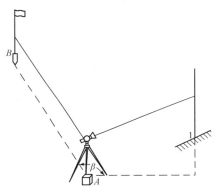

图 10-12 经纬仪测绘法示意图

(2)定向。置水平度盘读数为 $0°00'00''$,并后视另一控制点 B,即起始方向 AB 的水平度盘读数为 $0°00'00''$(水平度盘的零方向),此时复测器扳手在上或将度盘变换手轮盖扣紧。

(3)立尺。立尺员将标尺依次立在地物或地貌特征点上(如图 10-12 中的 1 点),立尺前,应根据测区范围和实地情况,立尺员、观测员与测绘员共同商定跑尺路线,选定立尺点,做到不漏点、不废点,同时立尺员在现场应绘制地形点草图,对各种地物、地貌应分别指定代码,供绘图员参考。

(4)观测。观测员转动经纬仪的照准部,瞄准点 1 的标尺,读视距间隔 l、中丝读数 v、竖盘读数 L 及水平角 β。

(5)记录。将测得的视距间隔 l、中丝读数 v、竖盘读数 L 及水平角 β 依次填入手簿,碎部测量手簿格式见表 10-13。对于房角、山头、鞍部等具有特殊作用的碎部点,应在备注中加以说明。

表 10-13   地形测量手簿

测站:*A*   后视点:*B*   仪器高 *i*:1.42m   指标差 *x*:-1.0′   测站高程 *H*:207.40m

点号	视距 $K \cdot l/m$	中丝读数 v	水平角 β	竖盘读数 L	竖直角 α	高差 h/m	水平距离 D/m	高程/m	备注
1	85.0	1.42	160°18′	85°48′	4°11′	6.18	84.55	213.58	水渠
2	13.5	1.42	10°58′	81°18′	8°41′	2.02	13.19	209.42	
3	50.6	1.42	234°32′	79°34′	10°25′	9.00	48.95	216.40	
4	70.0	1.60	135°36′	93°42′	-3°43′	-4.71	69.71	202.69	电杆
5	92.2	1.00	34°44′	102°24′	-12°25′	-18.94	87.94	188.46	

（6）计算。

（7）展绘碎部点。绘图是根据图上已知的零方向,将图板安置在测立点近旁,目估定向,将量角器底边中央小孔精确对准图上测站 *a* 点处,并用小针穿过小孔固定量角器圆心位置。转动量角器,使量角器上等于 *β* 角值的刻划线对准图上的起始方向 *ab*（相当于实地的零方向 *AB*）,此时量角器的零方向即为碎部点 1 的方向,然后根据测图比例尺按所测得的水平距离 *D* 在该方向上定出点 1 的位置,并在点的右侧注明其高程。地形图上高程点的注记,字头应朝北。同法,测出其余各碎部点的平面位置与高程,绘于图上,并随测随绘等高线和地物。

（二）光电测距仪测绘法

光电测距仪测绘法测绘地形图与经纬仪测绘法基本相同,其不同之处在于光电测距仪测绘法是用光电测距来代替经纬仪视距法,其操作步骤如下:

（1）量仪高。在测站上安置测距仪,量出仪器高。

（2）定向。后视另一控制点进行定向,使水平度盘读数为 0°00′00″。

（3）立尺。立尺员将测距仪的单棱镜装在专用的测杆上,并读出棱镜标志中心在测杆上的高度 *v*,可使 *v*=*i*。立尺时将棱镜面向测距仪立于碎部点上。

（4）观测。观测时，瞄准棱镜的标志中心。测出斜距 L，竖直角 α，读出水平度盘读数 β，并作记录。

（5）计算。将 α、l 输入计算器，计算平距 d 和碎部点高程 h。然后，与经纬仪测绘法一样，将碎部点展绘于图上。

（三）小平板仪测绘法

小平板仪主要由三脚架、平板、照准仪和对点器组成，如图 10-13 所示。小平板仪一般是与经纬仪进行联合测图，其具体做法如下：

（1）如图 10-14 先将经纬仪置于距测站点 A 附近 1～2m 处的 B 点，量取仪器高 i，测出 A、B 两点间的高差，根据 A 点高程，求出 B 点高程。

（2）将小平板仪安置在 A 点上，经对点、整平、定向后，用照准仪直尺紧贴图上 a 点瞄准经纬仪的垂球线，在图板上沿照准仪的直尺绘出方向线，用尺量出 AB 的水平距离，在图

图 10-13　小平板仪
1—照准仪；2—对点器；
3—平板；4—三脚架

上按测图比例尺从 A 沿所绘方向线定出 B 点在图上的位置 b。

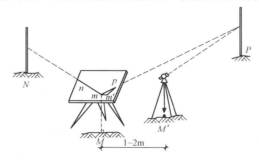

图 10-14　小平板仪与经纬仪联合测图法

（3）测绘碎部点 M 时，用照准仪直尺紧贴 a 点瞄准点 M，在图上

沿直尺边绘出方向线 am，用经纬仪按视距测量方法测出视距间隔和竖直角，以此求出 BM 的水平距离和高差。根据 B 点高程，即可计算出 M 点高程。

（4）用两脚规按测图比例尺自图上 b 点量 BM 长度与 am 方向线交于 m 点，m 点即是碎部点在图上的相应位置。

（5）将尺移至下一个碎部点，以同样方法进行测绘，待测绘出一定数量的碎部点后，即可根据实地的地貌勾绘等高线，用地物符号表示地物。

六、地形图的拼接与整饰

（一）地形图的拼接

当测图面积大于一幅地形图的面积时，要分成多幅施测，由于测绘误差的存在，相邻地形图测完后应进行拼接。

由于分幅测量和绘图误差的存在，在相邻图幅的连接处，地物轮廓线和等高线都不完全吻合。图的统一，必须对相邻的地形图进行拼接。为了拼接方便，测图时每幅图的西南两边应测出图框以外 2cm 左右。

为保证图边拼接精度，在建立图根控制时，在图幅、区域边界附近布设足够的解析图根点。

图 10-15 表示左右两幅图在相邻边界衔接处的等高线、道路、房屋等都有偏差。根据地形测量规范，接图误差不应大于表 10-14、表 10-15 中相应地物、地貌中误差的 $2\sqrt{2}$ 倍。例如，主要地物中误差为 ±0.6mm，则在接边时，同一地物

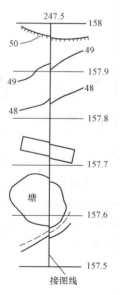

图 10-15 地形图拼接

的位置误差不应大于图上 $\pm0.6\times2\sqrt{2}=\pm1.7$mm；又如，6°以下地面等高线中误差为 1/3 等高距，设测图等高距为 1m，则接边时两图边同一等高线的高程之差不应大于 ±0.9m。

表 10-14　　　　　　　　　图上地物点的点位中误差

区域类型	点位中误差/mm
一般地区	0.8
城镇建筑区、工矿区	0.6

注:隐蔽或施测困难的一般地区测图,可放宽 50%。

表 10-15　　　　　　　　　等高线插求点的高程中误差

一般 地区	地形类别	平坦地	丘陵地	山　地	高山地
	高程中误差/m	$\frac{1}{3}H_d$	$\frac{1}{2}H_d$	$\frac{2}{3}H_d$	$1H_d$

注:1. H_d 为地形图的基本等高距;
　　2. 隐蔽或施测困难的一般地区测图,可放宽 50%。

特别提示

地形图、拼接要求

　　拼接时,若地物位置相差不到 2mm,等高线相差不大于相邻等高线的平距时,则可作合理的修正(一般取平均位置作修正),使图形和线条衔接。如发现漏测或有错误,应及时进行检查及修测。

　　拼接时,如偏差在规定限值内,则取其平均位置修整相邻图幅的地物和地貌位置。否则,应进行检查、修测,直至符合要求。

(二)地形图的整饰

　　地形图经过拼接后,擦去图上不需要的线条与注记,修饰地物轮廓线与等高线,使其清晰、明了。地形图整饰的次序是先图框内、后图框外,先注记后符号,先地物后地貌。最后整饰图框并注记图名、图号、比例尺、测图单位、测图时间、接图表等。

第二节　数字地形测量

一、数字地形图的概念

　　随着科学技术的发展,计算机及各种先进的数据采集和输出设备在测量工作中得到了广泛的应用。这些先进的设备促进了测绘技术向自动化、数字化的方向发展,也促进了地形及其他测量从白纸测图向数字化测图变革,测量的成果不再是绘制在纸上的地图,而是以数字形式存储在计算机中,成为可以传输、处理、共享的数字地图。

数字化成图是以计算机为核心,在外联输入输出设备的支持下,对地形的相关数据进行采集、输入、编绘成图、输出打印及分类管理的测绘方法。

二、计算机辅助成图系统配置

(1)计算机辅助成图系统应包括数据采集、数据输入、处理和编辑系统和数据输出系统。各系统均需配置必要的经过有关主管部门鉴定或推荐的硬件和软件。

(2)野外数据采集系统可选用自动化采集系统、半自动化采集系统或常规采集系统进行作业。并宜配置便携式微机、小型绘图机和打印机。

(3)摄影测量资料数据采集系统应包括数字化立体坐标量测仪或带有数字记录装置的模拟测图仪与计算机的通信接口。

(4)现有地形图数据采集系统应包括有效面积不小于 841mm×597mm(A1 幅面)的数字化仪以及与计算机的通信接口。

(5)应用软件应具有以下基本功能。

1)数据通信软件能解决数据采集记录器或采集系统与计算机的联机通信,实现数据的单向传输或双向传输。

2)数据处理软件能对导线点、图根点、测站点和碎部点的测量数据进行分类、近似平差计算和坐标、高程计算,形成点文件,并根据数据点的地形码和信息码,将各同类数据点按照一定格式进行分层排列和处理,形成图形文件。对这些文件有进行查询、修改和增删等的数据编辑功能。

3)等高线生成软件能利用离散高程点数据,并顾及地性线和断裂线的地貌特征,自动建立数字高程模型;自动进行等高线圆滑跟踪、等高线断开处理及建立等高线数据文件。

4)图形绘制软件能应用图形、等高线数据文件和已建的图式符号库、字符库和汉字库绘出相应的地形图要素、符号和注记。并可进行分层绘制。能生成图廓线和公里网,进行图幅分割、图廓整饰和接边处理。

5)图形编辑软件能对屏幕上显示的地形地物形状和字符注记进行增补、修改、删除、平移和旋转等;对显示的图形能开窗裁剪、缩放和恢复,亦能按层进行编辑和层的叠加,最后形成地形图的绘图数据文件。

6)其他专用软件能进行面积、体积计算,纵、横断面图绘制等。

三、数据采集

数据采集是指将图形模拟转换为数字信息的过程。数据采集必须应用地形码、信息码和字符尺寸码。地形码可采用国标《基础地理信息要素分类与代码》(GB/T 13923—2006)的代码。数据采集方法主要有野外数据采集和室内数据采集。

1. 野外数据采集

(1)野外数据采集宜采用极坐标法,设站要求和测站检查应符合以下规定:

1)仪器对中偏差不大于 5mm。

2)检查相邻图根测站点的高程,其较差不应大于 1/5 基本等高距。

3)检查远处控制点、图根点的方向偏差不应大于图上 0.2mm。

4)检查相邻图根测站点的平距,其较差不应大于平距的 1/3000。

(2)视距(包括量距)的最大长度按相关规定执行,利用电磁波测距仪测距的允许长度以能保证草图绘制和标注正确为原则,不作规定。测距时照准 1 次读数 2~3 次,读数较差不大于 20mm 时取中数作为最后结果。

方向角和垂直角均观测半个测回,读至仪器度盘的最小分划;归零检查和垂直角指标差均不得大于$1'$。

　　(3)数据采集应遵循有顺序地对相关点进行连续采集的原则,避免不相关点间的交叉采集。平面图应沿地物边、角、中心位置采集数据,对每一地物应连续进行采集。

　　(4)地貌数据应采集山顶、鞍部、沟底、沟口、山脚、陡壁顶、底和变坡点等地形特征点,并要控制地形线。地貌数据的采集密度应根据地貌完整程度和坡度大小而定,可为图上$1 \sim 2cm$,最大不超过图上$3cm$。对破碎、变化较大或坡度较大处的地貌要适当增加密度。

　　(5)断面图应沿确定的断面线采集数据,采集对象和数据点密度与上述(4)相同。对于河流断面,尚需采集水面点和水下地形点的位置和高程。

2. 室内数据采集

　　(1)室内数据采集可在航摄(地面摄影)像片或现有地形图上进行。室内数据采集时,所用仪器宜与计算机联机作业。在航摄或地面摄影像片上进行数据采集前,应有野外像控点和调绘片等成果资料。

　　(2)在像片上采集地形数据,均应采集地形特征点和地性线。数据采集可采用以下方式:

　　1)采集正规图形网格交点的高程Z。

　　2)采集任意三角形网格交点的平面坐标X、Y和高程Z。

　　3)沿等高线采集X、Y和Z。

　　4)沿断面采集Y、Z或X、Z。

　　(3)用数字化仪在现有地形图上进行数据采集时,应对整幅图的变形进行平差纠正处理。鼠标器对准图廓点的误差不应大于$0.2mm$。地形点、地物点的数据采集应分层次进行,按软件程序规定作业。数据采集方式宜沿等高线采集X、Y和Z。

　　(4)用于绘制等高线的地形点数据,应用代码与其他数据点区分开来。

建筑测量员专业与实操

四、数字地形图的检查验收

(一)数字地形图检查验收内容

数字地形图主要从空间精度、属性精度以及时间精度等方面进行检查。

(1)空间精度检查。空间精度检查评价主要从位置精度、数学基础、数据完整性、逻辑一致性、要素关系处理、接边等方面加以检查评价。

(2)属性精度检查。属性数据质量可以分为对属性数据的表达和描述(属性数据的可视表现),及对属性数据的质量要求(质量标准)两个质量标准,保证了这两方面的质量,可使属性数据库的内容、格式、说明等符合规范和标准,利于属性数据的使用、交换、更新、检索,数据库集成以及数据的二次开发利用等。属性数据的质量还应该包括大量的引导信息以及从纯数据得到的推理、分析和总结等,这就是属性元数据,它是前述数据的描述性数据。

(3)时间精度检查。通过查看元数据文件,了解现行原图及更新资料的测量或更新年代,或根据对地理变化情况的了解,直接检查资料的现实情况,再根据预处理图检查核对各地物更新情况。用影像数据采用人机交互方法进行更新,须将

> 属性元数据也是属性数据可视表现的一部分,而精度、逻辑一致性和数据完整性则是对属性数据可视表现的质量要求。

影像与更新矢量图叠加,详细检查是否更新,更新地物的判读精度,对地物判读的位置精度、面积精度及误判、错判情况做出评价。

(二)空间数据的质量评价

空间数据的质量标准应按空间数据的可视表现形式分为四类,即图形、属性、时间、元数据。因为应用于地学领域的空间数据库不但要提供图形和属性、时间数据,还应该包括大量的引导信息以及由纯数据得到的推理、分析和总结等的元数据,它是前述数据的描述性数据。精度、逻辑一致性和数据完整性则是对空间数据四个可视表现的质量

· 306 ·

要求。

1. 图形精度、逻辑一致性和数据完整性

(1)图形精度是指图形的三维坐标误差(点串为线,线串闭合为面,都以点的误差衡量)。

(2)逻辑一致性是指图形表达与真实地理世界的吻合度,图形自身的相互关系是否符合逻辑规则,如图形的空间(拓扑)关系的正确性。

(3)数据完整性是指图形数据满足规定要求的完整程度。如面不封闭、线不到位等图形的漏缺等。

2. 属性精度、逻辑一致性和数据完整性

(1)属性精度是描述空间实体的属性值(字段名、类别、字段长度等)与真值相符的程度。如类别的细化程度,地名的详细度、准确性等。

(2)逻辑一致性是指属性值与真实地理世界之间数据关系上的可靠性,包括数据结构、属性编码、线形、颜色、层次以及有关实体的数量、质量、性质、名称等的注记、说明,在数据格式以及拓扑性质上的内在一致性,与地理实体关系上的可靠性。

(3)数据完整性是指地理数据在空间关系分类、结构、空间实体类型、属性特征分类等方面的完整程度。

3. 时间精度、逻辑一致性和数据完整性

(1)时间精度是指数据采集更新的时间和频度,或者离当前最近的更新时间。

(2)逻辑一致性是指数据生产和更新的时间与真实世界变化的时间关系的正确性。

(3)数据完整性是指表达数据生产或更新全过程各阶段时间记录的完整程度。

4. 元数据精度、逻辑一致性和数据完整性

(1)元数据精度是对图形、属性、时间及其相互关系或数据标识、质量、空间参数、地理实体及其属性信息以及数据传播、共享和元数据参考信息及其关系描述的详细程度和正确性。

（2）逻辑一致性是对元数据内容描述与真实地理数据关系上的可靠性和客观实际的一致性。

（3）数据完整性是对元数据要求内容的完整程度（现行元数据文件结构和内容的完整性）。

空间数据质量常用的评价方法

空间数据质量的评价方法可以分成直接评价方法和间接评价方法。直接评价方法是通过对数据集抽样并将抽样数据与各项参考信息（评价指标）进行比较，最后统计得出数据质量结果；间接评价方法则是根据数据源的质量和数据的处理过程推断其数据质量结果，其中要用到各种误差传播数学模型。

间接评价方法是从已知的数据质量计算推断未知的数据质量水平，某些情况下还可避免直接评价中烦琐的数据抽样工作，效率较高。针对数据质量的间接评价，很多学者基于概率论、模糊数学、证据数学理论和空间统计理论等提出了一些误差传播数学模型，但这些模型的应用必须满足一些适用条件。总的来说，要想广泛准确应用这些误差传播的数据模型来计算数据质量的结果，目前还存在较大难度，因此，间接的评价方法目前应用还较少。在数据质量的评价实践中，国内应用较多的是直接评价方法。由于这类问题还处于研究发展阶段，故在此从略。

五、数据处理与编辑

（1）像片上采集的数据点的数据处理软件的功能应符合以下要求：

1）根据地面像控点的平面坐标及高程的数据文件和量测的像片坐标数据以及量测的加密点、检查点的像片坐标数据文件，进行航带法或区域网平差，计算加密点、检查点的平面坐标和高程，并能按规定限差判定成果合格或重测。

2）根据加密点的数据文件和量测的碎部点像片坐标数据，计算碎部点的平面坐标和高程。

3)进行仪器的内外方位元素的计算,并能对像片坐标数据进行改正。

4)数据点可按预定尺寸的方格进行任意次序的排格。

(2)数据文件建立后应进行检查和挑错。数据点挑错可采用人工挑错或编制相应软件进行自动挑错,对查出的错误数据,应分析改正,必要时重新核实。

(3)控制和图根点数据文件、地物和高程注记点数据文件以及等高线数据文件综合形成的图形数据文件通过图形绘制软件,产生的分层原始地形图,必须根据草图和实地情况作详细检查,如有错误和遗漏,应进行修改和补充。

(4)地物、境界、道路、水系地貌、土质、植被和地理名称的编辑顺序和要求,可按相关规定执行。

(5)编辑等高线文件时应增加基本等高距和计曲线、首曲线及助曲线的墨线宽度等数据指令。

(6)字符编辑应进行汉字注记、高程注记和植被符号字符的编辑工作。各种汉字注记位置应排列美观,字体和大小应符合现行地形图图式的规定。

(7)高程注记点应密度恰当、位置合适,在重要地物和地貌变化处均应有高程注记点。

(8)植被符号应排列整齐,间距和大小应符合现行地形图图式的规定。图廓整饰的编辑内容按现行地形图图式的规定执行。

计算机辅助成图后应提交的资料

(1)地形原图和索引图,以及磁盘或磁带记录的数字地图。

(2)数据采集打印记录。

(3)野外数据采集的草图或室内数据采集用的像片、调绘片、现有地形图。

(4)加密像控点、检查点成果表和精度评定资料。

(5)测站点、数据点的平面坐标和高程数据文件。

(6)仪器检验资料。

(7)检查、验收报告和测量报告。

第三节　地形图的识读与应用

一、地形图的识读

为了正确地应用地形图,首先要能看懂地形图。地形图是用各种规定的符号和注记表示地物、地貌及其他有关资料。进行地形图识读的目的是通过对这些符号和注记的识读,可使地形图成为展现在人们面前的实地立体模型,以判断其相互关系和自然形态。地形图识读主要是对地物、地貌的识读和图外注记的识读。

知识链接

地物、地貌的识读要点

地物、地貌是地形图阅读的重要事项,识读时应符合下列要求:

(1)应先了解和记住部分常用的地形图图式,熟悉各种符号的确切含义,掌握地物符号的分类,要能根据等高线的特性及表示方法判读各种地貌,将其形象化、立体化。

(2)应纵观全局,仔细阅读地形图上的地物,如控制点、居民点、交通路线、通信设备、农业状况和文化设施等,了解这些地物的分布、方向、面积及性质。

二、地形图的应用

(一)点位坐标的量测

欲确定地形图上某点的坐标,可根据格网坐标用图解法求得。在大比例尺地形图上画有 10cm×10cm 的坐标方格网,并在图廓西南边上注有方格的纵横坐标值。由于地形图具有可量测性的特点,当需要在地形图上量测一些设计点位的坐标时,可根据坐标方格网用图解法求得。如图 10-16 所示,p 点的平面直角坐标(x_p,y_p),可先将 p 点所在坐标方格网用直线连接,得正方形 $abcd$,过 p 点分别作平行于 x 轴和 y 轴的两条直线 mn 和 kl,然后用分规截取 ak 和 an 的图上长度,再依比例尺算出 ak 和 an 的实地长度值。

计算出 $ak=520$m,$an=260$m,则 p 点的坐标为:

$$x_p=x_a+ak=2200+520=2720\text{m}$$
$$y_p=y_a+an=1700+260=1960\text{m}$$

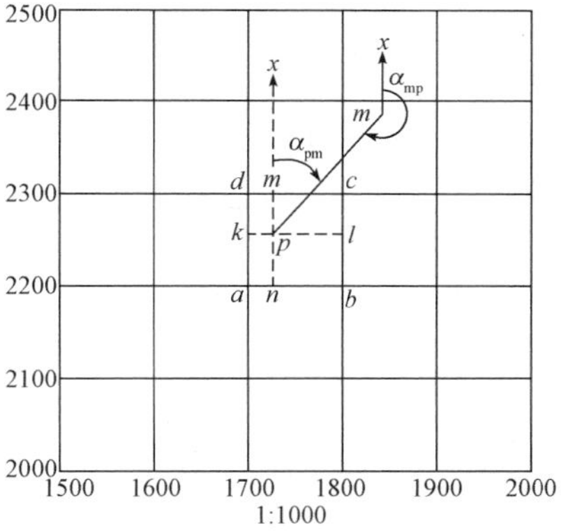

图 10-16 某地形图示意

(二)距离量测

如图 10-17 所示,求 AB 两点之间的水平距离,可以采用图解法或解析法。图解法为直接从图中量出 AB 两点之间直线的长度,再乘比例尺分母 M 即为该点的水平距离。而解析法则是在求得 A、B 两点的坐标后,用下式计算:

$$D_{AB}=\sqrt{(x_B-x_A)^2+(y_B-y_A)^2}=\sqrt{x_{AB}^2+y_{AB}^2} \qquad (10-1)$$

（三）在地形图上确定某直线坐标方位角

如图 10-17 所示，欲求图上直线 mn 的坐标方位角，有下列两种方法。

1. 图解法

当精度要求不高时，可用图解法用量角器在图上直接量取坐标方位角。如图 10-17 所示，先过 m、n 两点分别精确地作坐标方格网纵线的平行线，然后用量角器的中心分别对中 m、n 两点量测直线 mm 的坐标方位角 α'_{mn} 和 nm 的坐标方位角 α'_{nm}。

> 图解法求得的坐标精度受图解精度的限制，一般认为，图解精度为图上0.1mm，则图解坐标精度不会高于0.1M（单位为mm）。

同一直线的正、反坐标方位角之差为 $180°$，所以可按下式计算：

$$i=\frac{h}{dM}=\frac{h}{D} \tag{10-2}$$

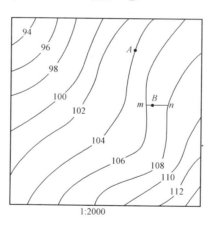

图 10-17　坐标方位角及点位高程的确定

2. 解析法

先求出 m、n 两点的坐标，然后再按下式计算直线 mn 的坐标方位角：

$$\alpha_{mn}=\arctan\frac{x_n-y_m}{x_n-x_m}=\arctan\frac{y_{mn}}{x_{mn}} \tag{10-3}$$

当直线较长时,解析法可取得较好的结果。

【**例 10-1**】　已知 A、B 两点的坐标为 $x_A=3420500$、$y_A=521381.5$、$x_B=3420920$、$y_B=521600$,试求直线 AB 的坐标方位角。

解：$\alpha_{AB}=\arctan\dfrac{y_B-y_A}{x_B-x_A}$

$\qquad\quad=\arctan=\dfrac{521600-521381.5}{3420920-3420500}$

$\qquad\quad=\arctan\dfrac{218.5}{420}$

$\qquad\quad=27°29'07''$

(四)点的高程的量测

对于地形图上某点的高程,可以根据等高线及高程注记来确定。如图 10-18 所示,若所求点正好处在等高线上,则此点的高程即为该等高线的高程,图中 A 点的高程 $H_A=45\text{m}$。若所求点不在等高线上,则应根据比例内插法确定该点的高程。在图 10-18 中,欲求 B 点的高程,首先过 B 点作相邻两条等高线的近似公垂线,与等高线相交于 m、n 两点,然后在图上量取 mn 和 nB,按下式计算 B 点的高程：

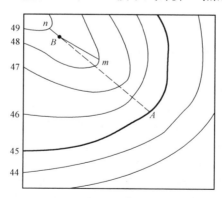

图 10-18　求点的高程

$$H_B=H_n+\frac{nB}{mn}\cdot h$$

式中　h——等高距(m);

　　　H_n——n点的高程。

$$H_B = 48 + \frac{6.3}{9.0} \times 1.0 = 48.7\text{m}$$

式中　h——等高距(m);

　　　H_n——n点的高程。

当精度要求不高时,也可用目估内插法确定待求点的高程。

(五)两点间坡度的量测

在图上求得直线的长度以及两端点的高程后,可按下式计算该直线的平均坡度 i。

$$i = \frac{h}{D} = \frac{h}{d \cdot M} \qquad (10\text{-}4)$$

式中　d——图上量得的长度;

　　　h——直线两端点的高差;

　　　M——地形图比例尺分母;

　　　D——该直线的实地水平距离。

> 坡度通常用千分率或百分率表示,"+"为上坡,"−"为下坡。高差的符号是不确定的,距离的符号是确定的,所以说坡度的符号和高差的符号是相同的。

知识链接

按等坡线选取最短路线

在山区或丘陵地区进行管线或道路工程设计时,均有指定的坡度要求。在地形图上选线时,先按规定坡度找出一条最短路线,然后综合考虑其他因素,获得最佳设计路线。

如图 10-18 所示,要从 A 向山顶 B 选一条公路的路线。已知等高线的基本等高距 $h=5\text{m}$,比例尺 1:10000,规定坡度 $i=5\%$,则路线通过相邻等高线的平距 $D=h/i=5/5\%=100\text{m}$。在 1:10000 图上平距应为 1cm,用分规以 A 为圆心,1cm 为半径,作圆弧交 55m 等高线于 1 或 $1'$。再以 1 或 $1'$ 为圆心,按同样的半径交 60m 等高线于 2 或 $2'$。同法可得一系列交点,直到 B。把相邻点连接,即得两条符合设计要求的路线的大致方向。然后通过实地踏勘,综合考虑选出一条较理想的公路路线。

由图 10-19 可以看出，$A-1'-2'-3'-\cdots-B$ 线路的线形，不如 $A-1-2-3-\cdots-B$ 线路线形好。

在作图过程中，如果出现半径小于相邻等高线平距的情况，即圆弧与等高线不能相交，说明该处的坡度小于指定坡度，此时，路线可按最短距离定线。

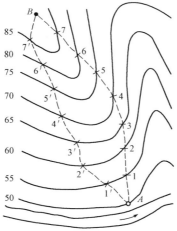

图 10-19　选定最短路线

（六）面积量测

1. 几何图形法

几何图形法是利用分规和比例尺，在地形图上量取图形的各几何要素（一般为线段长度），通过公式计算面积。

常用的图形有三角形、梯形和矩形等简单几何图形。对于较为复杂的图形可将其划分成简单的几何图形，用上述方法求出各简单几何图形的面积再相加，如图 10-20 所示。为了保证面积量测、计算的精度，要求在图上量测线段长度时精确到 0.1mm。

2. 坐标计算法

如果欲求面积的图形为任意多边形，且各顶点的坐标已知，则可根据公式计算面积。如图 10-21 所示，$ABCD$ 为任意四边形，各顶点 A、B、C、D 的坐标按顺时针方向编号，分别为 (x_1,y_1)、(x_2,y_2)、(x_3,y_3)、(x_4,y_4)，各顶点向 x 轴投影得 A'、B'、C'、D' 点，则四边形 $ABCD$ 的面积等于 $D'DCC'$ 的面积加 $D'DAA'$ 的面积减去 $B'BCC'$ 和 $B'BAA'$ 的面积。四边形 $ABCD$ 的面积为：

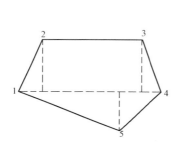

图 10-20　几何图形法求面积图　　图 10-21　坐标计算法求面积

$$S=\frac{1}{2}\big[(y_3+y_4)(x_3-x_4)\big]+\frac{1}{2}\big[(y_4+y_1)(x_4-x_1)\big]-\frac{1}{2}\big[(y_3+y_2)$$

$$(x_3-x_2)\big]-\frac{1}{2}\big[(y_2+y_1)(x_2-x_1)\big]=\frac{1}{2}\big[x_1(y_2-y_4)+x_2(y_3-y_1)+$$

$$x_3(y_4-y_2)+x_4(y_1-y_3)\big]$$

若图形有 n 个顶点，则上式可推广为：

$$S=\frac{1}{2}\big[x_1(y_2-y_n)+x_2(y_3-y_1)+\cdots+x_n(y_1-y_{n-1})\big]$$

即
$$S=\frac{1}{2}\sum_{i=1}^{n}x_i(y_{i+1}-y_{i-1}) \tag{10-5}$$

若将各顶点投影于 y 轴，同理可推出：

$$S=\frac{1}{2}\sum_{i=1}^{n}y_i(x_{i-1}-x_{i+1}) \tag{10-6}$$

注意，在式(10-5)和式(10-6)中，当 $i=1$ 时，$i-1$ 取 n 值，当 $i=n$ 时，$i+1$ 取 1。

式(10-5)和式(10-6)为坐标法求面积的通用公式。如果多边形顶点按顺时针方向编号，面积值为正，反之则为负，但最终取值为正。

3. 模片法

模片法是利用聚酯薄膜、玻璃、透明胶片等制成的模片,在模片上建立一组有单位面积的方格、平行线等,然后利用这种模片去覆盖被量测的面积,从而求得相应的图上面积值,再根据地形图的比例尺,计算出所测图形的实地面积。模片法具有量算工具简单,方法容易掌握,又能保证一定精度等特点。因此,在图解面积测算中是一种常用的方法。

(1)方格法。如图 10-22 所示,在透明模片上绘制边长为 1mm 的正方形格网,把它覆盖在待测算面积的图形上,数出图形内的整方格数和图形边缘的零散方格个数。对零散方格采用目估凑整,通常每两个凑成一个,则所测算图形的面积为:

$$S = \left(n_{整} + \frac{1}{2} n_{零} \right) a^2 M^2 \tag{10-7}$$

式中　S——图形面积(m^2);

　　$n_{整}$——整方格个数;

　　$n_{零}$——零散方格个数;

　　a——方格边长(m);

　　M——比例尺分母。

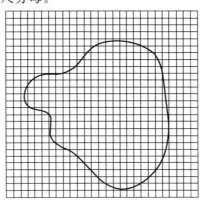

图 10-22　方格法求面积

(2)平行线法。如图 10-23 所示,在透明模片上绘有间距为 2～5mm 的平行线(同一模片上间距相同),把它覆盖在待测算面积的图形上,并转动模片使平行线与图形的上、下边线相切。此时,相邻两平行线之间所截的部分为若干个等高的近似梯形。量出各梯形的底边长度 $l_1, l_2, \cdots, l_n$,则各梯形的面积分别为:

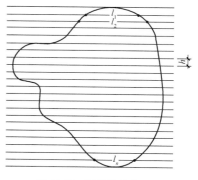

图 10-23　平行线法求面积

$$S_1 = \frac{1}{2}(0+l_1)hM^2$$

$$S_2 = \frac{1}{2}(l_1+l_2)hM^2$$

$$\vdots$$

$$S_n = \frac{1}{2}(l_{n-1}+l_n)hM^2$$

图形的总面积为:

$$S = S_1 + S_2 + \cdots + S_n = (l_1 + l_2 + \cdots + l_n)hM^2 \qquad (10\text{-}8)$$

式中　　S——图形面积(m^2);

$l_1, l_2, \cdots, l_n$——梯形底边长度(m);

h——平行线间距(m);

M——比例尺分母。

(3)求积仪法。求积仪是一种专门用于在图纸上量算图形面积的仪器,适用于不同的图形。

如图 10-24 所示是日本 KOIZUMI 公司生产的 KP－90N 电子求积仪,仪器是在机械装置动极、动极轴、跟踪臂(相当于机械求积仪的描迹臂)等的基础上,增加了电子脉冲记数设备和微处理器,能自动显示测量的面积,具有面积分块测定后相加、相减和多次测定取平均值、面积单位换算、比例尺设定等功能。面积测量的相对误差为 2/1000。

有关电子求积仪的具体操作方法和其他功能,可参阅仪器的使用说明书。

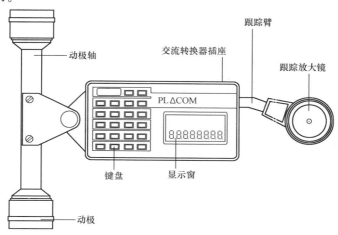

图 10-24　KP－90N 电子求积仪

(4)确定汇水面积。在工程设计建设过程中经常要计算汇水面积,如兴修水库筑坝拦水,修建桥梁或涵洞等排水工程。地面上某个区域内雨水注入同一山谷或河流,并通过某一断面,这个区域的面积就称为汇水面积,也就是分水线(山脊线)与水利设施围成的面积。确定汇水面积之前,首先要确定出汇水面积的边界线即汇水范围,边界线是由一系列分水线(山脊线)连接而成的。

> 知识链接
>
> ### 确定汇水面积的主要方法
>
> 　　如图 10-25 所示,虚线与大坝所围成的区域就是这个水库的汇水范围。确定汇水面积的方法是:在地形图上从拦水坝一端开始,连续勾绘出该流域的分水线,直到拦水坝的另一端,组成一闭合曲线,该闭合曲线所包围的面积即为汇水面积。在勾绘分水线时,应注意分水线处处与等高线相垂直。

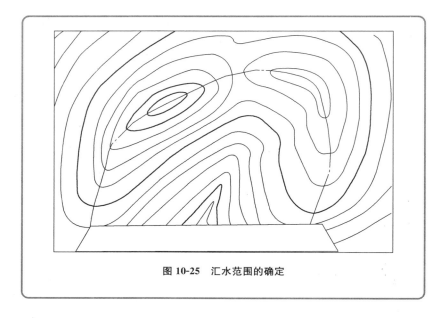

图 10-25　汇水范围的确定

思考与练习

一、单项选择题

1. 下列不属于地形测绘常用的方法有(　　)。

    A. 直角坐标法　　　　　　　B. 经纬仪测绘法

    C. 大平板仪法　　　　　　　D. 经纬仪和小平板仪联合法

2. 一组环形等高线,里圈等高线的高程大于外圈等高线的高程,这一组环形等高线表示的是(　　)。

    A. 洼地　　　　B. 山头　　　　C. 山脊　　　　D. 山谷

3. 已知 A、B 两点间的高差为 -3m,两点间的水平距离为 30m,则 A、B 两点间的坡度为(　　)。

    A. -10%　　　　B. 10%　　　　C. 1%　　　　D. -1%

二、多项选择题

1. 测图前的准备工作包括(　　)。

A. 图纸准备   B. 绘制坐标方格网

    C. 展绘控制点   D. 熟悉图式

    E. 安置仪器

2. 地形图上表示地物的符号包括(   )和说明注记符号。

    A. 宽度符号   B. 比例符号

    C. 半比例符号   D. 非比例符号

    E. 注记符号

3. 地形图上线段的长度与它所代表的实地水平距离之比,称为地形图比例。比例尺主要有(   )。

    A. 数字比例尺   B. 图示比例尺

    C. 大比例尺   D. 小比例尺

    E. 中比例尺

三、简答题

1. 什么是地形图? 其包括哪些因素?

2. 什么是比例尺精度?

3. 地形图分幅与编号应遵循哪些基本原则?

4. 地物符号主要有哪几种?

5. 什么是等高线? 有哪些特性?

6. 简述地形图测图前的准备工作。

7. 如何正确选择地形图的碎步点?

8. 简述地物、地貌的识读要点。

9. 在地形图确定某直线坐标方位角的方法有哪些?

10. 什么是汇水面积?

第十一章 建筑施工测量基本工作

在设计工作完成后,就要在实地进行施工。在施工阶段所进行的测量工作,称为施工测量,又称测设或放线。施工测量是工程施工的基础、依据。

施工测量的任务是根据施工需要将设计图纸上的建(构)筑物的平面和高程位置,按一定的精度和设计要求,用测量仪器测设在地面上,作为施工的依据,并在施工过程中进行一系列的测量工作,以衔接和指导各工序间的施工。

一般来说,建筑施工测量包括施工前的测量工作内容、施工中的测量工作内容、竣工后的测量工作内容。

一般来说,建筑施工测量放线的程序一般有以下三个阶段:首先是根据施工控制网(点)和总平面图,在实地放样出建(构)筑物的主轴线(点);其次是根据已放样好的主轴线(点)和施工图,再放样出建(构)筑物的纵、横向轴线以及其他施工线;最后根据已完工的基础等来放样工艺设备或构件的轴线和位置——设备(构件)安装测量。

> 在进行施工测量时应细心操作,注意复核,以防出错,测量方法和精度应符合相关测量规范和施工规范的要求。

第一节 测设的基本工作

一、已知距离的测设工作

已知距离测设一般是指已知水平距离的测设,它就是根据地面上给定的直线起点,沿所给定方向定出直线上的另外一点,使得两点间的水平距离为给定的已知值。例如,在施工现场,把房屋轴线的设计长度、道路、管线的中线在地面上标定出来;按设计长度定出一系列点等。

常用的已知距离的测设方法有钢尺测设法与电磁波磁距仪测设法两种。

1. 钢尺测设法

钢尺测设法适用于当已知方向在现场已用直线标定,且测设的已知水平距离小于钢卷尺的长度。

运用钢尺测设法进行距离测设的步骤

钢尺测设的一般方法很简单,其测设具体做法如下:

(1)将钢尺的零端与已知始点对齐,沿已知方向水平拉紧直钢尺;

(2)在钢尺上读数等于已知水平距离的位置定点即可。

此外,为了校核和提高测设精度,可将钢尺移动 10~20cm,用钢尺始端的另一个读数对准已知始点,再测设一次,定出另一个端点,若两次点位的相对误差在限差以内,则取两次端点的平均位作为端点的最后位置。

如图 11-1 所示,M 为已知始点,M 至 N 为已知方向,D 为已知水平距离,P' 为第一次测设所定的端点,P'' 为第二次测设所定的端点,则 P' 和 P'' 的中点 P 即为最后所定的点。MP 即为所要测设的水平距离 D。

图 11-1　钢尺测设水平距离

若已知方向在现场已用直线标定,而已知水平距离大于钢卷尺的长度,则沿已知方向依次水平丈量若干个尺段,在尺段读数之和等于已知水平距离处定点即可。为了校核和提高测设精度,同样应进行两次测设,然后取中定点,方法同上。

2. 电磁波测距仪测设法

目前水平距离的测设,尤其是长距离的测设多采用电磁波测距仪或全站仪。

运用电磁波测距仪测设法进行距离测设

如图 11-2 所示其测设具体做法如下：

（1）安置测距仪于 M 点，瞄准 MN 方向，指挥装在对中杆上的棱镜前后移动，使仪器显示值略大于测设的距离，定出 N' 点。

（2）在 N' 点安置反光棱镜，测出竖直角 α 及斜距 L（必要时加测气象改正），计算水平距离 $D' = L \cdot \cos\alpha$，求出 D' 与应测的水平距离 D 之差：$\Delta D = D - D'$。

（3）根据 ΔD 的符号在实地用钢尺沿测设方向将 N' 改正至 N 点，并用木桩标定其点位。

此外，为了检核，应将反光镜安置于 N 点，再实测 MN 距离，其不符值应在限差之内，否则应再次进行改正，直至符合限差为止。若用全站仪测设，则更为简便，仪器可直接显示水平距离。

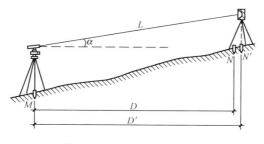

图 11-2　测距仪测设水平距离

二、已知角度的测设工作

已知角度的测设一般是指已知水平角的测设，它是根据地面点和信息方向，定出另外的方向，使得两方向间的水平角为绘定的已知值。

常用的已知角度的测设方法有直接测设法、精确测设法、勾股定理法与中垂线法四种。

1. 直接测设法

运用直接测设法进行角度的测设如图 11-3 所示,设 O 为地面上的已知点,OA 为已知方向,要顺时针方向测设已知水平角 β,其测设的具体方法如下:

（1）在 O 点安置经纬仪,对中整平。

（2）在望远镜盘左状态下瞄准 A 点,调水平度盘配置手轮,使水平度盘读数为 $0°0'00''$。

（3）旋转照准部,当水平度盘读数为 β 时,固定照准部,在此方向上合适的位置定出 B' 点。

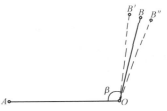

图 11-3　直接测设法示意图

（4）倒转望远镜成盘右状态,用同上的方法测 β 角,定出 B'' 点。

（5）取 B' 和 B'' 的中点 B,则 $\angle AOB$ 就是要测设的水平角。

2. 精确测设法

当测设水平角的精度要求较高时,应采用作垂线改正的方法,也就是所谓的归化法,如图 11-4 所示,其测设的具体方法如下:

（1）在 O 点安置经纬仪,先用一般方法测设 β 角值,在地面上定出 C' 点,再用测回法观测 $\angle AOC'$ 几个测回(测回数由精度要求决定),取各测回平均值为 β_1,即 $\angle AOC' = \beta$。

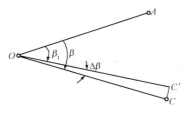

图 11-4　精确测设法示意图

（2）当 β 和 β_1 的差值 $\Delta\beta$ 超过限差($\pm10''$)时,需进行改正。根据 $\Delta\beta$ 和 OC' 的长度计算改正值 CC',即

$$CC' = OC' \times \tan\Delta\beta = OC' \times \frac{\Delta\beta}{\rho}$$

式中,$\rho = 206265''$;β 以秒($''$)为单位。

过 C' 点作 OC' 的垂线,再以 C' 点沿垂线方向量取 CC',定出 C 点,则 $\angle AOC$ 就是要测设的 β 角。当 $\Delta\beta = \beta - \beta_1 > 0$ 时,说明 $\angle AOC'$ 偏

小,应从 OC' 的垂线方向向外改正;反之,应向内改正。

3. 勾股定理法

如图 11-5 所示,勾股定理指直角三角形斜边(弦)的平方等于对边(股)与底边(勾)的平方和,即

$$c^2 = a^2 + b^2$$

据此原理,只要使现场上一个三角形的三条边长满足上式,该三角形即为直角三角形,从而得到我们想要测设的直角。

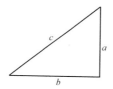

图 11-5 勾股定理法测设直角

三、已知高程的测设工作

高程测设是根据已知绘定的点位,利用附近已知水准点,在点位上标定出绘定高程的高程位置。在建筑工程中,为了计算方便,一般是把建筑物的室内地坪用 +0.000 标高表示,基础、门窗的标高都是以 +0.000 为依据,相对于 +0.000 进行测设的。

常用的已知高程的测设方法有视线高程法、高程传递法、简易高程测设法三种。

(一)视线高程法

如图 11-6 所示,欲根据某水准点的高程 H_R,测设 A 点,使其高程为设计高程 H_A。则 A 点尺上应读的前视读数为:

$$b_{应} = (H_R + a) - H_A$$

首先安置水准仪于 R、A 中间,整平仪器。再在后视水准点 R 上立尺,读得后视读数为 a,则仪器的视线高 $H_i = H_R + a$。最后将水准尺紧贴 A 点木桩侧面上下移动,直至前视读数为 $b_{应}$ 时,在桩侧面沿尺底画一横线,此线即为 A 点的设计高程的位置。

图 11-6 视线高程法

视线高程法实例

R 为水准点，$H_R = 14.650$m，A 为建筑物室内地坪±0.000 待测点，设计高程 $H_A = 14.810$m，若后视读数 $a = 1.040$m，试求 A 点尺读数为多少时，尺底就是设计高程 H_A。

解： $b_{应} = H_R + a - H_A = 14.650 + 1.040 - 14.810 = 0.880$（m）

如果地面坡度较大，无法将设计高程在木桩顶部或一侧标出时，可立尺于桩顶，读取桩顶前视读数，根据下式计算出桩顶改正数：

$$桩顶改正数 = 桩顶前视读数 - 应读前视读数$$

假如应读前视读数是 1.700m，桩顶前视读数是 1.140m，则桩顶改正数为 -0.560m，表示设计高程的位置在自桩顶往下量 0.560m 处，可在桩顶上注"向下 0.560m"即可。如果改正数为正，说明桩顶低于设计高程，应自桩顶向上量改正数得设计高程。

（二）高程传递法

高程传递法是指用钢尺和水准仪将地面水准点的高程传递到低处或高处所设置的临时水准点，然后再根据临时水准点测设所需的各点高程。

高程传递法适用于当开挖较深的基槽，将高程引测到建筑物的上部或安装起重机轨道时，由于测设点与水准点的高差很大，只用水准尺无法测定点位的高程的情况。

如图 11-7 所示，为深基坑的高程传递，将钢尺悬挂在坑边的木杆上，下端挂 10kg 重锤，在地面上和坑内各安置一台水准仪，分别读取

地面水准点 A 和坑内水准点 P 的水准尺读数 a_1 和 a_2，并读取钢尺读数 b_1 和 b_2，则可根据已知地面水准点 A 的高程 H_A，按下式求得临时水点 P 的高程 H_P：

$$H_P = H_A + a_1 - (b_1 - b_2) - a_2$$

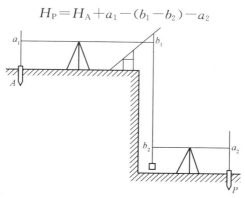

图 11-7　深基坑的高程传递

　　从低处向高处测设高程的方法与此类似。如图 11-8 所示，已知低处水准点 A 的高程 H_A，需测设高处 P 的设计高程 H_P，先在低处安置水准仪，读取读数 a_1 和 b_1，再在高处安置水准仪，读取读数 a_2，则高处水准尺的应读读数 b_2 可按下列公式计算：

$$b_2 = H_A + a_1 + (a_2 - b_1) - H_P$$

图 11-8　高程传递法测设高程示意图

(三)简易高程测设法

在施工现场,当距离较短,精度要求不太高时,施工人员常利用连通管原理,用一条装了水的透明胶管,代替水准仪进行高程测设。

如图 11-9 所示,设墙上有一个高程标志 M,其高程为 H_M,想在附近的另一面墙上测设另一个高程标志 P,其设计高程为 H_P,其具体测设方法如下:

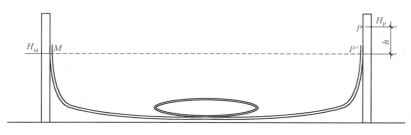

图 11-9　简易高程测设法示意图

(1)将装了水的透明胶管的一端放在 M 点处,另一端放在 P 点处,两端同时抬高或者降低水管,使 M 端水管水面与高程标志对齐。

(2)在 P 处与水管水面对齐的高度作一临时标志 P',则 P'高程等于 H_M,垂直往上($h>0$ 时)或往下($h<0$ 时)量取 h,作标志 P,则此标志的高程为设计高程。

第二节　测设平面点位的方法

要测设一点的坐标,即是点的平面位置,就是根据已知控制点,在地面上标定出一些点的平面位置,使这些点的坐标为给定的设计坐标。例如,在工程建设中,要将建筑物的平面位置标定在实地上,其实质就是将建筑物的一些轴线交叉点、拐角点在实地标定出来。

测设点的平面位置方法主要有直角坐标法、极坐标法、角度交会法、距离交会法四种。

一、直角坐标法

当施工场地有彼此垂直的建筑基线建筑方格网,待测设的建(构)筑物的轴线平行而又靠近基线或方格网边线时,常用直角坐标法测设点位。直角坐标法是按直角坐标原理确定一点的平面位置的方法。

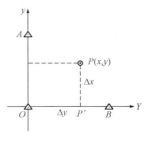

图 11-10 直角坐标法

如图 11-10 所示,A、O、B 为已知的控制点,其坐标为已知,并且 $AO \perp OB$,P 为设计的点,其坐标为 (x,y)。欲将 P 点测设在地面上,应先根据 O 点的坐标及 P 点的设计坐标计算出纵、横坐标增量值 Δx、Δy 为:

$$\Delta x = x_P - x_O$$
$$\Delta y = y_P - y_O$$

然后在 O 点安置经纬仪,瞄准 B 点,沿视线方向测设长度为 Δy,定出 P' 点;再在 P' 安置经纬仪,瞄准 O 点向右测设 $90°$ 角,沿直角方向测设长度为 Δx,即获得 P 点在地面的位置。

> **特别提示**
>
> **直角坐标法的优点及注意事项**
>
> 直角坐标法计算简单,测设方便,又能得出较准确的成果,是较常用的方法。尤其是现场布设建筑方格网并靠近控制网边线的测设点、量距方便的场地,采用直角坐标法测设最为合适。在使用时要注意以下几点:
>
> (1)应以最近处的方格网控制点为起点;
>
> (2)应从建筑物的长边开始测设,以保证测设精度;
>
> (3)必须进行检测,防止粗差。

【例 11-1】 如图 11-10 所示,O 点坐标为 $x_O = 300.00\text{m}$、$y_O = 400.00\text{mm}$,P 点设计坐标为 $x_P = 318.00\text{m}$、$y_P = 424.00\text{m}$。试用直角坐标法将 P 点测设在地面上。

解：计算测设数据

$$\Delta x = x_P - x_O = 318.00 - 300.00 = 18\text{m}$$

$$\Delta y = y_P - y_O = 424.00 - 400.00 = 24\text{m}$$

测设方法：在 O 点安置经纬仪，瞄准 B 点，沿视线方向测设 $OP' = 24\text{m}$，定出 P' 点；再在 P' 点安置经纬仪，瞄准 O 点向右测设 $90°$ 角，沿直角方向测设 $P'P = 18\text{m}$，则 P 点即为需测设的点。

二、极坐标法

极坐标法是根据水平角和水平距离测设点的平面位置的方法。它指在控制点上测设一个水平角和一段水平距离。此法适用于测设点离控制点较近且便于量距的情况。

如图 11-11 中 A、B 点是现场已有的测量控制点，其坐标为已知，P 点为待测设的点，其坐标为已知的设计坐标，测设方法如下：

（1）根据 A、B 点和 P 点来计算测设数据 D_{AP} 和 β，测站为 A 点，其中 D_{AP} 是 A、P 之间的水平距离，β 是 A 点的水平角 $\angle PAB$。根据坐标反算公式，水平距离 D_{AP} 为：

$$D_{AP} = \sqrt{\Delta x_{AP}^2 + \Delta y_{AP}^2} \tag{9-5}$$

式中，$\Delta x_{AP} = x_P - x_A$，$\Delta y_{AP} = y_P - y_A$。

水平角 $\angle PAB$ 为

$$\beta = \alpha_{AP} - \alpha_{AB}$$

式中，α_{AB} 为 AB 的坐标方位角，α_{AP} 为 AP 的坐标方位角，其计算式为：

$$\alpha_{AB} = \arctan \frac{\Delta y_{AB}}{\Delta x_{AB}}$$

$$\alpha_{AP} = \arctan \frac{\Delta y_{AP}}{\Delta x_{AP}}$$

（2）现场测设 P 点。安置经纬仪于 A 点，瞄准 B 点；顺时针方向测设 β 角定出 AP 方向，由 A 点沿 AP 方向用钢尺测设水平距离 D 即得 P 点。

【例 11-2】　如图 11-11 所示，已知 $x_A = 110.00\text{m}$，$y_A = 110.00\text{m}$，$x_B = 70.00\text{m}$，$y_B = 140.00\text{m}$，$x_P = 130.00\text{m}$，$y_P = 140.00\text{m}$。试求测设数据 β、D_{AP}。

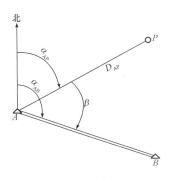

图 11-11 极坐标法

解：将已知数据得：

$$\alpha_{AB}=\arctan\frac{y_B-y_A}{x_B-x_A}=\arctan\frac{140.00-110.00}{70.00-110.00}$$

$$=\arctan\frac{30}{-40}=143°7'48''$$

$$\alpha_{AP}=\arctan\frac{y_P-y_A}{x_P-x_A}=\arctan\frac{140.00-110.00}{130.00-110.00}$$

$$=\arctan\frac{3}{2}=56°18'36''$$

$$\beta=\alpha_{AB}-\alpha_{AP}=143°7'48''-56°18'36''=86°49'12''$$

$$D_{AP}=\sqrt{(x_P-x_A)^2+(y_P-y_A)^2}$$

$$=\sqrt{(130.00-110.00)^2+(140.00-110.00)^2}$$

$$=36.06m$$

三、角度交会法

角度交会法也称方向交会法，它是根据测设角度所定的方向交会出点的平面位置的一种方法。为提高放线精度，通常用三个控制点三台经纬仪进行交会。此法适用于待测设点离控制点较远或量距较困难的地区。在桥梁等工程中，常采用此法。

如图 11-12 所示，A、B、C 为控制点，P 为待测设点，其坐标均为已知,测设方法如下。

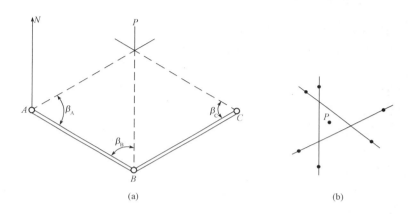

图 11-12 角度交会法

(a)角度交会观测法;(b)示误三角形

(1)根据 A、B 点和 P 点的坐标计算测设数据 β_A 和 β_B,即水平角 $\angle PAB$ 和水平角 $\angle PBA$,其中:

$$\begin{cases} \beta_A = \alpha_{AB} - \alpha_{AP} \\ \beta_B = \alpha_{BP} - \alpha_{BA} \end{cases}$$

(2)现场测设 P 点。在 A 点安置经纬仪,照准 B 点,逆时针测设水平角 β_A,定出一条方向线,在 B 点安置另一台经纬仪,照准 A 点,顺时针测设水平角 β_B,定出另一条方向线,两条方向线的交点的位置就是 P 点。在现场立一根测钎,由两台仪器指挥,前后左右移动,直到两台仪器的纵丝能同时照准测钎,在该点设置标志得到 P 点。

特别提示

使用角度交会法测设点位注意事项

(1)待测设点与每两个已知点构成的交会角应尽可能在 $60°\sim120°$ 之间。

(2)测角应保持一定的精度,以保证测设精度。

四、距离交会法

距离交会法又称长度交会法，是根据测设点的距离交会定出点的平面位置的方法。距离交会法适用于场地平坦，量距方便，且控制点离待测设点的距离不超过一整尺长的地区。

如图 11-13 所示，P 是待测设点，其设计坐标已知，附近有 A、B 两个控制点，其坐标也已知，测设方法如下：

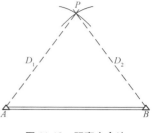

图 11-13　距离交会法

（1）根据 A、B 点和 P 点的坐标计算测设数据 D_1、D_2，即 P 点至 A、B 的水平距离，其中：

$$\begin{cases} D_{D_1} = \sqrt{\Delta x_{D_1}^2 + \Delta y_{D_2}^2} \\ D_{D_2} = \sqrt{\Delta x_{D_2}^2 + \Delta y_{D_2}^2} \end{cases}$$

（2）现场测设 P 点。在现场用一把钢尺分别从控制点 A、B 以水平距离 D_1、D_2 为半径画圆弧，其交点即为 P 点的位置。也可用两把钢尺分别从 A、B 取水平距离 D_1、D_2，摆动钢尺，其交点即为 P 点的位置。

> 距离交会法计算简单，不需经纬仪，现场操作简便。采用距离交会法测设时，用两个钢尺同时丈量较有利。

五、全站仪测设点位

全站仪可以直接测设点的坐标，因此用全站仪测设平面点位时，无须事先计算测设数据，但测设要求至少应有两个已知控制点，设为 M、N，其方法如下：

如图 11-14 所示，M、N 为已知导线控制点，A、B、C、D 为设计建筑物的四个角点，其坐标根据设计图纸获取。

（1）在 M 点安置全站仪，对中，整平，开机。

（2）按下"菜单"键，进入放样模式。

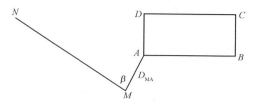

图 11-14　全站仪坐标放样

（3）输入测站点 M 的坐标和仪器高（若只放样平面位置，则不需要输入仪器高），完成测站设置。

（4）输入后视点 N 的坐标，根据仪器上的提示瞄准后视点 N，按下"确定"键完成后视定向。

（5）输入放样点 A 的坐标。此时，仪器会根据测站点坐标和后视点的坐标进行放样元素的计算。其中，HR 为 MA 边的坐标方位角，HD 为 MA 的水平距离计算值。

按下角度测量，旋转照准部，使 dHR（以前当前方向的水平角和计算的水平角度的差值）$=0°00'00''$，即确定放样方向。

按下距离测量，使 dHD（棱镜当前位置和实际位置之间的距离之差）$=0$。

当显示值 dHR、dHD 均为 0 时，则放样点 A 测设完成。

（6）按照投影、打桩、投影、钉钉的步骤将 A 点标定到现场。

> 对测设于实地的建筑物角点的水平角、建筑物边长和对角线进行检查。符合要求后，向施工单位交桩，作为施工的依据。

（7）重复第（5）、（6）步，B、C、D 点依次放样。

第三节　测设已知坡度的直线

在工程中，常常要将设计坡度线在地面上标定出来，作为施工的依据。坡度线的测设是根据附近水准点的高程、设计坡度和坡度线端点的设计高程，用高程测设法将坡度上各点设计高程标定在地面上的测量工作。测设方法有水平视线法和倾斜视线法两种。

一、水平视线法

当坡度不大时,可采用水平视线法。如图 11-15 所示,A、B 为设计坡度线的两个端点,A 点设计高程 $H_A=56.480\text{m}$,坡度线长度(水平距离)$D=110\text{m}$,设计坡度 $i=-1.4\%$,要求在 AB 方向上每隔距离 $d=20\text{m}$ 打一个木桩,并在木桩上定出一个高程标志,使各相邻标志的连线符合设计坡度。设附近有一水准点 M,其高程为 $H_M=56.125\text{m}$,测设方法如下:

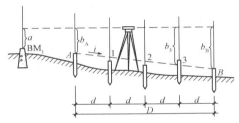

图 11-15　水平视线法测设坡度线

(1)在地面上沿 AB 方向,依次测设间距为 d 的中间点 1、2、3、4、5,在点上打好木桩。

(2)计算各桩点的设计高程。

先计算按坡度 i 每隔距离 d 相应的高差:
$$h=id=-1.4\%\times 20=-0.28\text{m}$$

再计算各桩点的设计高程,其中:

第 1 点:$H_1=H_A+h=56.480-0.28=56.200\text{m}$

第 2 点:$H_2=H_1+h=56.200-0.28=55.920\text{m}$

……

同法算出其他各点设计高程为 $H_3=55.640\text{m}$,$H_4=55.360\text{m}$,$H_5=55.080\text{m}$,最后根据 H_5 和剩余的距离计算 B 点设计高程:
$$H_B=55.080+(-1.4\%)\times(110-100)=54.940\text{m}$$

B 点设计高程也可用下式算出:

$$H_B = H_A + iD$$

上式用来检核上述计算是否正确,例如,这里为 $H_B = 56.480 - 1.4\% \times 110 = 54.94$m,说明高程计算正确。

(3)在合适的位置(与各点通视,距离相近)安置水准仪,后视水准点上的水准尺,设读数 $a = 0.866$m,先代入式计算仪器视线高:

$$H_视 = H_M + a = 56.125 + 0.866 = 56.991\text{m}$$

再根据各点设计高程,依次代入式计算测设各点时的应读前视读数,例如 A 点为:

$$b_A = H_视 - H_A = 56.991 - 56.480 = 0.511\text{m}$$

1 号点为:

$$b_1 = H_视 - H_1 = 56.991 - 56.200 = 0.791\text{m}$$

同理得 $b_2 = 1.071$m, $b_3 = 1.351$m, $b_4 = 1.631$m, $b_5 = 1.911$m, $b_B = 2.051$m。

(4)水准尺依次贴靠在各木桩的侧面,上下移动尺子,直至尺读数为 b 时,沿尺底在木桩上画一横线,该线即在 AB 坡度线上。也可将水准尺立于桩顶上,读前视读数 b',再根据应读读数和实际读数的差 $h = b - b'$,用小钢尺自桩顶往下量取高度画线。

二、倾斜视线法

当坡度较大时,坡度线两端高差太大,不便按水平视线法测设,这里可采用倾斜视线法。倾斜视线法是根据视线和坡度线平行时,两平行线间的距离处处相等的原理,测设出坡度线上各点的高程位置。

如图 11-16 所示,A、B 为设计坡度线的两个端点,A 点设计高程 $H_A = 131.600$m,坡度线长度(水平距离)$D = 70$m,设计坡度 $i = -10\%$,附近有一水准点 M,其高程 $H_M = 131.950$m,测设方法如下:

(1)根据 A 点设计高程、坡度 i 及坡度线长度 D,计算 B 点设计高程,即

$$\begin{aligned} H_B &= H_A + iD \\ &= 131.600 - 10\% \times 70 \\ &= 124.600\text{m} \end{aligned}$$

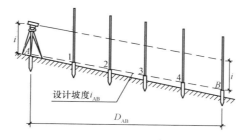

图 11-16 倾斜视线法

（2）按测设已知高程的一般方法，将 A、B 两点的设计高程测设在地面的木桩上。

（3）在 A 点（或 B 点）上安置水准仪，使基座上的一个脚螺旋在 AB 方向上，其余两个脚螺旋的连线与 AB 方向垂直，粗略对中并调节与 AB 方向垂直的两个脚螺旋基本水平，量取仪器高 L。通过转动 AB 方向上的脚螺旋和微倾螺旋，使望远镜十字丝横丝对准 B 点（或 A 点）水准尺上等于仪器高处，此时仪器的视线与设计坡度线平行。

（4）在 AB 方向的中间各点 1、2、3、…的木桩侧面立水准尺，上下移动水准尺，直至尺上读数等于仪器高时，沿尺底在木桩上画线，则各桩画线的连线就是设计坡度线。

第四节　两点间直线与铅垂线测设

一、两点间测设直线

（一）一般测设法

如果两点之间能通视，且在其中一点上能安置经纬仪，则可用经纬仪定线法进行测设。

先在其中一个点上安置经纬仪，照准另一个点，固定照准部，再根据需要，在现场合适的位置立测钎，用经纬仪指挥测钎左右移动，直到恰好与望远镜竖丝重合时定点，该点即位于 AB 直线上，同法依次测设出其他直线点,如图 11-17 所示。如果需要的话,可在每两个相邻直线点之间用拉白线、弹墨线和撒灰线的方法,在现场将此直线标绘出来,作为施工的依据。

如果经纬仪与直线上的部分点不通视,如图 11-18 中深坑下面的 P_1、P_2 点,则可先在与 P_1、P_2 点通视的地方(如坑边)测设一个直线点 C,再搬站到 C 点测设 P_1、P_2 点。

图 11-17　两点间通视的直线测设

图 11-18　两点部分不通视的直线测设

(二)正倒镜投点法

如果两点之间互不通视或者距离较远,在两点都不能安置经纬仪,采用正倒镜分中法难以放线投点,此时采用正倒镜投点法。

如图 11-19 所示,M、N 为现场上互不通视的两个点,需在地面上测设以 M、N 为端点的直线,测设方法如下:

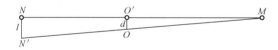

图 11-19　正倒镜投点法测设直线

在 M、N 之间选一个能同时与两端点通视的 O 点处安置经纬仪,尽量使经纬仪中心在 M、N 的连线上,最好是与 M、N 的距离大致相等。盘左(也称为正镜)瞄准 M 点并固定照准部,再倒转望远镜观察 N 点,若望远镜视线与 N 点的水平偏差 $MN'=L$,则根据距离 ON 与 MN 的比,计算经纬仪中心偏离直线的距离 d:

$$d=l \cdot \frac{ON}{MN}$$

然后将经纬仪从 O 点往直线方向移动距离 d;重新安置经纬仪并重复上述步骤的操作,使经纬仪中心逐次往直线方向趋近。

最后,当瞄准 M 点,倒转望远镜便正好瞄准 N 点,不过这并不等于仪器一定就在 MN 直线上,这是因为仪器存在误差。因此还需要用盘右(也称为倒镜)瞄准 M 点,再倒转望远镜,看是否也正好瞄准 N 点。

正倒镜投点法的关键

正倒镜投点法的关键是用逐渐趋近法将仪器精确安置在直线上,在实际工作中,为了减少通过搬动脚架来移动经纬仪的次数,提高作业效率,在安置经纬仪时,可按图 11-20 所示的方式安置脚架,使一个脚架与另外两个脚架中点的连线与所要测设的直线垂直,当经纬仪中心需要往直线方向移动的距离不太大(10～20cm 以内)时,可通过伸缩该脚架来移动经纬仪,而当移动的距离更小(2～3cm 以内)时,只需在脚架头上移动仪器即可。

图 11-20　安置脚架

二、铅垂线的测设

在高层建筑的建设中常要测设以铅垂线为标准的点和线,而以铅垂线为标准的点和线就称为铅垂线或垂准线。在用悬挂垂线球对地面点、墙体与柱子进行垂直检验时,因为垂准的精度约为高度的 1/1000,所以会产生较大的偏差。在开阔的场地且建(构)筑物垂直高度不大时,可

在对建设要求较高的传统高层建筑进行垂直检验时,通常采用直径不大于1mm 的细钢丝悬挂10～50kg的垂球,垂球要浸入到油桶中,这样的垂准精度在1/10000以上。

以用两架经纬仪,在平面上相互垂直的两个方向上,利用整平后仪器的视准轴上下转动形成铅垂平面,与建(构)筑物垂直相交而得到铅垂线。

目前有专门测设铅垂线用的仪器,称为垂准仪,也称天顶仪,其垂准的相对精度可达到 1/40000。

第五节　建筑施工控制测量

在工程勘测阶段就已经建立控制网,但由于这个阶段的控制网密度和精度低,没有考虑到施工方面的因素,由此在施工之前,建筑场地上要建立针对的、专门的施工控制网。平面施工控制网的布设形式主要有建筑基线、建筑方格网、三角网和导线网,应根据施工总平面图的设计和施工现场的地形情况而定。在本节中主要介绍建筑基线和建筑方格网。

一、建筑基线

建筑基线是建筑场地的施工控制基准线,即在建筑场地布置一条或几条轴线。它主要适用于建筑设计总平面图布置比较简单的小型建筑场地。

(一)建筑基线的布设

建筑基线的布置,主要根据建筑物的分布、场地的地形和原有测图控制点的情况而定。常用的建筑基线的布设形式主要有一字形、L 字形、十字形、丁字形等,如图 11-21 所示。

特别提示

建筑基线布设要求

建筑基线布设的位置应尽量邻近建筑场地中的主要建筑物,且与其轴线相平行,以便采用直角坐标法进行放样。为了便于检查基线点位有无变动,基线点不得少于三个。基线点位应选在通视良好而不受施工干扰的地方。若点需长期保存,要建立永久性标志。

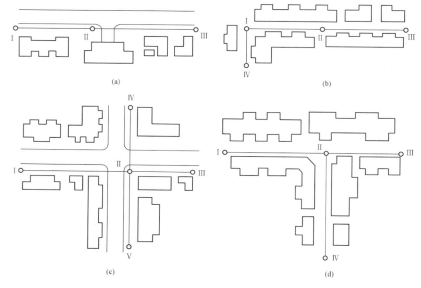

图 11-21 建筑基线的布设形式

(a)"一字形"(b)"L 字形"(c)"十字形"(d)"丁字形"

(二)建筑基线的测设

根据施工场地的条件不同,建筑基线的测设方法主要有根据控制点测设、根据界桩测设与根据建筑物测设三种方法。

1. 根据控制点测设建筑基线

(1)"一"字形建筑基线。如图 11-22 所示,欲测设一条由 M、O、N 三个点组成的"一"字形建筑基线,先根据邻近的测图控制点 1、2,采用极坐标法将三个基线点测设到地面上,得 M'、O'、N' 三点,然后在 O' 点安置经纬仪,观测 $\angle M'O'N'$,检查其值是否为 $180°$,如果角度误差大于 $\pm 10''$,说明不在同一直线上,应进行调整。调整时将 M'、O'、N' 沿与基线垂直的方向移动相等的距离 l,得到位于同一直线上的 M、O、N 三点,l 的计算如下:

设 M、O 距离为 m,N、O 距离为 n,$\angle M'O'N' = \beta$,则有:

$$l = \frac{mn}{m+n}\left(90° - \frac{\beta}{2}\right)\frac{1}{\rho}$$

式中,$\rho = 206265''$。

例如,图 11-22 中 $m=115\text{m}$,$n=170\text{m}$,$\beta=179°40'10''$。则:

$$l = \frac{115 \times 170}{115 + 170} \times \left(90° - \frac{179°40'10''}{2}\right) \times \frac{1}{206265''}$$

$$= 0.19(\text{m})$$

调整到一条直线上后,用钢尺检查 M、O 和 N、O 的距离与设计值是否一致,若偏差大于 $1/10000$,则以 O 点为基准,按设计距离调整 M、N 两点。

(2)"L"形建筑基线。如图 11-23 所示的"L"形建筑基线,测设 M'、O、N' 三点后,在 O 点安置经纬仪检查 $\angle M'ON'$ 是否为 $90°$,如果偏差值 $\Delta\beta$ 大于 $\pm20''$,则保持 O 点不动,按精密角度测设时的改正方法,将 M' 和 N' 各改正 $\Delta\beta/2$,其中 A'、B' 改正偏距 L_M、L_N 的公式分别为:

$$\begin{cases} L_\text{M} = MO \cdot \dfrac{\Delta\beta}{2\rho} \\[2mm] L_\text{N} = NO \cdot \dfrac{\Delta\beta}{2\rho} \end{cases}$$

M' 和 N' 沿直线方向上的距离检查与改正方法同"一"字形建筑基线。

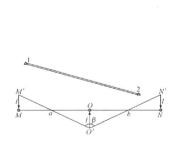

图 11-22　"一"字形建筑基线

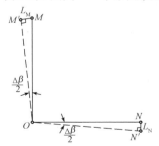

图 11-23　"L"形建筑基线

2. 根据界桩测设建筑基线

在城市中,建筑用地的边界,是由城市测绘部门根据经审准的规划图测设的,又称为"建筑红线",其界桩可作为测设建筑基线的依据。

如图 11-24 中的 1、2、3 点为建筑边界桩,1—2 线与 2—3 线互相垂直,根据边界线设计 L 形建筑基线 MON,其主要测设过程如下:

(1)测设时采用平行线法,以距离 d_1 和 d_2,将 M、O、N 三点在实地标定出来;

(2)用经纬仪检查基线的角度是否为 90°;

(3)用钢尺检查线点的间距是否等于设计值,必要时对 M、N 进行改正,即可得到符合要求的建筑基线。

3. 根据建筑物测设建筑基线

在建筑基线附近有永久性的建筑物,并且建筑物的主轴线平行于基线时,可以根据建筑物测设建筑基线。

如图 11-25 所示,采用拉直线法,沿建筑物的四面外墙延长一定的距离,得到直线 ab 和 cd,延长这两条直线得其交点 O,然后安置经纬仪于 O 点,分别延长 ba 和 cd,使之符合设计长度,得到 M 和 N 点,再用上面所述方法对 M 和 N 进行调整便得到两条相垂直的基线。

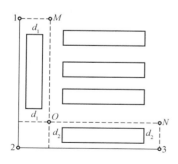

图 11-24 根据边界桩测设基线

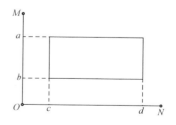

图 11-25 根据边界桩测设基线

二、建筑方格网

由正方形或矩形的格网组成的建筑场地的施工控制网,称为建筑方格网,又称为矩形网,其主要适用于大型的建筑场地。

(一)建筑方格网的布设

建筑方格网的布置,应根据建筑设计总平面图上各种建筑物、道路、管线的分布情况,并结合现场地形情况而拟定。布置建筑方格网时,先要选定两条互相垂直的主轴线。如图 11-26 所示为建筑法方格网示意图。

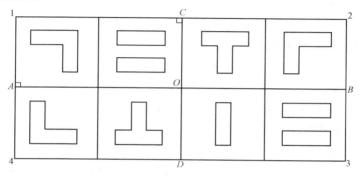

图 11-26　建筑方格网

方格网主轴线的选择

(1)方格网的主轴线,应布设在整个建筑场地的中央,其方向应与主要建筑物的轴线平行或垂直,并且长轴线上的定位点不得少于 3 个。

(2)主轴线的各端点应延伸到场地的边缘,以便控制整个场地。主轴线上的点位,必须建立永久性标志,以便长期保存。

(3)当方格网的主轴线选定后,就可根据建筑物的大小和分布情况而加密格网。在选定格网点时,应以简单、实用为原则,在满足测角、量距的前提下,格网点的点数应尽量减少。方格网的转折角应严格为 90°,相邻格网点要保持通视,点位要能长期保存。

(二)建筑方格网的测设

建筑方格网先进行主轴线的测设,再进行其他方格网点的测设。

建筑方格网测量的主要技术要求应符合表 11-1 的规定。

表 11-1　　　　　　　　　方格网的主要技术要求

等级	边长/m	测角中误差/(″)	边长相对中误差
Ⅰ级	100～300	5	≤1/30000
Ⅱ级	100～300	8	≤1/20000

1. 建筑方格网主轴线的测设

由于建筑方格网是根据场地主轴线布置的,因此在测设时,应首先根据场地原有的测图控制点,测设出主轴线的三个主点。

MN 和 CD 是建筑方格网的主轴线,也是建筑方格网扩展的基础。其主要测设步骤如下:

(1)先测设轴线 MN,其测设方法与建筑基线测设方法相似。比较角值误差和距离误差应满足方格网测设的相关技术要求。

(2)将经纬仪安置于 O 点,瞄准 M 点,分别向左、向右转 90°,测设另一主轴线主点 C'、D',并在地面上标定两点,然后精确测定 $\angle MOC'$ 和 $\angle MOD'$,分别算出它们与 90°的差值 ε_1 和 ε_2 及调整值:

$$L = L\frac{\varepsilon}{p}$$

式中　L——OC 或 OD 的长度;

　　　p——206265″。

定出满足规范要求的 C、D 两点。

2. 建筑方格网点的测设

主轴线测设完后,建筑方格网点的主要测设步骤如下:

(1)将经纬仪安置于主轴线端点,后视 O 点,分别测设 90°水平角,交会出"田"字形的方格网点;

(2)检查角度和距离是否满足误差相差,再以基本方格网点为基础进行加密。

特别提示

角度偏差值的规定

角度偏差值,一级方格网不应大于$90°\pm8''$,二级方格网不应大于$90°$ $\pm12''$;距离偏差值,一级方格网不应大于$D/25000$,二级方格网不应大于 $D/15000$(D为方格网的边长)。

三、施工高程控制网

由于测图高程控制网在点位分布和密度方面均不能满足施工测量的需要,因此在施工场地建立平面控制网的同时,还必须重新建立施工高程控制网。施工高程控制网一般按照四等以上水准测量的精度要求布设,即符合表 11-2 的规定。

表 11-2　　　　　　　　　　　水准测量的主要技术要求

等级	每千米高差中误差/mm	路线长度水准/km	仪器型号	水准尺种类	测量次数		限差	
					与已知点连测	附合或环线	平地/mm	山地/mm
二等	2	—	DS$_1$	钢瓦	往返各一次	往返各一次	$4\sqrt{L}$	—
三等	6	≤50	DS$_1$	钢瓦	往返各一次	往一次	$12\sqrt{L}$	$4\sqrt{n}$
			DS$_3$	双面		往返各一次		
四等	10	≤16	DS$_3$	双面	往返各一次	往一次	$20\sqrt{L}$	$6\sqrt{n}$

建立施工高程控制网时,当建筑场地面积不大时,一般按四等水准测量或等外水准测量来布设。当建筑场地面积较大时,可分为两级布设,即首级高程控制网和加密高程控制网。首级高程控制网采用三等水准测量施测;加密高程控制网采用四等水准测量施测。

首级高程控制网应在原有测图高程网的基础上单独增设水准点,并建立永久性标志。场地水准点的间距宜小于 1km;水准点距离建(构)筑物不应小于 25m;距离振动影响范围以外不应小于 5m;距离回填土边线不应小于 15m。凡是重要的建筑物附近均应设置水准点。整个建筑场地至少要设置三个永久性的水准点,并应布设成闭合水准路线或符合水准路线。高程测量精度不应低于三等水准测量。其点位要选择恰当,不受施工影响,既要便于施测,又能永久保存。

加密高程控制网一般不单独布设,要与建筑方格网合并,即在各格网点标志上加设一突出的半球状标志以示点位。各点间距宜在200m左右,以便施工时安置一次仪器即可测出所需高程。加密高程控制网应按四等水准测量进行观测,并符合在首级水准点上。

特别提示

　　为了测设方便,通常在较大的建筑物附近建立专用的水准点,即±0.000标高水准点,其位置多选在较稳定的建筑物墙面上,用红色油漆将上顶绘成水平线的倒三角形,如"▼"。必须注意,在设计中各建筑物的±0.000高程是不相等的,应严格加以区别,防止用错设计高程。

思考与练习

一、单项选择题

1. 使用测量仪器和工具,根据已有的控制点或地物点,按照设计要求,采用一定的方法,将图纸上规划设计的建(构)筑物的位置标定到地面上,称为( )。

    A. 测设　　　　　　　　　B. 测定

    C. 测量　　　　　　　　　D. 测图

2. 在地面上测设已知坡度的方法有水平视线法和( )。

    A. 极坐标法　　　　　　　B. 直角坐标法

    C. 倾斜视线法　　　　　　D. 距离交会法

3. 建筑方格网的主轴线,应布设在整个建筑场地的中央,其长轴线上的定位点不得少于( )个。

    A. 1　　　　　B. 2　　　　　C. 3　　　　　D. 4

二、多项选择题

1. 测设的基本工作包括测设已知水平距离及( )等工作。

A. 测设已知坐标　　　　　　　B. 测设已知水平角

C. 测设已知高程　　　　　　　D. 测设已知方位

E. 测设已知高差

2. 测设点的平面位置的方法有直角坐标法和(　　)。

A. 极坐标法　　　　　　　　　B. 角度交会法

C. 水平视线法　　　　　　　　D. 距离交会法

E. 直接测设法

3. 下列属于建筑基线的布设形式的有(　　)。

A. 圆形　　　B. 一字形　　　C. 十字形　　　D. 丁字形

E. 田字形

三、简答题

1. 建筑施工测量的任务是什么？其具有哪些特点？

2. 用钢尺测设法进行距离测设的主要步骤有哪些？

3. 极坐标法适用于什么定位？如何测设主轴线上的三个定位点？

4. 前方交会法适用于什么定位？

5. 测设点的平面位置的方法有哪些？适合于什么情况？

6. 地面原有控制点 M 和 N，需测设 A 点。已知 M(24.22m, 86.71m)，$\alpha_{MN} = 300°04'$，A(42.34m, 85.00m)。若将仪器安在 M 点测设 A 点，试计算测设数据。

7. 已知 AB 两个控制点，A(530.00m, 520.00m)，B(469.63m, 606.22m)。若 P 点的测设坐标为(522.00m, 586.00m)，试求用角度交会法测设 P 点的数据。

8. 建筑基线的测设方法有哪几种？

第十二章　民用建筑施工测量

民用建筑是供人们从事非生产性活动使用的建筑物。民用建筑又分为居住建筑和公共建筑两类。居住建筑包括住宅、公寓、宿舍等，公共建筑是供人们进行各类社会、文化、经济、政治等活动的建筑物，如图书馆、车站、办公楼、电影院、宾馆、医院等。

民用建筑施工测量的过程主要包括建筑物定位与放线、基础施工测量、墙体施工测量以及特殊工程施工测量。

建筑物施工放样的主要技术指标见表 12-1。

表 12-1　　　　　　建筑物施工放样的主要技术指标

建筑物结构	测距相对中误差 K	测角中误差 $m_\beta/('')$	按距离控制点 100m,采用极坐标法测设点位中误差 m_p/mm	在测站上测定高差中误差/mm	根据起始水平面在施工水平面上测定高程中误差/mm	竖向传递轴线点中误差/mm
金属结构、装配式钢筋混凝土结构、建筑物高度 100～200m，或跨度 30～36m	1/20000	±5	±5	1	6	4
15 层房屋、建筑物高度 60～100m 或跨度 18～30m	1/10000	±10	±11	2	5	3
5～15 层房屋、建筑物高度 15～60m 或跨度 6～18	1/5000	±20	±22	2.5	4	2.5

续表

建筑物结构	测距相对中误差 K	测角中误差 $m_\beta/(")$	按距离控制点100m,采用极坐标法测设点位中误差 m_p/mm	在测站上测定高差中误差/mm	根据起始水平面在施工水平面上测定高程中误差/mm	竖向传递轴线点中误差/mm
5层房屋、建筑物高度15m或跨度6m以下	1/3000	±30	±36	3	3	2
木结构、工业管线或公路铁路专用线	1/2000	±30	±52	5		
土木竖向整平	1/1000	±45	±102	10		

注:采用极坐标测设点位,当点位距离控制点 100m 时,其点位中误差的计算公式
$$m_p = \sqrt{(100m_\beta/\rho'')+(100K)^2} 。$$

第一节　建筑物定位与放线

一、建筑物定位

建筑物的定位就是把建筑物四周外廓主要轴线的交点测设到地面上,作为基础放线和细部轴线放线的依据。建筑物的定位方法主要有以下几种:

(一)根据控制点定位测量

如果待定位建筑物的定位点设计坐标是已知的,且附近有高级控制点可供利用,则可根据实际情况选用极坐标法、角度交会法或距离交会法三种方法来测设定位点。这三种方法中,极坐标法适用性最强,是用得最多的一种定位方法。

(二)根据建筑方格网和建筑基线定位测量

如果待定位建筑物的定位点设计坐标是已知的,并且建筑场地已设有建筑方格网或建筑基线,可利用直角坐标法测设定位点。当然也可用极坐标法等其他方法进行测设,但直角坐标法所需要的测设数据的计算较为方便。

如现场已测设建筑方格网,如图 12-1 所示,M、N 为建筑方格网的一条边,可根据它作建筑物 $ABCD$ 的定位放线。测设方法如下:

(1)在建筑总平面图上,查得 A 点的坐标值。计算得 $MA=20\text{m}$, $A'A=15\text{m}$,$AC=5\text{m}$,$AB=66\text{m}$。

(2)用直角坐标法测设 A、B、C、D 四大角的角点。

(3)用钢尺检验建筑物的边长,相对误差不应超过 $1/2000$。

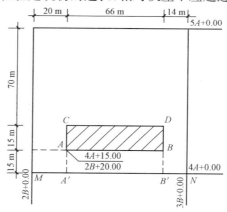

图 12-1 根据建筑物方格网定位建筑物

(三)根据新建筑物与原有建筑物和道路关系定位测量

如果设计图上只给出新建筑物与附近原有建筑物或道路的相互关系,而没有提供建筑物定位点的坐标,周围又没有测量控制点、建筑方格网和建筑基线可供利用,可根据原有建筑物的边线或道路中心线,将新建筑物的定位点测设出来。

具体测设方法随着实际情况的不同而不同,但基本过程是一致的,在本节中主要分根据与原有建筑物的关系定位以及根据建筑方格网定位两种情况。

如图 12-2 所示,拟建建筑物的外墙边线与原有建筑的外墙边线在同一条直线上,两栋建筑物的间距为 15m,拟建建筑物四周长轴为 45m,短轴为 20m,轴线与外墙边线间距为 0.15m,试测设出建筑物四个轴线交点 D_1、D_2、D_3、D_4。

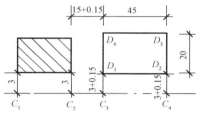

图 12-2　根据与原有建筑物的关系定位

(1)沿原有建筑物的两侧外墙拉线,用钢尺顺线从墙角往外量一段较短的距离(这里设为 3m),在地面上定出 C_1 和 C_2 两个点,C_1 和 C_2 的连线即为原有建筑物的平行线。

(2)在 C_1 点安置经纬仪,照准 C_2 点,用钢尺从 C_2 点沿视线方向量 15m+0.15m,在地面上定出 C_3,再从 C_3 点沿视线方向量 45m,在地面上定出 C_4 点,C_3 和 C_4 的连线即为拟建建筑物的平行线,其长度等于长轴尺寸。

(3)在 C_3 点安置经纬仪,照准 C_4 点,逆时针测设 90°,在视线方向上量 3m+0.15m,在地面上定出 D_1 点。

(4)从 D_1 点沿视线方向量 20m,在地面上定出 D_4 点。

(5)在 C_4 点安置经纬仪,照准 C_3 点,顺时针测设 90°,在视线方向上量 3m+0.15m,在地面上定出 D_2 点。

(6)从 D_2 点沿视线方向量 20m,在地面上定出 D_3 点。则 D_1、D_2、D_3 和 D_4 点即为拟建建筑物的四个定位轴线点。

(7)在 D_1、D_2、D_3 和 D_4 点上安置经纬仪,检核四个大角是否为 90°,用钢尺丈量四条轴线的长度,检核长轴是否为 45m,短轴是否为 20m。

二、建筑物放线

建筑物放线是指根据现场已测好的建筑物标注点,详细测设其他各轴线交点的位置,将其延长到安全处做好标志。建筑物放线方法主要有测设细部轴线交点法、引测轴线法两种。

(一)测设细部轴线交点的放线方法

如图 12-3 所示,1 轴、5 轴、A 轴和 G 轴是建筑物的四条外墙主轴线,其交点 A1、G1、A5 和 G5 是建筑物的定位点,这些定位点已在地面上测设完毕并打好桩点,各主次轴线间隔见图,现试欲测设次要轴线与主轴线的交点。

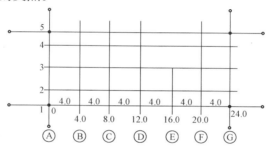

图 12-3 测设细部轴线交点

(1)在 A1 点安置经纬仪,照准 G1 点,把钢尺的零端对准 A1 点,沿视线方向拉钢尺,在钢尺上读数等于 A 轴和 B 轴间距(4.0m)的地方打下木桩。

(2)打桩过程中要经常用仪器检查桩顶是否偏离视线方向,并不时拉一下钢尺,钢尺读数是否还在桩顶上,如有偏移要及时调整。

(3)打好桩后,用经纬仪视线指挥在桩顶上画一条纵线,再拉好钢尺,在读数等于轴间距处画一条横线,两线交点即 1 轴与 B 轴的交点。

(4)在测设 1 轴与 C 轴的交点 C1 时,方法同上,注意仍然要将钢尺的零端对准 A1 点,并沿视线方向拉钢尺,而钢尺读数应为 A 轴和 C 轴间距(8.0m),这种做法可以减小钢尺对点误差,避免轴线总长度增长或缩短。

(5)依次测设 A 轴与其他有关轴线的交点。

(6)测设完最后一个交点后,用钢尺检查各相邻轴线桩的间距是否等于设计值,误差应小于 1/3000。

(7)测设完 A 轴上的轴线点后,用同样的方法测设 5 轴、A 轴和 C 轴上的轴线点。如果建筑物尺寸较小,也可用拉细线绳的方法代替经纬仪定线,然后沿细线绳拉钢尺量距。

(二)建筑物引测轴线的方法

1. 龙门板法

龙门板法是在建筑物四角和中间隔墙的两端,距基槽边线 2m 以外,牢固地埋设大木桩,称为龙门桩,并使桩的一侧平行于基槽,如图 12-4 所示,其主要适用于一般小型的民用建筑物。

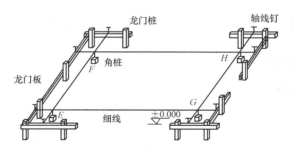

图 12-4　龙门板法

2. 轴线控制桩法

在建筑物施工时,沿房屋四周在建筑物轴线方向上设置的桩叫作轴线控制桩,其是在测设建筑物角桩和中心桩时,把各轴线延长到基槽开挖边线以外,不受施工的干扰并便于引测和保存桩位的地方,如图 12-5 所示。

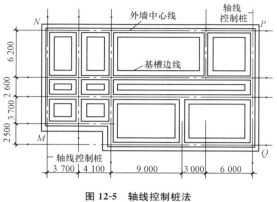

图 12-5 轴线控制桩法

第二节 民用建筑基础施工测量

基础分为墙基础与柱基础两类。基础施工测量的主要内容有基槽抄平、垫层标高控制、垫层中线投测、基础皮数杆的设置。

一、基槽抄平

为了控制基槽开挖深度,当基槽挖到接近槽底设计高程时,应用水准仪在槽壁上测设一些水平桩,使水平桩的上表面离槽底设计高程为某一整分米数,用以控制挖槽深度,也可作为槽底清理和打基础垫层时掌握标高的依据,如图 12-6 所示。工程中称高程测设为抄平。

图 12-6 基槽抄平

1—水平桩;2—垫层标高桩

知识链接

基槽水平桩测设及实例

　　水平桩可以是木桩也可以是竹桩。测设时,以画在龙门板或周围固定地物的±0.000标高线为已知高程点,用水准仪进行测设,小型建筑物也可用连通水管法进行测设。水平桩上的高程误差应在±10m以内。

　　如图12-7所示,设龙门板顶面标高为±0.000,槽底设计标高为－1.9m,水平桩高于槽底0.5m,即水平桩高程为－1.9m,用水准仪后视

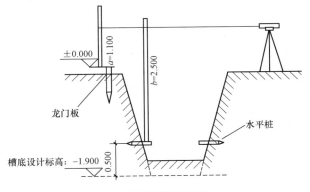

图 12-7　水平桩设置(单位:m)

龙门板顶面上的水准尺,读数 $a=1.1$m,试计算水准仪应读的前视读数。

解: 其主要测设过程如下:

　　(1)安置水准仪,在±0.000的标高线位置上立水准尺,读出后视读数 $a=1.100$m,根据水准仪测设高程的原理,水准仪前视水平桩上水准尺应读前视读数 b 为:

$$b=a-h=1.100-(-1.900+0.500)=1.100+1.400=2.500(\text{m})$$

　　(2)将水准仪立于槽壁上,上下移动尺身,当前视读数刚好为2.500m时停住,沿尺底面钉设水平桩。

二、垫层标高控制与中线投测

1. 垫层标高控制

垫层面标高的测设可以水平桩为依据在槽壁上弹线,也可在槽底

打入垂直桩,使桩顶标高等于垫层面的标高。如果垫层需安装模板,可以直接在模板上弹出垫层面的标高线。

如果是机械开挖,一般是一次挖到设计槽底或坑底的标高,因此要在施工现场安置水准仪,边挖边测,随时指挥挖土机调整挖土深度,使槽底或坑底的标高略高于设计标高(一般为 10cm,留给人工清底)。

挖完后,为了给人工清底和打垫层提供标高依据,还应在槽壁或坑壁上打水平桩,水平桩的标高一般为垫层面的标高。

2. 垫层中线投测

垫层打好后,根据龙门板上的轴线钉或轴线控制桩,用经纬仪或用拉线挂吊锤的方法,把轴线投测到垫层面上去,然后在垫层上用墨线弹出墙中心线、基础边线、基础中心线、边线,以便砌筑基础或安装基础模板。

> 当基坑底面积较大时,为便于控制整个底面的标高,应在坑底均匀地打一些垂直桩,使桩顶标高等于垫层面的标高。

三、基础标高的控制

基础墙的标高一般是用基础"皮数杆"来控制的,皮数杆用一根木杆做成,在杆上注明 ±0.000 的位置,按照设计尺寸将砖和灰缝的厚度,分皮从上往下一一画出来。此外,还应注明防潮层和预留洞口的标高位置。

立皮数杆时,可先在立杆处打一木桩,用水准仪木桩侧面测设一条高于垫层设计标高某一数值(如 10cm)的水平线,然后将皮数杆上标高相同的一条标高线与木桩上的水平线对齐,并用铁钉把皮数杆和木桩钉在一起,这样立好皮数杆后,即可作为砌筑基础墙的标高依据。此外,

> 基础施工结束后,应检查基础面的标高是否满足设计要求。一般来说,可用水准仪测出基础面上的若干高程,和设计高程相比较,允许误差为 ±10mm。

对于采用钢筋混凝土的基础,可用水准仪将设计标高测设于模板上。

第三节 民用建筑墙体施工测量

一、一层楼房墙体施工测量放线

(一)墙体轴线测设

基础工程施工结束以后,应对龙门板或轴线控制桩进行检查复核,防止其在基础施工期间发生松动移位。

复核无误后,可根据轴线控制桩或龙门板上的轴线钉,用经纬仪法或拉线法,把首层楼房的墙体轴线测设到防潮层上,并弹出墨线,然后用钢尺检查墙体轴线的间距和总长是否等于设计值,用经纬仪检查外墙轴线四个主要交角是否等于 $90°$,如图 12-8 所示。符合要求后,把墙轴线延长到基础外墙侧

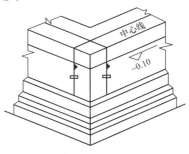

图 12-8 墙体轴线与标高线标注

面上并弹线和做出标志,以此确定上部砌体的轴线位置,作为向上投测各层楼房墙体轴线的依据。同时,还应把门、窗和其他洞口的边线,也在基础外墙侧面上做出标志,如图 12-8 所示。

特别提示

墙体砌筑准备工作

墙体砌筑前,根据墙体轴线和墙体厚度弹出墙体边线,照此进行墙体砌筑。砌筑到一定高度后,用吊锤线将基础外墙侧面上的轴线引测到地面以上的墙体上,以免基础覆土后看不见轴线标志。如果轴线处是钢筋混凝土柱,可在拆柱模后将轴线引测到柱身上。此外,需要注意的是,同时需要把门窗和其他洞口的边线也在基础外侧面墙面上做出标志。

(二)墙体标高测设

如图 12-9 所示,在墙体砌筑过程中,其墙身上各部位的标高是用墙身"皮数杆"来控制和传递控制。在皮数杆上根据设计尺寸,按砖和灰缝厚度画线,并标明门、窗、过梁、楼板等的标高位置。杆上标高注记从 ±0.000m 向上增加。

墙身皮数杆一般都建立在建筑物的拐角和内墙处,固定在木桩或基础墙上。为了便于施工,采用里脚手架时,皮数杆立在墙的外边;采用外脚手架时,皮数杆应立在墙里边。

立皮数杆时,要先用水准仪在立杆处的木桩或基础墙上测设出 ±0.000 标高线,测量误差在 ± 3mm 以内;然后,把皮数杆上的 ±0.000 线与该线对齐,用吊锤校正并用钉钉牢。必要时可在皮数杆上加钉两根斜撑,以保证皮数杆的稳定。皮数杆钉好后,要用水准仪进行检测,并用垂直球检测其高度。

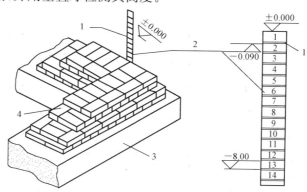

图 12-9 皮数杆控制标高

1—防潮层;2—皮数杆;3—垫层;4—大放脚

二、二层以上楼房墙体施工测量放线

(一)二层以上楼房墙体轴线投测

首层楼面建好后,为保证继续往上砌筑墙体时,墙体轴线均与基础轴线在同一铅垂面上,应将基础或首层墙面上的轴线投测到楼面上,并在楼面上重新弹出墙体的轴线。检查无误后,以此为依据弹山墙体边线,再往上砌筑。

在进行二层以上楼房墙体轴线投测时,特别需要注意的是,从下往上进行轴线投测是关键,一般民用建筑多采用经纬仪投测法、吊垂线法等。

1. 经纬仪投测法(外控法)

当施工场地比较宽阔时,可使用此法进行竖向投测,如图 12-10所示,安置经纬仪于轴线控制桩上,严格对中整平,盘左照准建筑物底部的轴线标志,往上转动望远镜,用其竖丝指挥在施工层楼面边缘上画一点,然后盘右再次照准建筑物底部的轴线标志,同法在该处楼面边缘上画出另一点,取两点的中间点作为轴线的端点。其他轴线端点的投测与此法相同。

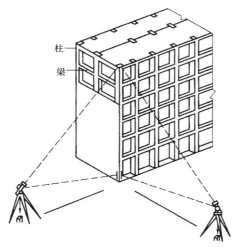

柱
梁

图 12-10　经纬仪轴线投测

2. 吊垂线法

吊垂线法是将较重的垂球悬挂在楼面的边缘,慢慢移动,使垂球尖对准地面上的轴线标志,或者使吊垂线下部沿垂直墙面方向与底层墙面上的轴线标志对齐，吊垂线上部在楼面边缘的位置就是墙体轴线位置，在此画一条短线作为标志，便在楼面上得到轴线的一个端点，同法投测另一端点，两端点的连线即为墙体轴线。一般应将建筑物的主轴线都投测到楼面上来，并弹出墨线，用钢尺检查轴线间的距离，其相对误差不得大于 1/3000。符合要求之后，再以这些主轴线为依据，用钢尺内分法测设其他细部轴线。

(二)二层以上楼层墙体标高传递

多层建筑物施工中，要由下往上将标高传递到新的施工楼层，以便控制新楼层的墙体施工。墙体标高传递的方法主要有利用皮数杆传递标高、利用钢尺传递标高两种方法。

> 在困难的情况下，至少要测设两条垂直相交的主轴线，检查交角合格后，用经纬仪和钢尺测设其他主轴线，再根据主轴线测设细部轴线。

1. 利用皮数杆传递标高

一层楼房墙体砌完并建好楼面后，把皮数杆移到二层继续使用。为了使皮数杆立在同一水平面上，用水准仪测定楼面四角的标高，取平均值作为二楼的地面标高，并在立杆处绘出标高线。立杆时将皮数杆的 ±0.000 线与该线对齐，然后以皮数杆为标高的依据进行墙体砌筑。如此逐层往上传递标高。

特别提示

标高依据的选择

墙体砌筑到一定高度（1.5m 左右）后，应在内、外墙面上测设出 +0.50m 标高的水平墨线，称为"+50 线"。外墙的 +50 线作为向上传递各楼层标高的依据，内墙的 +50 线作为室内地面施工及室内装修的标高依据。

2. 利用钢尺传递标高

在标高精度要求较高时，可用钢尺从底层的 +50cm 标高线起往上直接丈量，把标高传递到第二层，然后根据传递上来的高程测设第二层的地面标高线，以此为依据立皮数杆。在墙体砌到一定高度后，用水准仪测设该层的＋50cm标高线，再往上一层的标高可以此为准用钢尺传递，如此逐层传递标高。

第四节　高层建筑施工测量放线

由于建筑层数多、高度高，结构竖向偏差直接影响工程受力情况，故高层建筑施工测量中要求竖向投点精度高，所选用的仪器和测量方法要适应结构类型、施工方法和场地情况。由于建筑结构复杂，设备和装修标准较高，特别是高速电梯的安装等，对施工测量精度要求亦高。由于施工时亦有误差产生，为此测量误差只能控制在总偏差值之内。

施工规范规定，高层建筑竖向及标高施工偏差限差应符合表12-2中的要求。

表 12-2　　　　　　　　　高层建筑竖向及标高施工偏差限差

结构类型	竖向施工偏差限差/mm		标高偏差限差/mm	
	每层	全高	每层	全高
现浇混凝土	8	$H/1000$（最大 30）	±10	±30
装配式框架	5	$H/1000$（最大 20）	±5	±30
大模板施工	5	$H/1000$（最大 30）	±10	±30
滑模施工	5	$H/1000$（最大 50）	±10	±30

一、建立高层建筑施工控制网

高层建筑施工测量，必须建立施工控制网。一般建立施工控制网使用较为方便、精度也较高的施工方格控制网较为实用。施工方格控制网的建立，必须从整个施工过程考虑，打桩、挖土、浇筑基础垫层和建筑物施工过程中的定轴线均能应用所建立的施工控制网。

为了在现场准确地进行高层建筑物的放样,一般要建立局部的直角坐标系统,且使该局部直角坐标系的坐标轴方向平行于建筑物的主轴线或街道中心线,以简化设计点位的坐标计算和在现场便于建筑物放样。

施工方格网布设应与总平面图相配合,以便在施工过程中能够保存最多数量的控制点标志。

施工方格网点的初定、精测和检测

建立施工方格控制网点,一般要经过初定、精测和检测三步。

(1)初定。初定是把施工网点的设计坐标放置地面上,在这个阶段可以通过利用打入的 $5cm \times 5cm \times 30cm$ 小木桩做埋设标志用。在初定时必须定出标志桩和前后方向桩,方向桩离标桩约 $2 \sim 3m$。根据标志桩和方向桩定出与方向线大致垂直的左右两个,这样当埋设标志时,只要前后和左右用麻线一拉,此交点即为原来初定的施工方格网点。

此外,为了掌握其顶面标高,另配一架水准仪,在前或后的方向桩上测一标高。因前后方向桩在埋设标志时不会掉,可以在埋时随时引测。为了满足施工方格网的设计要求,标桩顶部现浇混凝土,并在顶面放置 $200mm \times 20mm$ 不锈钢板。

(2)精测。方格网控制点初定后,必须将设计的坐标值精密测定到标板上。

(3)检测。方格网控制点精测时点位的现场虽作了改正,但为了检查有无错误以及计算方格控制网的测量精度,必须进行检测,测角用 J_2 经纬仪测两个测回,距离往返观测,最后根据所测得的数据进行平差计算坐标值和测量精度。

二、高层建筑基础施工测量放线

1. 测设基坑开挖边线

高层建筑一般都有地下室,因此要进行基坑开挖。开挖前,应先根据建筑物的轴线控制桩确定角桩,以及建筑物的外围边线,再考虑边坡的坡度和基础施工所需工作面的宽度,测设出基坑的开挖边线并撒出灰线。

2. 基坑开挖时的测量工作

高层建筑的基坑一般都很深,需要放坡并进行边坡支护加固。开挖过程中,除了用水准仪控制开挖深度外,还应经常用经纬仪或拉线检查边坡的位置,防止出现坑底边线内收,致使基础位置不够的情况出现。

3. 基础放线

高层建筑基坑开挖完成后的放线,有以下三种情况:

(1)直接做垫层,然后做箱形基础或筏板基础,这时要求在垫层上测设基础的各条边界线、梁轴线、墙宽线和柱位线等。

(2)在基坑底部打桩或挖孔,做桩基础,这时要求在坑底测设各条轴线和桩孔的定位线,桩做完后,还要测设桩承台和承重梁的中心线。

(3)先做桩,然后在桩上做箱基或筏基,组成复合基础,这时的测量工作是前两种情况的结合。

4. 标高测设

基坑完成后,应及时用水准仪根据地面上的±0.000水平线,将高程引测到坑底,并在基坑护坡的钢板或混凝土桩上做好标高为负的整米数的标高线。由于基坑较深,引测时可多转几站观测,也可用悬吊钢尺代替水准尺进行观测。在施工过程中,如果是桩基,则要控制好各桩的顶面高程;如果是箱基和筏基,则直接将高程标志测设到竖向钢筋和模板上,作为安装模板、绑扎钢筋和浇筑混凝土的标高依据。

三、高层建筑的轴线投测

高层建筑轴线投测是将建筑物基础轴线向高层引测,保证各层相应的轴线位于同一竖直面内。高层建筑物轴线的投测,一般分为外控法和内控法两种。

1. 外控法

当拟建建筑物外围施工场地比较宽阔时,常用外控法。它是根据建筑物的轴线控制桩,使用经纬仪(或全站仪)正倒镜向上投测,故称经纬仪竖向投测。

(1)延长轴线法。此法适用于建筑场地四周宽阔能将建筑物轮廓轴线延长到远离建筑物的总高度以外,或附近的多层建筑物的楼顶上,并可在轴线的延长线上安置经纬仪以首层轴线为准向上逐层投测。

(2)侧向借线法。此法适用于场地四周范围较小,高层建筑物四廓轴线无法延长,但可以将轴线向建筑物外侧平行移出,俗称借线。

(3)正倒镜逐渐趋近法。此法适用于建筑物四廓轴线虽然可以延长但不能在延长线上安置经纬仪的情况。

用经纬仪投测时注意事项

(1)投测前对使用的仪器一定要进行严格检校。

(2)投测时要严格对中、整平,用正倒镜取中法向上投测,以减小视准轴误差和横轴误差的影响。

(3)控制桩或延长线桩要稳固,标志明显,并能长期保存。

2. 内控法

施工场地狭小特别是周围建筑物密集的地区,无法用外控法投测时,宜采用内控法投测轴线。在建筑物首层的内部细致布置内控点(平移主轴线),精确测定内控点的位置。内控法主要有吊垂线法投测、天顶准直法和天底准直法三种。

(1)吊垂线法。此法是悬吊特制的较重的线坠,以首层靠近建筑物轮廓的轴线交点为准,直接向各施工楼层悬吊引测轴线。

(2)天顶准直法。天顶方向是指测站点正上方、铅直指向天空的方向。天顶准直法就是使用能测设天顶方向的仪器,进行竖向投测,也称为仰视法。

(3)天底准直法。天底准直法是使用能测设天底方向(指过测站点铅直向下的方向)的专门仪器进行轴线竖向投测。这类仪器有自动天顶-天底准直仪、垂准经纬仪、自动天底准直仪等。

四、高层建筑的高程传递

高层建筑各施工层的标高,是由底层±0.000m 标高向上层传递高程。楼层标高误差不得超过±10mm。高层建筑施工中,高程传递的方法除采用多层民用建筑高程传递的方法外,还应采用利用皮数杆传递高程、利用钢尺直接测量以及悬吊钢尺法三种。

(一)利用皮数杆法进行高程传递

利用皮数杆传递高程的方法是:在皮数杆上自±0.000m 标高线起,门窗口、楼板、过梁等构件的标高都已标明。一层楼砌好后,则从一层皮数杆起一层一层往上接,就可以把标高传递到各楼层。

(二)利用钢尺法进行高程传递

在标高精度要求较高时,一般可用钢尺沿某一墙角、边柱或楼梯间由底层自±0.000m 标高处起向上直接丈量,把高程传递上去。然后根据下面传递上来的高程立皮数杆,作为该层墙身砌筑和安装门、窗、过梁及室内装修、地坪抹灰时控制标高的依据。

(三)利用悬吊钢尺法进行高程传递

在高层建筑物外墙或楼梯间悬吊一根钢尺,根据多层或高层建筑物的具体情况,也可用钢尺代替水准尺分别在地面上和楼面上安置水准仪,用水准仪读数,从

> 运用钢尺法传递高程时,应至少由三处底层标高线向上传递,以便相互校核。

下向上传递高程。而用于高层建筑传递高程的钢尺,应经过检定,量取高差时尺身应铅直和用规定的拉力,并应进行温度改正。

第五节　特殊工程施工测量放线

一、三角形建筑施工测量放线

三角形建筑也可称为点式建筑。三角形的平面形式在高层建筑

中最为多见,有的建筑平面直接为正三角形,有的在正三角形的基础上又有变化,从而使平面形式多种多样。正三角形建筑物的施工放样其实并不复杂,首先应确定建筑物的中心轴线或某一边的轴线位置,然后放出建筑物的全部尺寸线。

如图 12-11 所示为某大楼平面呈三角形点式形状。该建筑物有三条主要轴线,三轴线交点距两边规划红线均为 30m,其施工放样步骤如下:

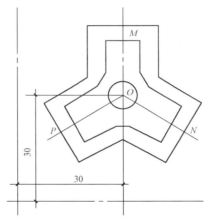

图 12-11　三角形建筑施工放样

(1)根据总设计平面图给定的数据,从两边规划红线分别量取 30m,得此点式建筑的中心点。

(2)测定出建筑物北端中心轴线 OM 的方向,并定出中点位置 M($OM=15m$)。

(3)将经纬仪架设于 O 点,先瞄准 M 点,将经纬仪以顺时针方向转动 $120°$,定出房屋东南方向的中心轴线 ON,并量取 $ON=15m$,定出 N 点。再将经纬仪以顺时针方向转动 $120°$,用同样方法定出西南中心点 P。

(4)因房屋的其他尺寸都是直线的关系,根据平面图所给的尺寸,测设出整个楼房的全部轴线和边线位置,并定出轴线桩。

二、圆弧形建筑施工测量放线

圆弧形的建筑物应用较为广泛,住宅建筑、办公楼建筑、旅馆饭店建筑、医院建筑、交通性建筑等常有采用,形式也极为丰富多彩,有的是整个建筑物为圆弧平图形,有的是建筑物平面为一组弧曲线形,有的是圆弧形平面与其他平面的组合平面图形,有的是建筑物局部采用圆弧形,如乐池、座位排列、楼层挑台、天花等。

圆弧形平面曲线图形的现场施工放线方法较多,有直接拉线法、几何作图法、坐标计算法及经纬仪测角法等。

(一)直接拉线法测量放线

直接拉线法适用于圆弧半径较小的情况。根据设计总平面图,先定出建筑物的中心位置和主轴线;再根据设计数据,即可进行施工放样操作。

如图 12-12 所示为直接拉线法施工放线示意图,试用直接拉线法进行现场施工放线,其主要放线步骤如下:

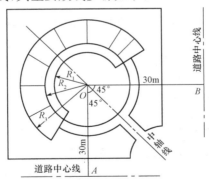

图 12-12　直接拉线法施工放线

(1)根据厂区道路中心线确定圆弧形建筑中心原点(O 点),并设置中心桩。

(2)在建筑中心原点(O 点)处安置经纬仪,后视 A 点(或 B 点),然后转角 45°,确定圆弧形建筑物的中轴线。

（3）在中轴线上从 O 点量取不同的距离 R_1、R_2 和 R_3，定出建筑物柱廊、前沿墙和后沿墙的轴线尺寸。

（4）将中心桩上的圆钉或钢筋头用钢尺套住，分别以 R_1、R_2、R_3 画圆，所画出之三道圆弧即为柱廊、前沿墙和后沿墙的轴线位置。

（5）根据半圆中桩廊六等分的设计要求，继续定出各开间的放射形中心轴线。

（6）在各放射中心轴线的内、外侧钉好龙门板（桩），然后再定出挖土、基础、墙身等结构尺寸和局部尺寸。

特别提示

圆弧形平面曲线图形施工注意事项

应用直接拉线法进行圆弧形平面曲线图形施工线时，应注意以下问题：

（1）直接拉线法主要根据设计总平面图，实地测设出圆的中心位置，并设置较为稳定的中心桩。由于中心桩在整个施工过程中要经常使用，所以桩要设置牢固并应妥善保护。中心处应钉一圆钉（中心桩为木桩时）或埋设一短头钢筋（中心桩为水泥管、砖砌或混凝土桩时）。

（2）为防止中心桩发生碰撞移位或因挖土被挖出，四周应设置辅助桩。为了确保中心桩位置正确，应对中心桩加以核查或重新设置。使用木桩时，木桩中心处钉一小钉；使用水泥桩时，在水泥桩中心处应埋设钢筋。将钢尺的零点对准圆心处中心桩上的小钉或钢筋，依据设计半径，画圆弧即可测设出圆曲线。

（二）几何作图法测量放线

几何作图法又称直接放样法、弦点作图法，即在施工现场采用直尺、角尺等作图工具直接进行圆弧形平面曲线的放样作图。该方法不需要进行任何计算就能在施工现场直接放出具有一定精度的圆弧形平面曲线的大样。

（三）坐标计算法测量放线

坐标计算法一般是先根据设计平面图所给条件建立直角坐标系，进行一系列计算，并将计算结果列成表格后，根据表格再进行现场施工放样。因此,该法的实际现场的施工放样工作比较简单,而且能获得较高的施工精度。

> 坐标计算法是用于当圆弧形建筑平面的半径尺寸很大,圆心已远远超出建筑物平面以外,无法用直接拉线法时所采用的一种施工放样方法。

三、抛物线形建筑施工测量放线

如图 12-13 所示,因为采用坐标系不同,曲线的方程式也不同。在建筑工程测量中的坐标系和数学中的坐标系有所不同,即 x 轴和 y 轴正好相反。建筑工程中用于拱形屋顶大多采用抛物线形式。

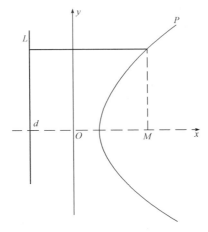

图 12-13 抛物线形建筑物的施工放样

如图 12-14 所示,用拉线法放抛物线的方法如下:

(1)用墨斗弹 x、y 轴,在 x 轴上定出已知交点 O 和顶点 M、准点 d 的位置,并在 M 点钉铁钉作为标志。

(2)作准线:用曲尺经过准线点作 x 轴的垂线 L,将一根光滑的细铁丝拉紧与准线重合,两端钉上钉子固定。

(3)将等长的两条线绳松松地搓成一股,一端固定在 M 点的钉子上,另一端用活套环套在准线铁丝上,使线绳能沿准线滑动。

（4）将铅笔夹在两线绳交叉处，从顶点开始往后拖，使搓的线绳逐渐展开，在移动铅笔的同时，应将套在准线上的线头徐徐向 y 方向移动，并用曲尺掌握方向，使这股绳一直保持与 x 轴平行，便可画出抛物线。

思考与练习

一、单项选择题

1. 下列属于建筑物定位方法中适用性最强的是（　　）。

   A. 极坐标法   B. 角度交会法

   C. 距离交会法   D. 前方交会法

2. 建筑物放线的方法主要有测设细部轴线交点法和（　　）

   A. 轴线投测法   B. 引测轴线法

   C. 轴向投测法   D. 水平投测法

3. 立墙身皮数杆时，需先测设出 ± 0.000 标高线，测量误差在（　　）mm 以内。

   A. 3   B. ± 3 C. 2   D. ± 2

4. 墙体砌筑到一定高度后，应在内、外墙面上测设出（　　）标高的水平墨线。

   A. 0.5   B. 0.6   C. 0.7   D. 0.8

二、多项选择题

1. 二层以上楼房墙体常用轴线投测的方法有（　　）。

   A. 皮数杆法   B. 钢尺传递法   C. 外控法   D. 吊垂线法

   E. 内控法

2. 内控法主要包括（　　）。

   A. 吊垂线法   B. 天顶准直法

   C. 天底准直法   D. 延长轴线法

   E. 悬吊钢尺法

三、简答题

1. 简述民用建筑施工测量前的准备工作。

2. 常用的建筑物定位方法有哪些？

3. 什么是龙门板法？什么是轴线控制桩法？

4. 二层以上楼房墙体轴线投测的方法主要有哪几种？

5. 内控法传递有哪些方法？如何操作？

6. 试述外控法竖向传递轴线的步骤。

7. 什么是几何作图法测量放线？

第十三章　工业建筑施工测量

工业建筑是指各类工厂为工业生产需要而建造的各种不同用途的建（构）筑物的总称，按照层数可分为单层厂房和多层厂房。

工业厂房施工测量放线的主要内容包括：厂房控制网的测设、厂房柱列轴线的测设、工业建筑物结构基础施工测量放线、工业建筑构件安装测量、工业管道工程施工测量、机械设备安装测量等。

第一节　工业厂房控制网的测设

单层工业厂房构件安装及生产设备安装要求测设的厂房柱列轴线有较高的精度，因此，厂房放样时应先建立厂房矩形施工控制网，以此作为轴线测设的基本控制。

一、控制网测设前的准备工作

工业厂房控制网测设前的准备工作主要包括：制定测设方案、计算测设数据和绘制测设图。

1. 制定测设方案

厂房矩形控制网的测设方案，通常是根据厂区的总平面图、厂区控制网、厂房施工图和现场地形情况等资料来制定的。其主要内容包括：确定主轴线位置、矩形控制网位置、距离指标桩的点位、测设方法和精度要求。

2. 计算测设数据

根据测设方案要求测设方案中要求测设的数据。

特别提示

确定主轴线点及矩形控制网位置时注意事项

在确定主轴线点及矩形控制网位置时,应注意以下几点:

(1)要考虑到控制点能长期保存,应避开地上和地下管线。

(2)主轴线点及矩形控制网位置应距厂房基础开挖边线以外 1.54m。

(3)距离指标桩即沿厂房控制网各边每隔若干柱间距埋设一个控制桩,故其间距一般为厂房柱距的倍数,但不要超过所用钢尺的整尺长。

---

3. 绘制测设略图

根据厂区的总平面图、厂区控制网、厂房施工图等资料,按一定比例绘制测设略图,为测设工作做好准备。

二、大型工业厂房控制网的测设

对于大型或设备基础复杂的厂房,由于施测精度要求较高,为了保证后期测设的精度,其矩形厂房控制网的建立一般分两步进行。首先依据厂区建筑方格网精确测设出厂房控制网的主轴线及辅助轴线(可参照建筑方格网主轴线的测设方法进行),当校核达到精度要求后,再根据主轴线测设厂房矩形控制网,并测设各边上的距离指示桩,一般距离指示桩位于厂房柱列轴线或主要设备中心线方向上。最终应进行精度校核,直至达到要求。

如图 13-1 所示,主轴线 MON 和 HOG 分别选定在厂房柱列轴线ⓒ和③轴上,Ⅰ、Ⅱ、Ⅲ、Ⅳ为控制网的四个控制点。其主要测试步骤如下:

(1)首先按主轴线测设方法将 MON 测设于地面上;

(2)以 MON 轴为依据测设短轴 HOG,并对短轴方向进行方向改正,使轴线 MON 与 HOG 正交,限差为±5″。

(3)主轴线方向确定后,以 O 点为中心,用精密丈量的方法测定纵、横轴端点 M、N、H、G 的位置,主轴线长度相对精度为 1/5000。

(4)主轴线测设后,可测设矩形控制网,测设时分别将经纬仪安置在 M、N、H、G 四点上,瞄准 O 点测设 90°方向,交会定出角点,精密丈量 MⅠ、MⅡ、NⅡ、NⅣ、HⅠ、HⅣ、GⅣ、GⅢ 的长度,精度要求同主轴线,不满足时应进行调整。

> 大型厂房的主轴线的测设精度,边长的相对误差不应超过 1/30000,角度偏差不应超过 ±5″。

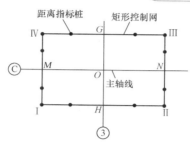

图 13-1 大型厂房矩形
控制网的测设

三、中小型工业厂房控制网的测设

对于单一的中小型工厂房来说,测设一个简单的矩形控制网便可满足放样。简单矩形控制网的测设可以采用直角坐标法、极坐标法和角度交会法。在本节中主要介绍采用直角坐标法网建立厂房控制网的方法。

如图 13-2 所示为矩形控制网示意图,试利用直角坐标法来进行厂房控制网的测设。

解:(1)根据测设方案与测设略图,将经纬仪安置在建筑方格网点 E 上,分别精确照准 D、H 点。

(2)自 E 点沿视线方向分别量取 Eb = 35.00m 和 Ec = 28.00m,定 b、c 两点。

(3)将经纬仪分别安置于 b、c 两点上,用测设直角的方法分别测设 bⅣ、cⅢ 方向线,沿 bⅣ 方向测设出Ⅳ、Ⅰ两点,沿 cⅢ 方向测设出Ⅱ、Ⅲ两点,分别在Ⅰ、Ⅱ、Ⅲ、Ⅳ四个点上钉上木桩,做好标志。

(4)检查控制桩Ⅰ、Ⅱ、Ⅲ、Ⅳ各点的直角是否符合精度要求,一般情况下其误差不应超过±10″,各边长度相对误差不应超过 1/10000～1/25000。

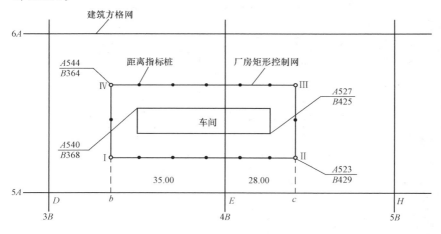

图 13-2　矩形控制网示意图

第二节　工业厂房柱列轴线测设

一、柱列轴线的测设

柱列轴线测设是指根据柱列中心线与矩形控制网的尺寸关系,把柱列中心线一一测设在矩形控制网的边线上(距离应以靠近的距离指标桩量起),并打下大木桩,以小钉标明点位,如图 13-3 中的 AA',BB',$11'\cdots15,15'$。

二、柱基的测设

在进行柱基测试时,用两架经纬仪安置在两条互相垂直的柱列轴线控制桩上,沿轴线方向交会出每一个柱基中心

> 在进行柱基测设时,应注意柱列定位轴线不一定都是基础中心线,一个厂房的柱基类型很多,尺寸不一,放样时切勿弄错。

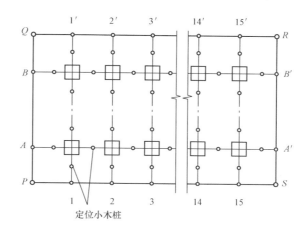

定位小木桩

图 13-3　厂房控制轴线的测定

的位置,并在距柱基挖土开口约 0.5～1m,打个定位小木桩,上小钉标明,作为修坑的立模的依据,并按柱基图上的尺寸用灰线标出挖坑范围。

三、基坑的高程测设

当基坑挖到一定深度时,要在基坑口壁离坑底 0.5m 处测设几个腰桩,作为基坑修坡和检查坑深的依据。此外还应在基坑内测设垫层的标高,即在坑底设置小木柱,使柱顶高程恰好等于垫层的设计标高。

四、基础模板的定位

打好垫层后,根据坑边定位小木柱,用拉线的方法,吊垂球把柱基定位线投测到垫层上(图 13-4),用墨斗弹出墨线,用红笔画出标记,作为柱基互模板和布置钢筋的依据。

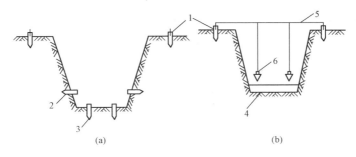

图 13-4 基础模板定位

1—柱基定位小木桩；2—腰桩；3—垫层标高桩；4—垫层；5—钢丝；6—垂球

第三节 工业建筑物基础施工测量放线

一、混凝土杯形基础施工测量放线

杯形基础又叫作杯口基础，是独立基础的一种，其是单层厂房的一种独特方式，如图 13-5 所示。当建筑物上部结构采用框架结构或单层排架及门架结构承重时，其基础常采用方形或矩形的单独基础，这种基础称为独立基础或柱式基础。独立基础是柱下基础的基本形式，当柱采用预制构件时，则基础做成杯口形，然后将柱子插入并嵌固在杯口内，故称杯形基础。

一般来说，混凝土杯形基础施工测量方法及步骤如下：

1. 柱基础定位

柱基础定位是根据工业建筑平面图，将柱基纵横轴线投测到地面上去，并根据基础图放出柱基挖土边线。

2. 基坑抄平

基坑开挖后，当快要挖到设计标高时，应在基坑的四壁或者坑底边沿及中央打入小木桩，在木桩上引测同一高程的标高，以便根据标高拉线修整坑底和打垫层。

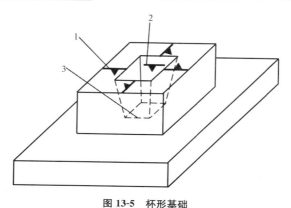

图 13-5　杯形基础

1—柱中心线；2—60cm；3—杯底

3. 支立模板

打好垫层后,应根据已标定的柱基定位桩在垫层上放出基础中心线,作为支模板的依据。支模上口还可由坑边定位桩直接拉线,用吊垂球的方法检查其位置是否正确。然后在模板的内表面用水准仪引测基础面的设计标高,并画出标明。

4. 杯口中心线投点与抄平

(1)杯口中心线投点。柱基拆模后,应根据矩形控制网上柱中心线端点,用经纬仪把柱中线投到杯口顶面,并绘标志标明。

(2)杯口中心线抄平。为了修平杯底,须在杯口内壁测设某一标高线,该标高线应比基础顶面略低 3～5cm。与杯底设计标高的距离为整分米数,以便根据该标高线修平杯底。

杯形基础杯口中心线投点的两种方法

第一种方法:将仪器安置在柱中心线的一个端点,照准另一端点而将中线投到杯口上。

第二种方法:将仪器置于中心线上的合适位置,照准控制网上柱基中心线两端点,采用正倒镜法进行投点。

二、钢柱基础施工测量放线

1. 钢柱基础定位

钢柱基础定位的方法与上述混凝土杯形基础"柱基础定位"的方法相同。

2. 基坑抄平

钢柱基础基坑抄平的方法与上述混凝土杯形基础"基坑抄平"的方法相同。

3. 垫层中线投点

垫层混凝土凝结后,应在垫层面上进行中线点投测,并根据中线点弹出墨线,绘出地脚螺栓固定架的位置。投测中线时经纬仪必须安置在基坑旁,然后照准矩形控制网上基础中心线的两端点,用正倒镜法,先将经纬仪中心导入中心线内,而后进行投点。

4. 垫层中线抄平

在垫层上绘出螺栓固定架位置后,即在固定架外框四角处测出四点标高,以便用来检查并整平垫层混凝土面,使其符合设计标高,便于固定架的安装。如基础过深,从地面上引测基础底面标高,标尺不够长时,可采取挂钢尺法。

5. 固定架中线投点

固定架是指用钢材制作,用以固定地脚螺栓及其他埋件设件的框架。根据垫层上的中心线和所画的位置将其安置在垫层上,然后根据在垫层上测定的标高点,借以找平地脚,使其与设计标高相符合。

在投点前,应对矩形边上的中心线端点进行检查,然后根据相应两端点,将中线投测于固定架横梁上,并刻绘标志。

6. 固定架抄平

固定架安置好后,用水准仪测出四根横梁的标高,以检查固定架标高是否符合设计要求。固定架标高满足要求后,将固定架与底层钢筋网焊牢,并加焊钢筋支撑。若是深坑固定架,在其脚下需浇灌混凝土,使其稳固。

7. 地脚螺栓的安装

地脚螺栓安装时,应根据垫层上和固定架上投测的中心点把地脚螺栓安放在设计位置。为了测定地脚螺栓的标高,在固定架的斜对角处焊两根小角钢,在两角钢上引测同一数值的标高点,并刻绘标志,其高度应比地脚螺栓的设计高度稍低一些。然后在角钢上两标点处拉一细钢丝,以定出螺栓的安装高度。待螺栓安好后,测出螺栓第一丝扣的标高。

8. 立模板与混凝土浇筑

钢柱基础支立模板的方法与上述混凝土杯形基础"支立模板"的方法相同。

9. 混凝土浇筑

重要基础在浇筑过程中,为了保证地脚螺栓位置及标高的正确,应进行看守观测,如发现变动应立即通知施工人员及时处理。

> 因木架稳定性较差,为了保证质量,模板与木器必须支撑牢固,在浇筑混凝土过程中必须进行看守观测。

10. 安放地脚螺栓

钢柱基础施工时,为节约钢材,采用木架安放地脚螺栓,将木架与模板连续在一起,在模板与木架支撑牢固后,即在其上投点放线。地脚螺栓安装以后,检查螺栓第一丝扣标高是否符合要求,合格后即可将螺栓焊牢在钢筋网上。

三、混凝土柱基础、柱身与平台施工测量放线

1. 基础中心投点及标高测设

基础混凝土凝固拆模后,应根据控制网上的柱子中心线端点,将中心线投测在靠近柱底的基础面上,并在露出的钢筋上抄出标高点,以供在支柱身模板时定柱高及对正中心之用。

2. 柱子垂直度测量

柱身模板支好后,用经纬仪对柱子的垂直度进行检查。柱子垂直度的检查一般采用平行线投点法。

3. 柱顶及平台模板抄平

(1)柱子模板校正以后,应选择不同行列的二、三根柱子,钢尺从柱子下面已测好的标高点沿柱身向上量距,引测二、三个同一高程的点于柱子上端模板上。

(2)在平台模板上设置水准仪,以引上的任一标高点作后视,施测柱顶模板标高,再闭合于另一标高点以资校核。

(3)平台模板支好后,必须用水准仪检查平台模板的标高和水平情况。

4. 高层标高引测与柱中心线投点

(1)第一层柱子及平台混凝土浇筑好后,应将中线及标高引测到第一层平台上,用钢尺根据柱子下面已有的标高点沿柱身量距向上引测。

(2)向高层柱顶引测中线的方法一般是将仪器安置在柱中心线端点上,照准柱子下端的中线点,仰视向上投点。

第四节　工业厂房预制构件的安装测量

装配式工业厂房的构件在安装时必须使用测量仪器严格检测、校正,这样各构件才能正确安装到位并符合设计要求。装配式单层工业厂房主要由柱、起重机梁、吊车梁、屋架、天窗架和屋面板等主要构件组成。

一、柱子的安装测量放线

1. 柱子安装前的准备工作

(1)在柱基顶面投测柱列轴线。柱基拆模后,用经纬仪根据柱列轴线控制桩,将柱列轴线投测到杯口顶面上,如图 13-6 所示,并弹出墨线,用红漆画出"▼"标志,作为安装柱子时确定轴线的依据。

> 如果柱列轴线不通过柱子的中心线,应在杯形基础顶面上加弹柱中心线。

(2)柱身弹线。柱子安装前,应将每根柱子按轴线位置进行编号。如图 13-6 所示,在每根柱子的三个侧面弹出柱中心线,并在每条线的上端和下端近杯口处画出"▶"标志。根据牛腿面的设计标高,从牛腿面向下用钢尺量出－0.600m 的标高线,并画出"▼"标志。

在柱子的三个侧面弹出柱中心线,并在每条线的上端和下端近杯口处画出"▶"标志。根据牛腿面的设计标高,从牛腿面向下用钢尺量出－0.600m 的标高线,并画出"▼"标志。

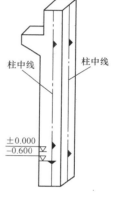

图 13-6　柱身弹线

(3)杯底找平。先量出柱子的－0.600m 标高线至柱底面的长度,再在相应的柱基杯口内,量出－0.600m 标高线至杯底的高度,并进行比较,以确定杯底找平厚度,用水泥沙浆根据找平厚度,在杯底进行找平,使牛腿面符合设计高程。

2. 柱子的安装测量

柱子安装测量的目的是保证柱子平面和高程符合设计要求,柱身铅直。

(1)预制的钢筋混凝土柱子插入杯口后,应使柱子三面的中心线与杯口中心线对齐,如图 13-7(a)所示,用木楔或钢楔临时固定。

(2)柱子立稳后,立即用水准仪检测柱身上的±0.000m 标高线,其容许误差为±3mm。

(3)如图 13-7(a)所示,用两台经纬仪,分别安置在柱基纵、横轴线上,离柱子的距离不小于柱高的 1.5 倍,先用望远镜瞄准柱底的中心线标志,固定照准部后,再缓慢抬高望远镜观察柱子偏离十字丝竖丝的方向,指挥用钢丝绳拉直柱子,直至从两台经纬仪中,观测到的柱子中心线都与十字丝竖丝重合为止。

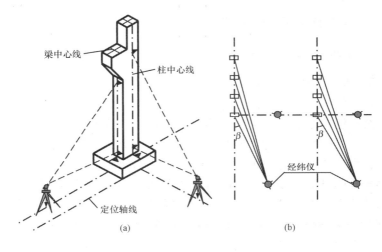

图 13-7　柱子垂直度校正

（4）在杯口与柱子的缝隙中浇入混凝土，以固定柱子的位置。

（5）在实际安装时，一般是一次把许多柱子都竖起来，然后进行垂直校正。这时，可把两台经纬仪分别安置在纵横轴线的一侧，一次可校正几根柱子，如图 13-7(b)所示，但仪器偏离轴线的角度，应在 15°以内。

特别提示

柱子校正时注意事项

（1）校正用的经纬仪应事先经过严格校正，因为在校正柱子垂直度时，往往只用盘左或盘右观测，仪器误差影响很大。

（2）柱子在两个方向都校正后，应再复查平面位置，看柱子下部中心线是否仍对准基础柱线。

（3）校正过程中可将经纬仪安置在轴线一侧，与轴线成 10°左右角的方向线上，这样一次可校正几根柱子，有助于工作效率的提高。

（4）当对柱子的垂直度要求较高时，柱子垂直度校正应尽量在早晨太阳光直射时进行。

二、吊车梁及吊车轨安装测量

(一)吊车梁安装测量

1. 准备工作

首先在吊车梁顶面和两端弹出中心线,再根据柱列轴线把吊车梁中心线投测到柱子牛腿侧面上,作为吊装测量的依据。

吊车梁中心线投测如图 13-8 所示。先计算出轨道中心线到厂房纵向柱列轴线的距离 e;再分别根据纵向柱列轴线两端的控制桩,采用平移轴线的方法,在地面上测设出吊车轨道中心线 A_1A_1 和 B_1B_1。将经纬仪分别安置在 A_1A_1 和 B_1B_1 一端的控制点上,严格对中、整平,照准另一端的控制点,仰视望远镜,将吊车轨道中心线投测到柱子的牛腿侧面上并弹出墨线。

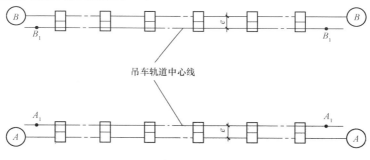

图 13-8 吊车梁中心线投测示意图

同时,根据柱子±0.000 位置线,用钢尺沿柱侧面量出吊车梁顶面设计标高线,在柱子上画出标志线作为调整吊车梁顶面标高用。吊车梁中心线也可用厂房中心线为依据进行投测。

2. 吊车梁安装时的中心线测量

根据工业厂房控制网或柱中心轴线端点,在地面上定出吊车梁中心线控制桩,然后用经纬仪将吊车梁中心线投测到每根柱子牛腿上,并弹以墨线,投点误差为±3mm。吊装时使吊车梁中心线与牛腿上中心线对齐。一般来说,吊车梁中心线测量的主要步骤如下:

（1）用墨线弹出吊车梁面中心线和两端中心线，如图 13-9 所示。

（2）根据厂房中心线和设计跨距，由中心线向两侧量出 1/2 跨距 d，在地面上标出轨道中心线。

（3）分别安置经纬仪于轨道中心线两个端点上，瞄准另一端点，固定照准部，抬高望远镜将轨道中心投测到各柱子的牛腿面上。

（4）安装时，根据牛腿面上轨道中心线和吊车梁端头中心线，两线对齐将吊车梁安装在牛腿面上，并利用柱子上的高程点，检查吊车梁的高程。

吊车梁中心线

图 13-9　吊车梁中心线

2. 吊车梁安装时的标高测量

吊车梁顶面标高应符合设计要求。根据 ±0.000 标高线，沿柱子侧面向上量取一段距离，在柱身上定出牛腿面的设计标高点，作为修平牛腿面及加垫板的依据，同时在柱子的上端比梁顶面高 5～10cm 处测设一标高点，据此修平梁顶面。

（二）吊车轨道安装测量

吊车轨道安装测量的目的是保证轨道中心线和轨顶标高符合设计要求。

1. 吊车轨道安装时的中心线测量

吊车轨道安装时中心线的测量有用平行线法测设轨道中心线与吊车梁两端投测中心线测定轨道中心线两种方法。

（1）用平行线法测设轨道中心线。用平行线法测设轨道中心线如图 13-10 所示，具体操作步骤如下：

1）在地面上沿垂直于柱中心线的方向 AB 和 $A'B'$ 各量一段距离 AC 和 $A'C'$，令

$$AC = A'C' = l + 1$$

式中　l——柱列中心线到吊车轨道中心线的距离。

因此，CC' 即为与吊车轨道中心线相距 1m 的平行线。

2）在 C 点安置经纬仪，瞄准 C′，抬高望远镜向上投点。一人在吊车梁上横放一支 1m 长的木尺，指使木尺一端在视线上，则另一端即为轨道中心线位置，并在梁面上画线表明。

3）重复第二步的操作，定出轨道中心其他各点。

（2）吊车梁两端投测中心线测定轨道中心线。

1）根据地面上柱子中心线控制点或工业厂房控制网点，测出吊车梁（吊车轨道）中心线点。

2）根据中心线点用经纬仪在厂房两端的吊车梁面上各投一点，两条吊车梁共投四点。投点容差为±2mm。

3）用钢丈量两端所投中线点的跨距是否符合设计要求，如超过±5mm，则以实量长度为准予以调整。

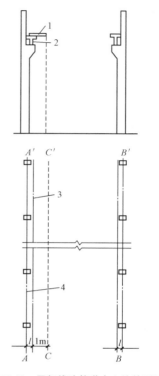

图 13-10　平行线法轨道中心线的测设
1—木尺；2—吊车梁；
3—吊车轨中心；4—柱中心线。

4）将仪器安置于吊车梁一端中线点上，照准另一端点，在梁面上进行中线投点加密，每隔 18～24m 加密一点。如梁面狭窄，不能安置三脚架，应采用特殊仪器架安置仪器。

2. 吊车轨道安装时的标高测量

吊车轨道中心线点测定后，应安放轨道垫板，如图 13-11 所示为吊车梁中心线投测示意图。此时，应根据柱子上端测设的标高点，测出垫板标高，使其符合设计要求，以便安装轨道。梁面垫板标高的测量容差为±2mm。

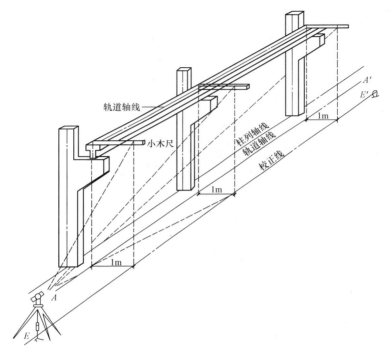

图 13-11　吊车梁中心线投测示意图

三、屋架安装测量

1. 屋架安装前准备工作

　　屋架吊装前,用经纬仪或其他方法在柱顶面上,测设出屋架定位轴线。在屋架两端弹出屋架中心线,以便进行定位。

2. 屋架的安装测量

　　屋架吊装就位时,应使屋架的中心线与柱顶面上的定位轴线对准,允许误差为

5mm。屋架的垂直度可用锤球或经纬仪进行检查。

> 用钢尺检查两轨道中心线之间的跨距,其跨距与设计跨距之差不得大于3mm。在轨道的安装过程中,要随时检测轨道的跨距和标高。

屋架垂直度的经纬仪检校方法

(1)如图 13-12 所示,在屋架上安装三把卡尺,一把卡尺安装在屋架上弦中点附近,另外两把分别安装在屋架的两端。自屋架几何中心沿卡尺向外量出一定距离,一般为 500mm,做出标志。

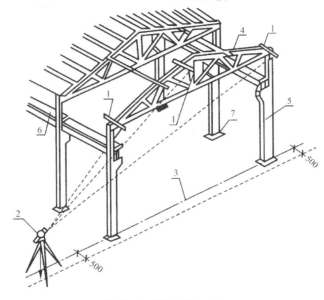

图 13-12 屋架安装示意图

1—卡尺;2—经纬仪;3—定位轴线;4—屋架;5—柱;6—吊车辆;7—基础

(2)在地面上,距屋架中线同样距离处,安置经纬仪,观测三把卡尺的标志是否在同一竖直面内,如果屋架竖向偏差较大,则用机具校正,最后将屋架固定。垂直度允许偏差为:薄腹梁为 5mm;桁架为屋架高的 1/250。

四、钢结构工程的测量放线

钢结构工程在工业厂房中被广泛采用,其基本测设程序与其他工程基本相同。钢结构工程安装测量的主要内容如下：

1. 平面控制

建立施工控制网对高层钢结构施工是极为重要的。控制网离施工现场不能太近，应考虑到钢柱的定位、检查和校正。

2. 高程控制

高层钢结构工程标高测设极为重要，其精度要求高，故施工场地的高程控制网，应根据城市二等水准点来建立一个独立的三等水准网，以便在施工过程中直接应用，在进行标高引测时必须先对水准点进行检查。

3. 轴线位移校正

任何一节框架钢柱的校正，均以下节钢柱顶部的实际中心线为准，使安装的钢柱的底部对准下面钢柱的中心线即可。因此，在安装的过程中，必须时时进行钢柱位移的监测，并将实测的位移量根据实际情况加以调整。

4. 定位轴线检查

定位轴线从基础施工起就应引起重视，必须在定位轴线测设前做好施工控制点及轴线控制点，待基础浇筑混凝土后再根据轴线控制点将定位轴线引测到柱基钢筋混凝土底板面上，然后预检定位轴线是否同原定位重合、闭合，每根定位线总尺寸误差值是否超过限差值，纵、横网轴线是否垂直、平行。预检应由业主、监理、土建、安装四方联合进行，对检查数据要统一认可鉴证。

5. 标高实测

以三等水准点的标高为依据，对钢柱柱基表面进行标高实测，将测得的标高偏差用平面图表示，作为临时支承标高块调整的依据。

6. 柱间距检查

柱间距检查是在定位轴线认可的前提下进行的，一般采用检定的钢尺实测柱间距。柱间距离偏差值应严格控制在±3mm 范围内，绝不能超过±5mm。柱间距超过±5mm，则必须调整定位轴线。

7. 单独柱基中心检查

检查单独柱基的中心线同定位轴线之间的误差，若超过限差要求,应调整柱基中心线使其同定位轴线重合,然后以柱基中心线为依据,检查地脚螺栓的预埋位置。

第五节　烟囱施工测量

烟囱是典型的高耸构筑物,其特点是:基础小、主体高、抗倾覆性能差。因此施工测量工作主要是确保主体竖直,按施工规范规定:筒身中心轴线垂直度偏差最大不得超过 $H/1000$(mm)。

一、烟囱基础施工测量

烟囱中心定位测量,根据已知控制点或原有建筑物与基础中心的尺寸关系,在施工场地上用极坐标或其他方法测设出基础中心位置 O 点。如图 13-13 所示,在 O 点上安置经纬仪,任选一点 A 作为后视点,同时在此方向上定出 a,然后,顺时针旋转照准部依次测设 $90°$ 直角,测出 OC、OB、OD 方向上的 C、c、B、b、D、d 各点,并转回 OA 方向归零校核。其中 A、B、C、D 各控制桩到烟囱中心的距离应大于其高度的 $1\sim$ 1.5 倍。a、b、c、d 四个定位桩,应尽量靠近建构筑物但又不影响桩位的稳固,用于修坑和恢复其中心位置。

然后以基础中心点 O 为圆心,以 $r+\delta$ 为半径在场地上画圆,撒上石灰线以标明土方开挖范围。

当基坑开挖快到设计标高时,可在基坑内壁测设水平桩,作为检查基础深度和浇筑混凝土垫层的依据。

特别提示

钢筋标志埋设

浇筑混凝土基础时,应在基础中心位置埋设钢筋作为标志,并在浇筑完毕后把中心点 O 精确地引测到钢筋标志上,刻上"＋"线,作为筒体施工时控制筒体中心位置和筒体半径的依据。

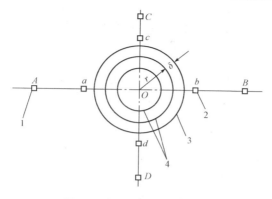

图 13-13 烟囱基础定位放线图

1—车线控制桩；2—定位小木桩；

3—开放边坡线；4—基础内外边线；

δ—基坑的放坡宽度；r—构筑物基础的外侧半径

二、烟囱筒身施工测量

砌筑烟囱筒身时，应严格控制筒身中心线、直径、收坡，通常是每施工到一定高度要把基础中心向施工作业面上引测一次。具体引测方法是：先在施工作业面上横向设置一根控制方木和一根带有刻度的旋转尺杆，如图 13-14 所示，尺杆零端铰接于方木中心标志，如图 13-15 所示，即可检查施工作业面的偏差，并在正确位置继续进行施工。

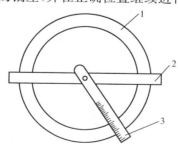

图 13-14 旋转尺杆

1—烟囱砌体；2—固定木方；3—旋转杆

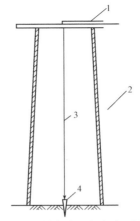

图 13-15　筒身中心线引测示意图
1—直径控制杆；2—筒身；3—线锤；4—中心桩

对高度较高的混凝土烟囱,可采用激光经纬仪进行烟囱铅垂定位以确保精度要求。定位时将激光经纬仪安置在烟囱基础的"+"字交点上,在工作面中央处安放铅垂仪接收靶,每次提升工作平台前和后都应进行铅垂定位测量,并及时调整偏差。在筒体施工的同时,还应检查筒体砌筑到某一高度时设计半径。如图 13-16 所示,某高度的设计半径 r_H 为:

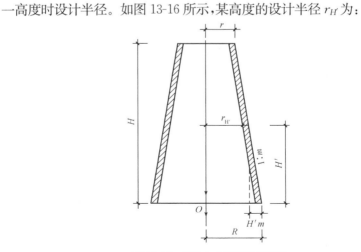

图 13-16　筒体中心线引测示意图

$$r_{H'} = R - H'm$$

式中 R——筒体底面外侧设计半径；

$\quad\;\; m$——筒体的收坡系数。

收坡系数的计算式为：

$$m = (R - r)/H$$

式中 r——筒体顶面外侧设计半径；

$\quad\;\; H$——筒体的设计高度。

特别提示

用靠尺板检查筒壁收坡

为确保筒身收坡符合设计要求,还应随时用靠尺板来检查。靠尺形状如图 13-17 所示,两侧的斜边是严格按照设计要求的筒壁收坡系数制作的。在使用过程中,把斜边紧靠在筒体外侧,如筒体的收坡符合要求,则锤球线正好通过下端的缺口。如收坡不符合要求时,为便于使筒体收坡及时得到控制,可通过坡度尺上小木尺读数反映其偏差大小。

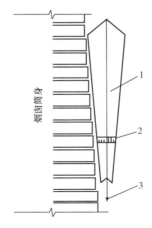

图 13-17 靠尺板示意图

1—坡度靠尺板；2—小木尺；3—线锤

第六节 工业管道工程施工测量

管道工程测量是为各种管道的设计和施工服务的,其主要包括给水、排水、沟管、热力、煤气、电力、通信、电缆等工程。

一、管道工程测量任务与准备工作

(一)管道工程测量的主要任务

(1)为管道工程的设计提供地形图和断面图;

(2)按设计要求将管道位置敷设于实地。

(二)管道工程测量的准备工作

(1)熟悉设计图纸资料,弄清管线布置及工艺设计和施工安装要求。

(2)熟悉现场情况,了解设计管线走向,以及管线沿途已有平面和高程控制点分布情况。

(3)根据管道平面图和控制点,并结合实际地形,做好施测数据的计算整理,并绘制施测草图。

> 管道工程测量前,应拟定测设方法,计算并校核有关测设数据,注意对设计图纸的校核。

(4)根据管道在生产上的不同要求、工程性质、所在位置和管道种类等因素,确定施测精度。如厂区内部管道比外部要求精度高;无压力的管道比有压力管道要求精度高。

二、管道工程测量内容

(1)收集资料。收集规划设计区域1:10000(或1:5000)、1:2000(或1:1000)地形图以及原有管道平面图和断面图等资料。

(2)规划与纸上定线。利用已有地形图,结合现场勘察,进行规划和纸上定线。

（3）地形图测绘。根据初步规划的线路,实地测量管线附近的带状地形图。如该区域已有地形图,需要根据实际情况对原有地形图进行修测。

（4）管道中线测量。根据设计要求,在地面上定出管道中心线位置。

（5）纵横断面图测量。测绘管道中心线方向和垂直于中心线方向的地面高低起伏情况。

（6）管道施工测量。根据设计要求,将管道敷设于实地所需进行的测量工作。

（7）管通竣工测量。将施工后的管道位置,通过测量绘制成图,以反映施工质量,并作为使用期间维修、管理以及今后管道扩建的依据。

三、管道中线测量

管道中线测量的主要目的就是将已确定的管道位置测设于实地,并用木桩标定之。其主要内容包括:管道主点的测设;管道中桩测设;管线转向角测量以及里程桩手簿的绘制等。

（一）管道主点的测设

管道主点测设时,根据管道设计所给的条件和精度要求,主点测设数据的采集可采用图解法或解析法两种方法。

1. 图解法

图解法采集主点测设数据适用于管道规划设计图的比例尺较大,而且管道主点附近又有明显可靠的地物的情况,此方法受图解精度的限制,精度不高。

如图 13-18 所示,A、B 是原有管道检查井位置,1、2、3 点是设计管道的主点。试利用图解法在地面上定出 1、2、3 等主点。

解:

（1）可根据比例尺在图上量出长度 D、a、b、c、d 和 e,即为测设数据;

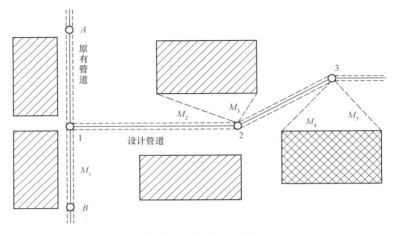

图 13-18　图解法示意图

（2）沿原管道 AB 方向，从 B 点量出 D 即得 1 点；

（3）用直角坐标法从房角量取 a，并垂直房边量取 b 取得 2 点，再量 e 来校核 2 点是否正确；

（4）用距离交会法从两个房角同时量出 c、d 交出 3 点。

2. 解析法

当管道规划设计图上已给出管道主点的坐标，而且主点附近又有控制点时，可用解析法来采集测设数据。

如图 13-19 所示，1、2、……为导线点，A、B、……为管道主点，当管道规划设计图上已给出管道主点的坐标，而且主点附近又有控制点时，可用解析法来采集测设数据。

解：

（1）用极坐标法测设 B 点，则可根据 1、2 和 B 点坐标，按极坐标法计算出测设数据 $\angle 12B$ 和距离 D_{2B}。

（2）测设时，安置经纬仪于 2 点，后视 1 点，转 $\angle 12B$，得出 2B 方向在此方向上用钢尺测设距离 D_{2B}，即得 B 点。

（3）其他主点均可按上述方法进行测设。

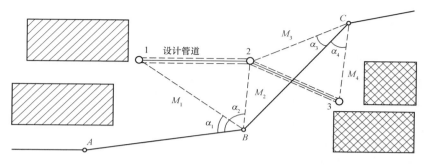

图 13-19 解析法示意图

特别提示

校核工作

主点测设完毕后，必须进行校核工作。校核的方法是：通过主点的坐标，计算出相邻主点间的距离，然后实地进行量测，看其是否满足工程的精度要求。

（二）管道中桩测设

管道中桩测设是指为测定管道的长度，进行管线中线测量和测绘纵横断面图，从管道起点开始，需沿管线方向在地面上设置整桩和加桩的工作。其中，整桩是指从起点开始按规定每隔一整数而设置的桩；加桩是指相邻整柱间管道穿越的重要地物处及地面坡度变化处要增设的桩。

为了便于计算，要对管道中桩按管道起点到该桩的里程进行编号，并用红油漆写在木桩侧面，如整桩号为 $0+150$，即此桩离起点 150m（"＋"号前的数为公里

为了避免测设中桩错误，量距一般用钢尺丈量两次，精度为1/1000。

数），如加桩号 $2+182$，即表示离起点距离为 2182m。

（三）管线转向角测量

管线转向角是指管道改变方向时，转变后的方向与原方向的夹

角,转向角有左、右之分。管线工程对转向角的测设有较严格的要求,它直接影响施工质量及管线的正常使用。

某些管线的转向角满足定型弯头的转角要求,如给水管道使用的铸铁管弯头转角有 $90°$、$45°$、$22.5°$ 等几种类型。如图 13-20 所示,管线转向角的测量步骤如下:

(1)盘左读数。如图所示,安置经纬仪于点 2,盘左瞄准点 1,在水平度盘上读数,纵转望远镜瞄准点 3,并读数,两读数之差即为转向角。

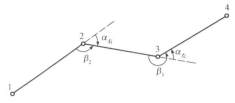

图 13-20　管线转向角测量

(2)盘右读数。对管线转向角进行校核时,先用盘右按上述盘左的观测方向再观测一次。

(3)测量结果。取盘左、盘右两次观测读数的平均值作为测量结果。

4. 绘制管线里程桩图

里程桩是指管道中心线上的整桩和加桩。在中桩测设和转向角测量的同时,应将管线情况标绘在已有的地形图上,如无现成地形图,应将管道两侧带状地区的情况绘制成草图,这种图称为里程桩图(或里程桩手簿),如图 13-21 所示。

知识链接

里程桩手簿绘制要求

(1)测绘管道带状地形图时,其宽度一般为左右各20m,如遇到建筑物,则需测绘到两侧建筑物,并用统一图式表示。

(2)测绘的方法主要用皮尺以交会法或直角坐标法进行。必要时也用皮尺配合罗盘仪以极坐标法进行测绘。

(3)当已有大比例尺地形图时,应充分予以利用,某些地物和地貌可以从地形图上摘取,以减少外业工作量,也可以直接在地形图上表示出管道中线和中线各桩位置及其编号。

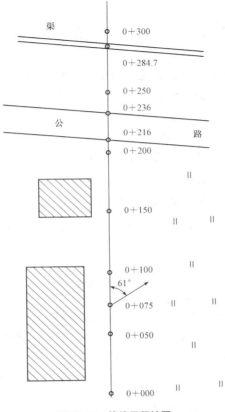

图 13-21 管线里程桩图

四、管道纵横断面测量

(一)纵断面图测绘

纵断面图施工测量的任务是根据水准点的高程,测量中线上各桩的地面高程,然后根据测得的高程和相应的各桩量绘制纵断面图。

纵断面图表示管线中线方向上高低起伏的情况,是设计管道埋深、坡度及计算土方量的主要依据,其主要工作内容如下。

1. 水准点布设

(1)一般在管道沿线每隔 1～2km 设置一永久水准点,作为全线高程的主要控制点,中间每隔 300～500m 设置一临时性水准点,作为纵断面水准测量分别附合和施工时引测高程的依据。

(2)水准点应布设在便于引点、便于长期保存,且在施工范围以外的稳定建(构)筑物上。

(3)水准点的高程可用附合(或闭合)水准中线自高一级水准点,按四等水准测量的精度和要求进行引测。

2. 纵断面水准测量

纵断面水准测量一般是以相邻两水准点为一测段,从一个水准点出发,逐点测量中桩的高程,再附合到另一水准点上,以资校核。

特别提示

转点读数规定

纵断面水准测量的视线长度可适当放宽,一般情况下采用中桩作为转点,但也可另设。在两转达点间的各桩,通称为中间点。中间点的高程通常用仪高法求得。由于转点起传递高程的作用,故转点读数必须读至毫米,中间点读数只是为了计算本点的高程,因此可读至厘米。

3. 纵断面图绘制

绘制纵断面图,一般在毫米方格纸上进行。绘制时,以管道的里程为横坐标,高程为纵坐标。一般纵断面图的高程比例尺要比水平比例尺大 10 倍或 20 倍,以便于更明显地表示地面起伏。其具体绘制步骤如下:

(1)打格制表;

(2)填写数据;

(3)绘地面线;

(4)标注设计坡度线;

(5)计算管底设计高程;

（6）绘制管道设计线；

（7）计算管道埋深；

（8）在图上注记有关资料。

纵、横断面图的水平、高程比例尺的选择

自流管道和压力管道纵、横断面的比例尺，可按表 13-1 进行选择，有时可根据实际情况作适当变动。

表 13-1　　　　纵、横断面图的水平、高程比例尺参考表

管道名称	纵　断　面　图		横断面图 （水平、高程比例尺相同）
	水平比例尺	高程比例尺	
自流管道	1∶1000 1∶2000	1∶100 1∶200	1∶100 1∶200
压力管道	1∶2000 1∶5000	1∶200 1∶500	1∶100 1∶200

（二）横断面图测量

横断面图是指中线各整桩和加桩处，垂直于中线的方向，测出两侧地形变化点至管道中线的距离和高差，依此绘制的断面图。

横断面图反映的是垂直于管道中线方向的地面起伏情况，它是计算土石方和施工时确定开挖边界等的依据。

横断面图一般绘制在毫米方格纸上。为了方便计算面积，横断面图的距离和高差采用相同的比例尺，通常为 1∶100 或 1∶200。如图 13-22 所示为横断面图。绘图时，应先在适当的位置标出中桩，注明桩号。然后，由中桩开始，按规定的比例分左、右两侧按测定的距离和高程，逐一展绘出各地形变化点，然后用直线把相邻点连接起来，即绘出管道的横断面图。

横断面水准测量手簿见表 13-2。

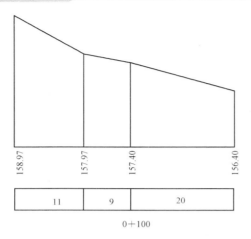

图 13-22　横断面图

表 13-2　　　　　　　　　　　横断面水准测量手簿

测站	桩号	水准尺读数			仪器视线高程	高　程	备　注
		后视	前视	中间视			
3	0+100	1.970			159.387	157.397	
	左₁₁			1.40		157.970	
	左₂₀			0.40		158.970	
	右₂₀			2.97		156.400	
	0+200		1.848			157.519	

五、地下管道施工测量

(一)地下管线调查

　　地下管线调查,可采用对明显管线点的实地调查、隐蔽管线点的探查、疑难点位开挖等方法确定管线的测量点位。对需要建立地下管线信息系统的项目,还应

> 根据纵断面的管底埋深、纵坡设计及横断面上的中线两侧地形起伏,可以计算出管道施工时的土石方量。

对管线的属性做进一步的调查。

(二)地下管线信息系统

地下管线信息系统,可按城镇大区域建立,也可按居民小区、校园、医院、工厂、矿山、民用机场、车站、码头等独立区域建立,必要时还可按管线的专业功能类别如供油、燃气、热力等分别建立。地下管线信息系统的建立应包括以下内容:

(1)地下管线图库和地下管线空间信息数据库。

(2)地下管线属性信息数据库。

(3)数据库管理子系统。

(4)管线信息分析处理子系统。

(5)扩展功能管理子系统。

地下管线系统的基本功能

(1)地下管线图数据库的建库、数据库管理和数据交换。

(2)管线数据和属性数据的输入和编辑。

(3)管线数据的检查、更新和维护。

(4)管线系统的检索查询、统计分析、量算定位和三维观察。

(5)用户权限的控制。

(6)网络系统的安全监测与安全维护。

(7)数据、图表和图形的输出。

(8)系统的扩展功能。

(三)地下管线施测

地下管线的施测程序主要分为管道开挖中心线与施工控制桩测量、边桩与水平桩间水平距离的测量及高程测量。

1. 管道开挖中心线与施工控制桩测量

地下管道开挖中心线及施工控制桩的测设是根据管线的起止点和各转折点,测设管线沟的挖土中心线,一般每20m测设一点。中心线的投点允许偏差为±10mm。量距的往返相对闭合差不得大于

1/2000。管道中线定出以后,就可以根据中线位置和槽口开挖宽度,在地面上洒灰线标明开挖边界。在测设中线时,应同时定出井位等附属构筑物的位置。由于管道中线桩在施工中要被挖掉,为了便于恢复中线和附属构筑物的位置,应在不受施工干扰、易于保存桩位的地方,测设施工

> 中线控制桩一般是测设在主点中心线的延长线点。井位控制桩则测设于管道中线的垂直线上。控制桩可采用大木桩,钉好后必须采取适当保护措施。

控制桩。管线施工控制桩分为中线控制桩和井位等附属构筑物位置控制桩两种。

2. 管道边桩与水平桩间水平距离的测量

　　由横断面设计图查得左右两侧边桩与中心桩的水平距离,如图13-23 中的 ab,施测时在中心桩处插立方向架测出横断面位置,在断面方向上,用皮尺抬平量定 A、B 两点位置各钉立一个边桩。相邻断面同侧边桩的连线,即为开挖边线,用石灰放出灰线,作开挖的界限。开挖边线的宽度是根据管径大小、埋设深度和土质等情况而定。如图13-24 所示,当地面平坦时,开挖槽口宽度采用下式计算:

$$d = b + 2mh$$

式中　　b——槽底宽度;

　　　　h——挖土深度;

　　　　m——边坡率。

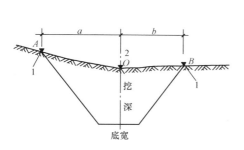

图 13-23　横断面测设示意图

1—边桩;2—中心桩

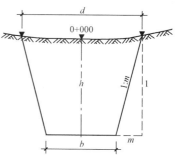

图 13-24　开槽断面图

3. 管道高程测量

欲测管道高程即为各坡度顶板的高程。坡度板又称龙门板,在每隔 120m 槽口上设置一个坡度板,作为施工中控制管道中线和位置,掌握管道设计高程的标志。用经纬仪将中心线位置测设到坡度板上,钉上中心钉,安装管道时,可在中心钉上悬挂垂球,确定管中线位置。以中心钉为准,放出混凝土垫层边线,开挖边线及沟底边线。

> 坡度板必须稳定、牢固,其顶面应保持水平。

为了控制管槽开挖深度,应根据附近水准点测出各坡度板顶的高程。管底设计高程,可在横断面设计图上查得。坡度板顶与管底设计高程之差称为下返数。由于下返数往往非整数,而且各坡度板的下返数都不同,施工检查时很不方便。为了使一段管道内的各坡度板具有相同的下返数(预先确定的下返数),可按下式计算每一坡度板顶向上或向下量取调整数。

调整数=预先确定下返数-(板顶高程-管底设计高程)

六、架空管道施工测量

管架基础控制桩应根据中心桩测定。管线上每个支架的中心桩在开挖基础时将被挖掉,需将其位置引测到互相垂直的四个控制桩上,如图 13-25 所示。

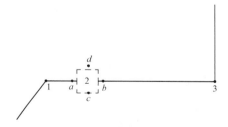

图 13-25 控制桩示意图

引测时,首先将经纬仪安置在主点上,在 1、3 方向上钉出 a、b 两个控制桩;然后将经纬仪安置在支架中心点 2,在垂直于管线方向上标

定 c、d 两控制桩。按照控制桩可恢复支架中心 2 的位置及确定开挖边线,进行基础施工。

> 架空管道施工测量时,中心线投点和标高测量容许误差均不得超过 ±3mm。

垂直校正等测量工作,其测量方法、精度要求均与厂房柱子安装测量相同。管道安装前,应在支架上测设中心线和标高。

七、顶管施工测量

当管道穿越铁路、公路或重要建筑时,为了避免施工中大量的拆迁工作和保证正常的交通运输,往往不允许开沟槽,而采用顶管施工的方法。

(一)顶管测量准备工作

(1)顶管中线桩设置。根据设计图上管线的要求,在工作坑的前后钉立中线控制桩,然后确定开挖边界。开挖到设计高程后,将中线引到坑壁上,并钉立大钉或木桩,此桩称为顶管中线桩,以标定顶管的中线位置。

(2)设置临时水准点。为了控制管道按设计高程和坡度顶进,需要在工作坑内设置临时水准点。一般要求设置两个,以便相互检核。

(3)安装导轨。导轨一般安装在方木或混凝土垫层上。垫层面的高程及纵坡都应当符合设计要求,根据导轨宽度安装导轨,根据顶管中线桩及临时水准点检查中心线和高程,无误后,将导轨固定。

(二)顶管测量的内容

顶管测量的主要内容为顶管施工中心测量和顶管施工高程测量。

1. 顶管施工中心测量

(1)通过顶管中线桩拉一条细线,并在细线上挂两垂球,两垂球的连线即为管道方向。在管内前端横放一木尺,尺长等于或略小于管径,使它恰好能放在管内。木尺上的分划是以尺的中央为零向两端增加的。

(2)将尺子在管内放平,如果两垂球的方向线与木尺上的零分划线重合,则说明管子中心在设计管线方向上;如不重合,则管子有偏差。其偏差值可直接在木尺上读出,若读数超过±1.5cm,则需要对管子进行校正。

2. 顶管施工高程测量

(1)水准仪安置在工作坑内,以临时水准点为后视,以顶管内待测点为前视。将算得的待测点高程与管底的设计高程相比较,其差数超过±1cm时,需要校正管子。

> 有时顶管工程采用套管,此时顶管施工精度要求可适当放宽。对于距离较长、直径较大的顶管,并且采用机械化施工的时候,可用激光水准仪进行导向。

(2)在顶进过程中,每0.5m进行一次中线和高程测量,以保证施工质量。

(3)对于长距离顶管,需要分段施工,每100m设一个工作坑,采用对向顶管施工方法,在贯通时,管子错口不得超过3cm。

八、管道竣工测量

为了今后的管理与维修使用,须测绘好竣工图。管道工程竣工图的主要内容如下:

(一)竣工带状平面图

(1)竣工带状平面图主要对管道的主点、检查井位置以及附属构筑物施工后的实际平面位置和高程进行测绘。

(2)图上除标有各种管道位置外,还根据资料在图上标有:检查井编号、检查井顶面高程和管底(或管顶)的高程,以及井间的距离和管径等内容。对于管道中的阀门、消火栓、排气装置和预留口等,应用统一符号标明。

(二)管道竣工断面图

(1)管道竣工断面图测绘,一定要在回填土前进行,测绘内容包括检查井口顶面和管顶高程,管底高程由管顶高程和管径、管壁厚度算得。对于自流管道应直接测定管底高程,其高程中误差不应大于±2cm。

（2）井间距离应用钢尺丈量。如果管道互相穿越，在断面图上应表示出管道的相互位置并注明尺寸。

九、机械设备安装测量

机械设备的安装是指按照一定的条件将设备安放和固定在设定的位置上，对机械设备进行清洗、调整、试运转，使其能适用于投产或使用的施工过程。

（一）设备基础内控制网的设置

设备基础内控网的设置应根据厂房的大小与厂内设备的分布情况而定，主要包括以下两方面内容：

（1）中小型设备基础内控制网设置。内控制网的标志一般采用在柱子上预埋标板，然后将柱中心线投测于标板之上，以构成内控制网。

（2）大型设备基础内控制网设置。大型连续生产设备基础中心线及地脚螺栓组中心线很多，为便于施工放线，将槽钢水平地焊在厂房钢柱上，然后根据厂房矩形控制网，将设备基础主要中心线的端点，投测于槽钢上，以建立内控制网。

（二）线板架设

对于大型设备基础有时需要与厂房基础同时施工。因此，不可能设置内控制网，而采用在靠近设备基础的周围架设线板。架设主要有钢线板或木线板两种方法。

（1）钢线板架设法。架设钢线板时，采用预制钢筋混凝土小柱子作固定架，在浇筑混凝土垫层时，将小柱埋设在垫层内。首先在混凝土柱上焊以角钢斜撑，再在斜撑上铺焊角钢作为线板，最好靠近设备基础的外模，这样可依靠外模的支架顶托，以增加稳固性。

（2）木线板架设法。木线板可直接支架在设备基础的外模支撑上，支撑必须牢固稳定。在支撑上铺设截面 5～10cm 表面刨光的木线板。为了便于施工人员拉线来安装螺栓，线板的高度要比基础模板高 5～6cm，同时纵横两方向的高度必须相差 2～3cm，以免挂线时纵模两钢丝在相交处相碰。

(三)安装基准线与基准点的确定

安装基准线与基准点可按以下程序进行确定:

(1)检查施工单位移交的基础或结构的中心线(或安装基准线)与标高点。精度若不符合规定,应协同有关单位予以校正。

(2)根据已校正的中心线与标高点,测出基准线的端点和基准点的标高。

(3)根据所测的或前一施工单位移交的基准线和基准点,检查基础或结构相关位置、标高和距离等是否符合安装要求。平面位置安装基准线对基础实际轴线(如无基础时则与厂房墙或柱的实际轴线或边缘线)的距离偏差不得超过±20mm。如核对后需调整基准线或基准点时,应根据有关部门的正式决定调整。

(四)设备基础放线

1. 设备基础底层放线

设备基础底层放线包括坑底抄平与垫层中线测设两项工作,测设成果是提供施工人员安装固定架、地脚螺栓及支模用。

2. 设备基础上层放线

设备基础上层放线主要包括固定架设点、地脚螺栓安装抄平及模板标高测设等。对于大型设备,其地脚螺栓很多,而且大小类型和标高不一,为保证地脚螺栓的位置和标高都符合设计要求,必须在施测前绘制地脚螺栓图。

> 地脚螺栓与中心线的尺寸关系可以不注明,只将同类的螺栓分区编号,并在图旁附绘地脚螺栓标高表,注明螺栓号码、数量、螺栓标高及混凝土面标高。

地脚螺栓图可直接从原图上描下来。若此图只供给检查螺栓标高用,上面只需绘出主要地脚螺栓组中心线。

第七节 竣工总平面的编绘

竣工总平面图是设计总平面图在施工后实际情况的全面反映,所以设计总平面图不能完全代替竣工总平面图。由此,施工结束后应及时进行编绘竣工总平面图。

　　编绘竣工总平面图的主要目的:一是全面反映竣工后的现状,在施工过程中,由于设计时没有考虑到的问题而使设计有所变更,这种临时变更设计的情况必须通过测量反映到竣工总平面图上;二是为日后建(构)筑物的管理、维修、扩建、改建及事故处理提供资料依据;三是为工程验收提供资料依据。

一、编绘竣工总平面图的程序

　　为了确切地反映工程竣工后的现状,为工程验收和以后的管理、维修、扩建、改建、事故处理提供依据,需要开展竣工测量和编绘竣工总平面图。

(一)编绘前的准备工作

　　(1)确定竣工总平面图的比例尺。建筑物竣工总平面图的比例尺一般为 1/500 或 1/1000。

　　(2)绘制竣工总平面图底图坐标方格网。编绘竣工总平面图,首先要在图纸上精确地绘出坐标方格网。坐标格网画好后,应进行检查。

　　(3)展绘控制点。以底图上绘出的坐标方格网为依据,将施工控制网点按坐标展绘在图上。

　　(4)展绘设计总平面图。在编绘竣工总平面图之前,应根据坐标格网,先将设计总平面图的图面内容按其设计坐标,用铅笔展绘于图纸上。

(二)竣工测量

　　在每一个单项工程完成后,必须由施工单位进行竣工测量,提出工程的竣工测量成果,作为编绘竣工总平面图的依据。竣工测量的内容包括:

　　(1)工业厂房及一般建筑物:各房角坐标、几何尺寸,地坪及房角标高,附注房屋结构层数、面积和竣工时间等。

（2）地下管线：测定检修井、转折点、起终点的坐标，井盖、井底、沟槽和管顶等的高程，附注管道及检修井的编号、名称、管径、管材、间距、坡度和流向。

（3）架空管线：测定转折点、结点、交叉点和支点的坐标，支架间距、基础标高等。

（4）特种构筑物：测定沉淀池、烟囱、煤气罐等及其附属构筑物的外形和四角坐标，圆形构筑物的中心坐标，基础面标高，烟囱高度和沉淀池深度等。

（5）交通线路：测定线路起终点、交叉点和转折点坐标，曲线元素、路面、人行道、绿化带界线等。

（6）室外场地：测定围墙拐角点坐标，绿化地边界等。

特别提示

竣工测量与一般测图的区别

竣工测量与一般测图的主要区别在于其测定的内容和精度要求不同。除满足数字测图的一般要求外，在竣工总平面图上还要求用解析坐标和高程表示主要地物的空间位置。应用全站仪数字测图，应根据地物的类别设置不同的图层，以便输出各种专题平面图。

（三）现场实测

对于以下情况，应经过现场实测后再进行竣工总平面图的编绘。

（1）由于未能及时提供建筑物或构筑物的设计坐标，而在现场指定施工位置的工程。

（2）设计图上只标明工程与地物的相对尺寸而无法推算坐标和标高。

（3）由于设计多次变更而无法查对设计资料。

（4）竣工现场的竖向布置、围墙和绿化情况，施工后尚保留的大型临时设施。

二、竣工总平面图编绘内容

竣工总平面图的编绘，主要包括室外实测和室内资料编绘两方面的内容。

1. 室外实测

在每一个单项工程完成后,必须由施工单位进行竣工测量。提出工程的竣工测量成果。

2. 室内资料编绘

竣工测量完成后,应提交完整的资料,包括工程的名称、施工依据、施工成果,作为编绘竣工总平面图的依据。

(1)编绘分类竣工总平面图时,对于大型企业和较复杂的工程,如将厂区地上、地下所有建筑物和构筑物都绘在一张总平面图上,这样将会形成图面线条密集,不易辨认。为了使图面清晰醒目,便于使用,可根据工程的密集与复杂程度,按工程性质分类编绘竣工总平面图。

(2)编绘综合竣工总平面图时,综合竣工总平面图即全厂性的总体竣工总平面图,包括地上、地下一切建筑物、构筑物和竖向布置及绿化情况等。

(3)竣工总平面图的图面内容和图例,一般应与设计图一致。图例不足时可补充编绘。

(4)为了全面反映竣工成果,便于生产、管理、维修和日后企业的扩建或改建,与竣工总平面图有关的一切资料,应分类装订成册,作为竣工总平面图的附件保存。

(5)编绘工业企业竣工总平面图,最好的办法是随着单位或系统工程的竣工,及时地编绘单位工程或系统工程平面图;并由专人汇总各单位工程平面图编绘竣工总平面图。

特别提示

竣工总平面图绘制注意事项

(1)根据设计资料展点成图。凡按设计坐标定位施工的工程,根据设计资料或施工检查测量资料展点成图。在工业与民用建筑施工过程中,在每一个单位工程完成后,应该进行竣工测量,并提出该工程的竣工测量成果。

　　(2)竣工总平面图的符号应与原设计图的符号一致。原设计图没有的图例符号,可使用新的图例符号,但应符合现行总平面设计的有关规定。在竣工总平面图上一般要用不同的颜色表示不同的工程对象。

　　(3)竣工总平面图编绘完成后,应经原设计及施工单位技术负责人审核、会签。

思考与练习

一、单项选择题

1. 主轴线点及矩形控制网位置应距厂房基础开挖边线以外（　　）m。

    A. 0.54　　　　B. 0.85　　　　C. 1.24　　　　D. 1.54

2. 当基坑挖到一定深度时,要在基坑口壁离坑底（　　）m 处测设几个腰桩,作为基坑修坡和检查坑深的依据。

    A. 0.1　　　　B. 0.2　　　　C. 0.4　　　　D. 0.5

3. 柱子校正过程中可将经纬仪安置在轴线一侧,与轴线成（　　）左右角的方向线上。

    A. 10°　　　　B. 20°　　　　C. 30°　　　　D. 40°

4. 烟囱筒身中心轴线垂直度偏差最大不得超过（　　）。

    A. $H/1000$　　B. $H/2000$　　　C. $H/3000$　　　D. $H/4000$

二、简答题

1. 在确定厂房主轴线点及矩形控制网位置时应注意哪些事项?

2. 什么是柱列轴线测设?

3. 简述工业厂房柱基的测设方法。

4. 工业厂房控制网测设前需要进行哪些准备工作?

5. 简述地下管线信息系统的主要内容。

6. 设备基础内控网的设置内容主要包括哪些?

7. 简述顶管施工测量的主要内容。

8. 竣工总平面图编绘的主要内容有哪些?

第十四章　建筑物变形观测

变形观测是对监视对象或物体(简称变形体)进行测量以确定其空间位置在不同时间的变化。一般来说,变形观测主要包括沉降观测、位移观测、倾斜观测以及特殊变形等的测量。

第一节　建筑物的沉降观测

建筑物沉降观测是用水准仪根据水准基点定期对建筑物上设置的沉降观测点进行水准测量,测得其与水准点的高差,并计算观测点的高程,以确定其下沉量及其规律。

建筑沉降观测可根据需要,分别或组合测定建筑物场地沉降、基坑回弹、地基土分层沉降以及基础和上部结构沉降。对于深基础建筑或高层、超高层建筑,沉降观测应从基础施工时开始。

一、建筑场地沉降观测

建筑场地沉降观测应分别测定建筑相邻影响范围之内的相邻地基沉降与建筑相邻影响范围之外的场地地面沉降。

1. 建筑场地沉降点标志的类型

(1)相邻地基沉降观测点标志可分为用于监测安全的浅埋标和用于结合科研的深埋标两种。浅埋标可采用普通水准标石或用直径25cm 的水泥管现场浇筑,埋深宜为 1～2m,并使标石底部埋在冰冻线以下。深埋标可采用内管外加保护管的标石形式,埋深应与建筑基础深度相适应,标石顶部须埋入地面下 20～30cm,并砌筑带盖的窨井加以保护。

（2）场地地面沉降观测点的标志与埋设，应根据观测要求确定，可采用浅埋标志。

建筑场地沉降点位的选择

（1）相邻地基沉降观测点可选在建筑纵横轴线或边线的延长线上，亦可选在通过建筑重心的轴线延长线上。其点位间距应视基础类型、荷载大小及地质条件，与设计人员共同确定或征求设计人员意见后确定。点位可在建筑基础深度 1.5～2.0 倍的距离范围内，由外墙向外由密到疏布设，但距基础最近的观测点应设置在沉降量为零的沉降临界点以外。

（2）场地地面沉降观测点应在相邻地基沉降观测点布设线路之外的地面上均匀布设。根据地质地形条件，可选择使用平行轴线方格网法、沿建筑四角辐射网法或散点法布设。

2. 沉降观测水准点的测设

（1）水准点的布设。由于建筑物附近的水准点是对建筑物进行沉降观测的依据，所以这些水准点必须坚固稳定。为了对水准点进行相互校核，防止其本身产生变化，水准点的数目应尽量不少于 3 个，以组成水准网。对水准点要定期进行高程检测，以保证沉降观测成果的正确性。

沉降观测水准点布设应考虑的因素

1）水准点应尽量与观测点接近，其距离不应超过 100m，以保证观测的精度。

2）水准点应布设在受震区域以外的安全地点，以防止受到震动的影响。

3）离开公路、铁路、地下管道和滑坡至少 5m。避免埋设在低洼易积水处及松软土地带。

4)为防止水准点受到冻胀的影响,水准点的埋设深度至少要在冰冻线下 0.5m。一般情况下,可以利用工程施工时使用的水准点,作为沉降观测的水准基点。如果由于施工场地的水准点离建筑物较远或条件不好,为了便于进行沉降观测和提高精度,可在建筑物附近另行埋设水准基点。

(2)水准点的形式与埋设。建筑物沉降观测水准点的形式与埋设,一般与三、四等水准点的形式与埋设要求相同,但具体操作时也应根据现场条件及沉降观测在时间上的要求等决定。

1)当观测急剧沉降的建筑物和构筑物时,若建造水准点已来不及,可在已有房屋或结构物上设置标志作为水准点,但这些房屋或结构物的沉降必须证明已经达到终止。

2)在山区的建设中,建筑物附近常有基岩,可在岩石上凿一洞,用水泥砂浆直接将金属标志嵌固于岩层之中,但岩石必须稳固。

3)当场地为砂土或其他不利情况下,应建造深埋水准点或专用水准点。

3. 沉降观测点的布设

沉降观测点的布置,应以能全面反映建筑及地基变形特征并结合地质情况及建筑结构特点确定。

(1)沉降观测点布设的一般要求。沉降观测点位宜布设在下列位置:

1)建筑的四角、大转角处及沿外墙每 10~15m 处或每隔 2~3 根柱基上。

2)高低层建筑、新旧建筑、纵横墙等交接处的两侧。

3)建筑裂缝和沉降缝两侧、基础埋深相差悬殊处、人工地基与天然地基接壤处、不同结构的分界处及填挖方分界处。

4)宽度大于等于 15m 或小于 15m 而地质复杂以及膨胀土地区的建筑,在承重内隔墙中设内墙点,并在室内地面中心及四周设地面点。

5)邻近堆置重物处、受震动有显著影响的部位及基础下的暗浜(沟)处。

6)框架结构建筑的每个或部分柱基上或沿纵横轴线设点。

7)筏形基础、箱形基础底板或接近基础的结构部分之四角处及其中部位置。

8)重型设备基础和动力设备基础的四角、基础形式或埋深改变处以及地质条件变化处两侧。

9)电视塔、烟囱、水塔、油罐、炼油塔、高炉等高耸建筑,沿周边在与基础轴相交的对称位置上布点,点数不少于 4 个。

(2)民用建筑沉降观测点的布设。为保证沉降观测点的稳定性,一般民用建筑沉降观测点大都设置在外墙勒脚处,观测点埋在墙内的部分应大于露出墙外部分的 5~7 倍。

(3)柱基础观测点布设。柱基础沉降观测点的布设,可以参考下述"(5)设备基础观测点的布设"的相关内容。但是当柱子安装后进行二次灌浆时,原设置的观测点将被砂浆埋掉,因而,必须在二次灌浆前,及时在柱身上设置新观测点。

(4)柱身观测点布设。

1)钢筋混凝土柱用钢凿在柱子±0 标高 10~50cm 处凿洞(或在预制时留孔),将直径 20mm 以上的钢筋或铆钉,制成弯钩形,平向插入洞内,再以 1∶2 水泥砂浆填实,如图 14-1(a)所示。亦可采用角钢作为标志,埋设时使其与柱面成 50°~60°的倾斜角,如图 14-1(b)所示。

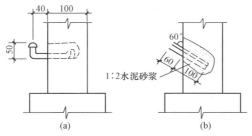

图 14-1 钢筋混凝土柱观测点

2)钢柱将角钢的一端切成使脊背与柱面成 50°~60°的倾斜角,将此端焊在钢柱上,如图 14-2(a)所示;或者将铆钉弯成钩形,将其一端焊在钢柱上,如图 14-2(b)所示。

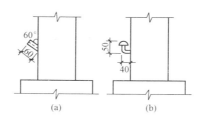

图 14-2　钢柱观测点

在柱子设置新观测点注意事项

①为保持沉降观测的连贯性,新的观测点应在柱子校正后二次灌浆前,将高程引测至新的观测点上;

②新旧观测点的水平距离不应大于 1.5m,高差不应大于 1.5m;

③观测点与柱面应有 30～40mm 的空隙;

④在混凝土柱下埋标时,为保证点位稳定,埋入柱内的长度应大于露出的部分。

（5）设备基础观测点的布设。设备基础观测点一般用铆钉或钢筋来制作,然后将其埋入混凝土内。

在埋设观测点时应注意事项

1）铆钉或钢筋埋在混凝土中露出的部分,不宜过高或太低;

2）观测点应垂直埋设,与基础边缘的间距不得小于 50mm,埋设后将四周混凝土压实,待混凝土凝固后用红油漆编号;

3）埋点应在基础混凝土将达到设计标高时进行。如混凝土已凝固须增设观测点时,可用钢凿在混凝土面上确定的位置凿一洞,将标志埋入,再以 1∶2 水泥砂浆灌实。

4. 建筑场地沉降观测的周期

建筑场地沉降观测的周期应根据不同任务要求、产生沉降的不同情况以及沉降速度等因素具体分析确定。

基础施工的相邻地基沉降观测,在基坑降水时和基坑土开挖过程中应每天观测一次。混凝土底板浇完 10d 以后,可每 2～3d 观测一次,直至地下室顶板完工和水位恢复。此后可每周观测一次至回填土完工。

建筑场地沉降观测应提交的资料

(1)场地沉降观测点平面布置图;

(2)场地沉降观测成果表;每次观测结束后,应检查记录的数据和计算是否正确,精度是否合格,然后,调整高差闭合差,推算出各沉降观测点的高程,并填入表 14-1 所示的"沉降观测成果表"中。

表 14-1　　　　　　　　　　沉降观测成果表

观测次数	观测时间	各观测点的沉降情况						M—3 …	施工进展情况	荷载情况/(t/m²)
		M—1			M—2					
		高程/m	本次下沉/mm	累积下沉/mm	高程/m	本次下沉/mm	累积下沉/mm			
1	1985.01.10	50.454	0	0	50.473	0	0	…	一层平口	
2	1985.02.23	50.448	—6	—6	50.467	—6	—6		三层平口	40
3	1985.03.16	50.443	—5	—11	50.462	—5	—11		五层平口	60
4	1985.04.14	50.440	—3	—14	50.459	—3	—14		七层平口	70
5	1985.05.14	50.438	—2	—16	50.456	—3	—17		九层平口	80
6	1985.06.04	50.434	—4	—20	50.452	—4	—21		主体完	110
7	1985.08.30	50.429	—5	—25	50.447	—5	—26		竣工	
8	1985.11.06	50.425	—4	—29	50.445	—2	—28		使用	
9	1986.02.28	50.423	—2	—31	50.444	—1	—29			
10	1986.05.06	50.422	—1	—32	50.443	—1	—30			
11	1986.08.05	50.421	—1	—33	50.443	0	—30			
12	1986.12.25	50.421	0	—33	50.443	0	—30			

注:水准点的高程 M—1 为 49.538mm;M—2 为 50.123mm;M—3 为 49.776mm。

(3)相邻地基沉降的距离——沉降曲线图;

(4)场地地面等沉降曲线图。建筑沉降观测的等沉降曲线按图 14-3 的样式表示。

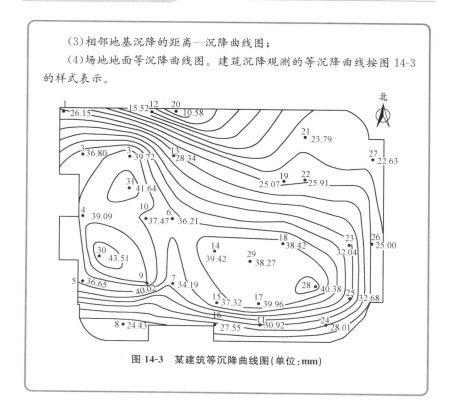

图 14-3 某建筑等沉降曲线图(单位:mm)

二、基坑回弹观测

基坑回弹观测,应测定深埋建筑基础在基坑开挖后,由于卸除基坑土自重而引起的基坑内外影响范围内相对于开挖前的回弹量。地基土回弹量的大小和分布情况,在设计时对地基变形模型的选用及基础强度的设计都具有十分重要的意义。

(一)回弹观测点位的布设

回弹观测点位的布设,应根据基坑形状、大小、深度及地质条件确定,用适当点数能测出所需各纵横断面回弹量。可利用回弹变形的近似对称特性,按下列规定布点:

（1）对于矩形基坑,应在基坑中央及纵（长边）横（短边）轴线上布设,纵向每 8～10m 布一点,横向每 3～4m 布一点。对其他不规则形状的基坑,可与设计人员商定。

（2）基坑外的观测点,应在所选坑内方向线的延长线上距基坑深度 1.5～2 倍距离内布置。

（3）当所选点位遇到地下管道或其他构筑物时,可将观测点移至与之对应方向线的空位置上。

（4）应在基坑外相对稳定且不受施工影响的地点,选设工作基点及为寻找标志用的定位点。

（5）观测路线应组成起讫于工作基点的闭合或附合路线,使之具有检核条件。

（二）基坑回弹观测技术要求

（1）回弹标志应埋入基坑底面以下 20～30cm。根据开挖深度和地层土质情况,可采用钻孔法或探井法。根据埋设与观测方法的不同标志形式可采用辅助杆压入式、钻杆送入式或直埋式标志。

（2）回弹观测精度可按相关规定以给定或预估的最大回弹量为变形允许值进行估算后确定。但最弱观测点相对邻近工作基点的高差中误差,不应大于±1.0mm。

（3）回弹观测不应少于三次,其中第一次在基坑开挖之前,第二次在基坑挖好之后,第三次在浇筑基础混凝土之前。当基坑挖完至基础施工的间隔时间较长时,亦应适当增加观测次数。

> **特别提示**
>
> **基坑开控注意事项**
>
> 基坑开挖前的回弹观测,宜采用水准测量配以铅垂钢尺读数的钢尺法。较浅基坑的观测,可采用水准测量配辅助杆垫高水准尺读数的辅助杆法。观测结束后,应在观测孔底充填厚度约为1m 的白灰。

（三）基坑回弹观测的方法

基坑回弹观测通常采用几何水准测量法。基坑回弹观测的基本过程是,在待开挖的基坑中预先埋设回弹监测标志,在基坑开挖前、后分别进行水准测量,测出布设在基坑底面各测标的高差变化,从而得出回弹标志的变形量。观测次数不应少于 3 次:第一次在基坑开挖之前;第二次在基坑挖好之后;第三次在浇注基础混凝土之前。基坑开挖前的回弹监测,由于测点深埋地下,实施监测就比较复杂,且对最终成果精度影响较大,亦是整个回弹监测的关键。基坑开挖前的回弹监测方法通常有辅助杆法(适用于较浅基坑)和钢尺法。钢尺法又可分为钢尺悬吊挂钩法(简称挂钩法,一般适用于中等深度基坑)、钢尺配挂电磁锤法或电磁探头法(适用于较深基坑)。

挂钩法比较实用有效,为常用的方法。因此下面仅就挂钩法予以讨论分析。

首先在地面上用钻机成孔,把回弹测标埋设到基坑底面设计标高处,在标志上吊挂钢尺引出地面,然后通过在地面实施水准测量,把高程引测到每个回弹标志上,并依此所得高程作为初始值。而基坑开挖后各测点的高程,则在基坑内按一般水准测量方法进行,所得的高程与初始高程比较,其差值即为回弹变化量。基坑开挖前观测工作方式如图 14-4 所示。

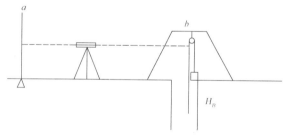

图 14-4 开挖前回弹观测工作示意图

基坑回弹观测后应提交的资料

(1)回弹观测点位布置平面图。

（2）回弹量纵、横断面图。基坑回弹量纵、断面图如图 14-5 所示。

（3）回弹观测成果表。

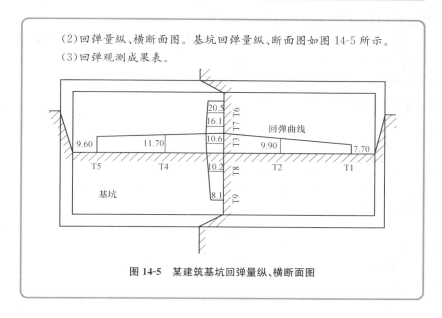

图 14-5　某建筑基坑回弹量纵、横断面图

三、地基土分层沉降观测

地基土分层沉降观测，应测定高层和大型建筑物地基内部各分层土的沉降量、沉降速度以及有效压缩层的厚度。

分层沉降观测点应在建筑物地基中心附近约为 2m×2m 或各点间距不大于 50cm 的范围内，沿铅垂线方向上的各层土内布置。点位数量与深度，应根据分层土的分布情况确定，每一土层设一点，最浅的点位应在基础底面下不小于 50cm 处，最深的点位应在超过压缩层理论厚度处或设在压缩性低的砾石或岩石层上。此外，还应注意以下事项：

（1）分层沉降观测标志的埋设应采用钻孔法。

（2）分层沉降观测精度可按分层沉降观测点相对于邻近工作基点或基准点的高差中误差不大于 ±1.0mm 的要求设计确定。

（3）分层沉降观测应按周期用精密水准仪或自动分层沉降仪测出

各标顶的高程,计算出沉降量。

(4)分层沉降观测,应从基坑开挖后基础施工前开始,直至建筑竣工后沉降稳定时为止。观测周期可参照建筑物沉降观测的规定确定。首次观测应少在标志埋好 5d 后进行。

知识链接

地基土分层沉降观测应提交的资料

(1)地基土分层标点位置图;

(2)地基土分层沉降观测成果表;

(3)各土层荷载—沉降—深度曲线图。荷载—沉降—深度曲线图如图 14-6 所示。

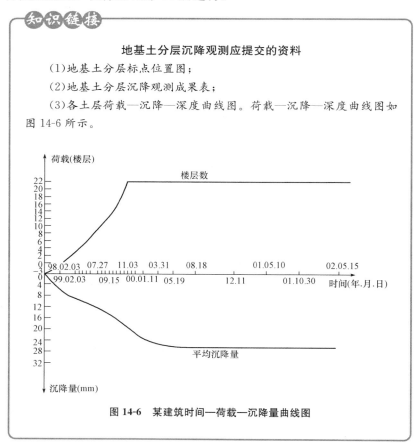

图 14-6　某建筑时间—荷载—沉降量曲线图

四、沉降观测的成果整理

1. 整理原始记录

检查记录的数据和计算是否正确,精度是否合格,然后调整闭合差,推算各沉降观测点的高程。

2. 计算沉降量

计算各观测点本次沉降量(用各观测点本次观测所得的高程减去上次观测点高程)和累计沉降量(每次沉降量相加),并将观测日期和荷载情况一并记入沉降量统计表内。

3. 绘制沉降曲线

为了预估下一次观测点沉降的大约数值和沉降过程是否渐趋稳定或已经稳定,可分别绘制时间—沉降量关系曲线,以及时间—荷载关系曲线。

第二节　建筑物位移观测

建筑物位移观测应根据建筑的特点和施测做好观测方案的设计和技术准备工作,并取得委托方及有关人员的配合。

建筑物位移观测的主要内容包括建筑主体倾斜观测、建筑水平位移观测、基坑壁侧向位移观测、场地滑坡观测、挠度观测。

一、建筑主体倾斜观测

建筑主体倾斜观测应测定建筑顶部观测点相对于底部固定点或上层相对于下层观测点的倾斜度、倾斜方向及倾斜速率。

(一)主体倾斜观测点和测站点的布设

(1)当从建筑外部观测时,测站点的点位应选在与倾斜方向成正交的方向线上距照准目标 1.5～2.0 倍目标高度的固定位置。当利用建筑内部竖向通道观测时,可将通道底部中心点作为测站点。

(2)对于整体倾斜,观测点及底部固定点应沿着对应测站点的建筑主体竖直线,在顶部和底部上下对应布设;对于分层倾斜,应按分层部位上下对应布设。

（3）按前方交会法布设的测站点,基线端点的选设应顾及测距或长度丈量的要求。按方向线水平角法布设的测站点,应设置好定向点。

(二)主体倾斜观测点位的标志设置

（1）建筑顶部和墙体上的观测点标志可采用埋入式照准标志。当有特殊要求时,应专门设计。

（2）不便埋设标志的塔形、圆形建筑以及竖直构件,可以照准视线所切同高边缘确定的位置或用高度角控制的位置作为观测点位。

（3）位于地面的测站点和定向点,可根据不同的观测要求,使用带有强制对中装置的观测墩或混凝土标石。

（4）对于一次性倾斜观测项目,观测点标志可采用标记形式或直接利用符合位置与照准要求的建筑特征部位,测站点可采用小标石或临时性标志。

(三)主体倾斜观测的周期

主体倾斜观测的周期可视倾斜速度每1～3个月观测一次。当遇基础附近因大量堆载或卸载、场地降雨长期积水等而导致倾斜速度加快时,应及时增加观测次数。倾斜观测应避开强日照和风荷载影响大的时间段。

(四)建筑主体倾斜观测方法的选用

（1）当建筑或构件的外部观测主体倾斜时,宜选用下列经纬仪观测法:

1）投点法。观测时,应在底部观测点位置安置水平读数尺等量测设施。在每测站安置经纬仪投影时,应按正倒镜法测出每对上下观测点标志间的水平位移分量,再按矢量相加法求得水平位移值(倾斜量)和位移方向(倾斜方向)。

2）测水平角法。对塔形、圆形建筑或构件,每测站的观测应以定向点作为零方向,测出各观测点的方向值和至底部中心的距离,计算顶部中心相对底部中心的水平位移分量。对矩形建筑,可在每测站直接观测顶部观测点与底部观测点之间的夹角或上层观测点与下层观测点之间的夹角,以所测角值与距离值计算整体的或分层的水平位移分量和位移方向。

3)前方交会法。所选基线应与观测点组成最佳构形,交会角宜在60°~120°之间。水平位移计算,可采用直接由两周期观测方向值之差解算坐标变化量的方向差交会法,亦可采用按每周期计算观测点坐标值,再以坐标差计算水平位移的方法。

(2)当利用建筑或构件的顶部与底部之间的竖向通视条件进行主体倾斜观测时,宜选用下列观测方法:

1)激光铅直仪观测法。应在顶部适当位置安置接收靶,在其垂线下的地面或地板上安置激光铅直仪或激光经纬仪,按一定周期观测,在接收靶上直接读取或量出顶部的水平位移量和位移方向。作业中仪器应严格置平、对中,应旋转180°观测两次取其中数。对超高层建筑,当仪器设在楼体内部时,应考虑大气湍流影响。

2)激光位移计自动记录法。位移计宜安置在建筑底层或地下室地板上,接收装置可设在顶层或需要观测的楼层,激光通道可利用未使用的电梯井或楼梯间隔,测试室宜选在靠近顶部的楼层内。当位移计发射激光时,从测试室的光线示波器上可直接获取位移图像及有关参数,并自动记录成果。

3)正、倒垂线法。垂线宜选用直径0.6~1.2mm的不锈钢丝或因瓦丝,并采用无缝钢管保护。采用正垂线法时,垂线上端可锚固在通道顶部或所需高度处设置的支点上。采用倒垂线法时,垂线下端可固定在锚块上,上端设浮筒。用来稳定重锤、浮子的油箱中应装有阻尼液。观测时,由观测墩上安置的坐标仪、光学垂线仪、电感式垂线仪等量测设备,按一定周期测出各测点的水平位移量。

4)吊垂球法。应在顶部或所需高度处的观测点位置上,直接或支出一点悬挂适当重量的垂球,在垂线下的底部固定毫米格网读数板等读数设备,直接读取或量出上部观测点相对底部观测点的水平位移量和位移方向。

(3)当利用相对沉降量间接确定建筑整体倾斜时,可选用下列方法:

1)倾斜仪测记法。可采用水管式倾斜仪、水平摆倾斜仪、气泡倾斜仪或电子倾斜仪进行观测。倾斜仪应具有连续读数、自动记录和数字传输的功能。监测建筑上部层面倾斜时,仪器可安置在建筑顶层或需要观测的楼层的楼板上。监测基础倾斜时,仪器可安置在基础面上,以所测楼层或基础面的水平倾角变化值反映和分析建筑倾斜的变化程度。

2)测定基础沉降差法。可按有关规定,在基础上选设观测点,采用水准测量方法,以所测各周期基础的沉降差换算求得建筑整体倾斜度及倾斜方向。

建筑物主体倾斜观测应提交的资料

(1)倾斜观测点位布置图。

(2)倾斜观测成果表。

(3)主体倾斜曲线图。

二、建筑水平位移观测

建筑物水平位移观测包括:位于特殊性土地区的建筑物地基基础水平位移观测、受高层建筑基础施工影响的建筑物及工程设施水平位移观测,以及挡土墙、大面积堆载等工程中所需的地基土深层侧向位移观测等,应测定规定平面位置上不同时间的位移量和位移速度。

(一)观测点的布设与观测周期

1. 观测点的布设

建筑水平位移观测点的位置应选在墙角、柱基及裂缝两边等处。标志可采用墙上标志,具体形式及其埋设应根据点位条件和观测要求确定。

2. 建筑水平位移观测周期

(1)水平位移观测的周期,对于不良地基土地区的观测,可与一并进行的沉降观测协调确定。

（2）对于受基础施工影响的有关观测，应按施工进度的需要确定，可逐日或隔 2～3d 观测一次，直至施工结束。

（二）建筑水平位移测方法

建筑水平位移观测的方法主要有视准线法、激光准直法、引张线法、测边角法四种。

1. 运用视准线法进行水平位移观测

由经纬仪的视准面形成基准面的基准线法，称为视准线法。视准线法又分为角度变化法和位移法两种。

（1）角度变化法。角度变化法又称小角法，是利用精密光学经纬仪，精确测出基准线与置镜端点到观测点视线之间所夹的角度。采用小角法进行视准线测量时，视准线应按平行于待测建筑边线布置，观测点偏离视准线的偏角不应超过 $30''$。偏离值 d（图 14-7）可按下式计算：

$$d = \alpha/\rho \cdot D$$

式中　α——偏角（$''$）；

　　D——从观站点到观测点的距离（m）；

　　ρ——常数，其值为 206265。

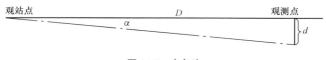

图 14-7　小角法

（2）位移法。位移法又称活动觇牌法，是直接利用安置在观测点上的活动觇牌来测定偏离值。采用活动觇牌法进行视准线测量时，观测点偏离视准线的距离不应超过活动觇牌读数尺的读数范围。应在视准线一端安置经纬仪或视准仪，瞄准安置在另一端的固定觇牌进行定向，待活动觇牌的照准标志正好移至方向线上时读数。每个观测点应按确定的测回数进行往测与返测。

2. 运用激光准直法进行水平位移观测

使用激光经纬仪准直法时,当要求具有 $10^{-5} \sim 10^{-4}$ 量级准直精度时,可采用 DJ₂ 型仪器配置氦—氖激光器或半导激光器的激光经纬仪及光电探测器或目测有机玻璃方格网板;当要求达到 10^{-6} 量级精度时,可采用 DJ₁ 型仪器配置高稳定性氦—氖激光器或半导体激光器的激光经纬仪及高精度光电探测系统。

> 激光仪器在使用前必须进行检校,仪器射出的激光束轴线、发射系统轴线和望远镜照准轴应三者重合,观测目标与最小激光斑应重合。

对于较长距离的高精度准直,可采用三点式激光衍射准直系统或衍射频谱成像及投影成像激光准直系统。对短距离的高精度准直,可采用衍射式激光准直仪或连续成像衍射板准直仪。

3. 运用引张线法进行水平位移观测

引张线法是在两固定端点之间用拉紧的金属丝作为基准线,用于测定建筑物水平位移。引张线的装置由端点、观测点、测线与测线保护管四部分组成。

> 引张线法常用在大坝变形观测中,引张线安置在坝体廊道内,不受旁折光和外界影响,所以观测精度较高,根据生产单位的统计,三测回观测平均值的中误差可达 0.03mm。

在引张线法中假定钢丝两端固定不动,则引张线是固定的基准线。由于各观测点上之标尺是与建筑物体固定连接的,所以对于不同的观测周围,钢丝在标尺上的读数变化值,就是该观测点的水平位移值。

4. 运用测边角法进行水平位移观测

(1)对主要观测点,可以该点为测站测出对应视准线端点的边长和角度,求得偏差值。对其他观测点,可选适宜的主要观测点为测站,测出对应其他观测点的距离与方向值,按坐标法求得偏差值。

(2)角度观测测回数与长度的丈量精度要求,应根据要求的偏差值观测中误差确定。

(3)测量观测点任意方向位移时,可视观测点的分布情况,采用前方交会或方向差交会及极坐标等方法。

　　（4）单个建筑亦可采用直接量测位移分量的方向线法，在建筑纵、横轴线的相邻延长线上设置固定方向线，定期测出基础的纵向和横向位移。对于观测内容较多的大测区或观测点远离稳定地区的测区，宜采用测角、测边、边角及 GPS 与基准线法相结合的综合测量方法。

建筑物水平位移观测应提交的资料

（1）水平位移观测点位布置图。

（2）水平位移观测成果表。

（3）水平位移曲线图。

三、基坑壁侧向位移观测

　　基坑壁侧向位移观测应测定基坑围护结构桩墙顶水平位移和桩墙深层挠曲。

　　基坑开挖期间应 2～3d 观测一次，位移速率或位移量大时应每天观测 1～2 次；当基坑壁的位移速率或位移量迅速增大或出现其他异常时，应在做好观测本身安全的同时，增加观测次数，并立即将观测结果报告委托方。

　　基坑壁侧向位移观测可根据现场条件使用视准线法、测小角法、前方交会法或极坐标法，并宜同时使用测斜仪或钢筋计、轴力计等进行观测。

　　（1）当使用视准线法、小角法、前方交会法或极坐标法测定基坑壁侧向位移时，应符合下列规定：

　　1）基坑壁侧向位移观测点应沿基坑周边桩墙顶每隔 10～15m 布设一点。

　　2）侧向位移观测点宜布置在冠梁上，可采用铆钉枪射入铝钉，亦可钻孔埋设膨胀螺栓或用环氧树脂胶粘标志。

3）测站点宜布置在基坑围护结构的直角上。

（2）当采用测斜仪测定基坑壁侧向位移时，应符合下列规定：

1）测斜仪宜采用能连续进行多点测量的滑动式仪器。

2）测斜管应布设在基坑每边中部及关键部位，并埋设在围护结构桩墙内或其外侧的土体内，其埋设深度应与围护结构入土深度一致。

3）将测斜管吊入孔或槽内时，应使十字形槽口对准观测的水平位移方向。连接测斜管时应对准导槽，使之保持在一直线上。管底端应装底盖，每个接头及底盖处应密封。

4）埋设于基坑围护结构中的测斜管，应将测斜管绑扎在钢筋笼上，同步放入成孔或槽内，通过浇筑混凝土后固定在桩墙中或外侧。

5）埋设于土体中的测斜管，应先用地质钻机成孔，将分段测斜管连接放入孔内，测斜管连接部分应密封处理，测斜管与钻孔壁之间空隙宜回填细砂或水泥与膨润土拌和的灰浆，其配合比应根据土层的物理力学性能和水文地质情况确定。测斜管的埋设深度应与围护结构入土深度一致。

6）测斜管埋好后，应停留一段时间，使测斜管与土体或结构固连为一整体。

7）观测时，可由管底开始向上提升测头至待测位置，或沿导槽全长每隔 500mm（轮距）测读一次，将测头旋转 180°再测一次。两次观测位置（深度）应一致，以此作为一测回。每周期观测可测两测回，每个测斜导管的初测值，应测四测回，观测成果取中数。

知识链接

基坑壁侧向位移观测应提交的资料

（1）基坑壁位移观测点布置图。

（2）基坑壁位移观测成果表。

（3）基坑壁位移曲线图。

四、场地滑坡观测

建筑场地滑坡观测应测定滑坡的周界、面积、滑动量、滑移方向、主滑线以及滑动速度,并视需要进行滑坡预报。

(一)观测点位的设置

(1)滑坡面上的观测点应均匀布设。滑动量较大和滑动速度较快的部位,应适当增加布点。

(2)滑坡周界外稳定的部位和周界内稳定的部位,均应布设观测点。

(3)当主滑方向和滑动范围已明确时,可根据滑坡规模选取十字形或格网形平面布点方式;当主滑方向和滑动范围不明确时,可根据现场条件,采用放射形平面布点方式。

(4)需要测定滑坡体深部位移时,应将观测点钻孔位置布设在主滑轴线上,并可对滑坡体上局部滑动和可能具有的多层滑动面进行观测。

(5)对已加固的滑坡,应在其支挡锚固结构的主要受力构件上布设应力计和观测点。

(二)观测点位标石埋设

(1)土体上的观测点可埋设预制混凝土标石。根据观测精度要求,顶部的标志可采用具有强制对中装置的活动标志或嵌入加工成半球状的钢筋标志。

> 标石埋深不宜小于1m,在冻土地区应埋至当地冻土线以下0.5m。标石顶部应露出地面20～30cm。

(2)岩体上的观测点可采用砂浆现场浇固的钢筋标志。凿孔深度不宜小于10cm。标志埋好后,其顶部应露出岩体面5cm。

(3)必要的临时性或过渡性观测点以及观测周期短、次数少的小型滑坡观测点,可埋设硬质大木桩,但顶部应安置照准标志,底部应埋至当地冻土线以下。

(4)滑动体深部位移观测钻孔应穿过潜在滑动面进入稳定的基岩

面以下不小于 1m。观测钻孔应铅直,孔径应不小于 110mm。

(三)滑坡观测周期

滑坡观测的周期应视滑坡的活跃程度及季节变化等情况而定,并应符合下列规定:

(1)在雨季,宜每半月或一月测一次;干旱季节,可每季度测一次。

(2)当发现滑速增快,或遇暴雨、地震、解冻等情况时,应增加观测次数。

(3)当发现有大的滑动可能或有其他异常时,应在做好观测本身安全的同时,及时增加观测次数,并立即将观测结果报告委托方。

场地滑坡观测方法的选用

滑坡观测点的位移观测方法,可根据现场条件,按下列要求选用:

(1)当建筑数量多、地形复杂时,宜采用以三方向交会为主的测角前方交会法,交会角宜在 50°～110° 之间,长短边不宜悬殊。也可采用测距交会法、测距导线法以及极坐标法。

(2)对于视野开阔的场地,当面积小时,可采用放射线观测网法,从两个测站点上按放射状布设交会角在 30°～150° 之间的若干条观测线,两条观测线的交点即为观测点。每次观测时,应以解析法或图解法测出观测点偏离两测线交点的位移量。当场地面积大时,可采用任意方格网法,其布设与观测方法应与放射线观测网相同,但需增加测站点与定向点。

(3)在与滑动轴线的垂直方向布设若干条测线,沿测线选定测站点、定向点与观测点。每次观测时,应按支距法测出观测点的位移量与位移方向。当滑坡体窄而长时,可采用十字交叉观测网法。

(4)对于抗滑墙(桩)和要求高的单独测线,可选用视准线法。

(5)对于可能有大滑动的滑坡,除采用测角前方交会等方法外,亦可采用字近景摄影测量方法同时测定观测点的水平和垂直位移。

(6)当符合 GPS 观测条件和满足观测精度要求时,采用单机多天线 GPS 观测方法观测。

建筑场地滑坡观测应提交的资料

(1)滑坡观测点位布置图;

(2)观测成果表;

(3)观测点位移与沉降综合曲线图。地基土深层侧向位移图如图 14-8 所示。滑坡观测点的位移与沉降综合曲线图如图 14-9 所示。

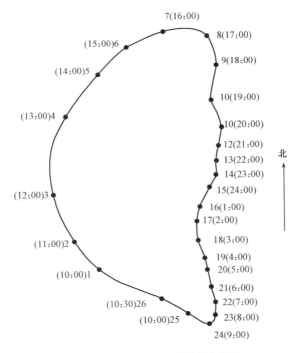

图 14-8　某电视塔顶日照变形曲线图

注:1. 图中顺序号为观测次数编号,括号内数字为时间。

　　2. 曲线图由激光铅直仪直接测出的激光中心轨迹反转而成。

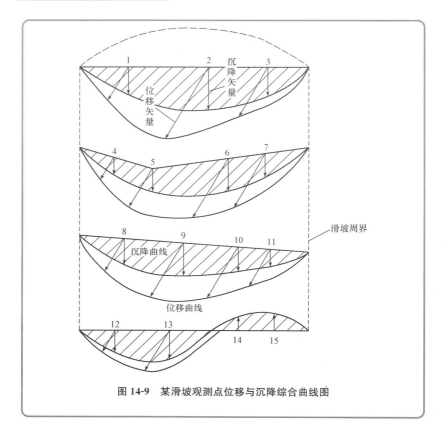

图 14-9　某滑坡观测点位移与沉降综合曲线图

五、建筑挠度观测

建筑基础和建筑主体以及墙、柱等独立构筑物的挠度观测,应按一定周期测定其挠度值。

(一)建筑挠度观测技术要求

(1)挠度观测的周期应根据载荷情况并考虑设计、施工要求确定。

(2)建筑基础挠度观测与建筑沉降观测同时进行。观测点应沿基础的线或边线布设,每一轴线或边线上不得少于 3 点。

（3）建筑主体挠度观测，除观测点应按建筑结构类型在各不同高度或各层处沿一定垂直方向布设外，其标志设置、观测方法应按规定执行。挠度值应由建筑上不同高度点相对于底部固定点的水平位移值确定。

（4）独立构筑物的挠度观测，除可采用建筑主体挠度观测要求外，当观测条件允许时，亦可用挠度计、位移传感器等设备直接测定挠度值。

（二）建筑物挠度观测数据计算

如图 14-10 所示，挠度值 f_d 应按下式计算：

1）挠度值 f_d 应按下列公式计算：

$$f_d = \Delta S_{AE} - \frac{L_{AE}}{L_{AE} + L_{EB}} + \Delta S_{AB}$$

$$\Delta S_{AE} = S_E - S_A$$

$$\Delta S_{AB} = S_B - S_A$$

式中　S_A、S_B——为基础上 A、B 点的沉降量或位移量（mm）；

　　　　S_E——基础上 E 点的沉降量或位移量（mm），E 点位于 A、B 两点之间；

　　　　L_{AE}——A、E 之间的距离（m）；

　　　　L_{EB}——E、B 之间的距离（m）。

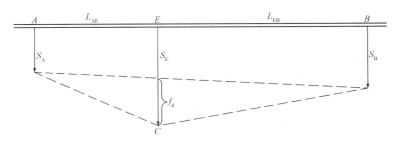

图 14-10　挠度

2）跨中挠度值 f_{dc} 应按下列公式计算：

$$f_{dc} = \Delta S_{10} - \frac{1}{2}\Delta S_{12}$$

$$\Delta S_{10} = S_0 - S_1$$

$$\Delta S_{12} = S_2 - S_1$$

式中　S_0——基础中点的沉降量或位移量（mm）；

　　S_1、S_2——基础两个端点的沉降量或位移量（mm）。

建筑的挠度观测应提交的资料

（1）挠度观测点布置图。

（2）挠度观测成果表。

（3）挠度曲线图。

第三节　建筑物倾斜观测

一、产生倾斜观测的原因及内容

（一）产生倾斜观测的原因

建筑物产生倾斜的原因主要有：地基承载力不均匀；建筑物体型复杂（有部分高重、部分低轻），形成不同荷载；施工未达到设计要求，承载力不够；受外力作用结果，例如风荷载、地下水抽取、地震等。一般用水准仪、经纬仪或其他专用仪器来测量建筑物的倾斜度。

（二）倾斜观测的内容

建筑物主体倾斜观测，应测定建筑物顶部相对于底部或各层间上层相对于下层的水平位移与高差，分别计算整体或分层的倾斜速度、倾斜方向以及倾斜速度。对具有刚性建筑物的整体倾斜，亦可通过测量顶面或基础的相对沉降间接测定。

二、倾斜观测的布设与方法

(一)倾斜观测点的布设

(1)观测点应沿对应测站点的某主体竖直线,对整体倾斜按顶部、底部,对分层倾斜按分层部位、底部上下对应布设。

(2)当从建筑物外部观测时,测站点或工作基点的点位应选在与照准目标中心连线呈接近正交或呈等分角的方向线上,距照准目标1.5～2.0倍目标高度的固定位置处;当利用建筑物内竖向通道观测时,可将通道底部中心点作为测站点。

(3)按纵横轴线或前方交会布设的测站点,每点应选设1～2个定向点;基线端点的选设应顾及其测距或丈量的要求。

(二)倾斜观测的方法

一般来说,倾斜观测的主要方法见表14-2。

表 14-2 倾斜观测的方法

序　号	倾斜观测内容	观测方法选取
1	测量建筑物基础相对沉降	(1)几何水准测量 (2)液体静力水准测量(大坝)
2	测量建筑物顶点相对于底点的水平位移	(1)前方交会法 (2)投点法 (3)吊垂球法 (4)激光铅直仪观测法
3	直接测量建筑物的倾斜度	气泡倾斜仪

特别提示

倾斜观测注意事项

(1)当建筑物立面上观测点数量较多或倾斜变形量大时,可采用激光扫描或数字近景摄影测量方法。

(2)倾斜观测应避开强日照和风荷载影响大的时间段。

（3）采用激光铅直仪观测法时，作业中仪器应严格置平、对中，应旋转 $180°$ 观测 2 次取其中数。对超高层建筑，当仪器设在楼体内部时，应考虑大气湍流影响。

（4）在布设观测点时，一定要考虑经济因素，选取少量的点能控制住一个区域的，就不应多选，以免造成经济上不必要的浪费。此外，还要考虑点位应便于观测和长时间保存。

第四节　特殊变形观测

一、日照变形观测

日照变形观测应在高耸建筑物或单柱（独立高柱）受强阳光照射或辐射的过程中进行，应测定建筑物或单柱上部由于向阳面与背阳面温差引起的偏移及其变化规律。

（一）日照变形观测点的选设

当利用建筑物内部竖向通道观测时，应以通道底部中心位置作为测站点，以通道顶部正垂直对应于测站点的位置作为观测点。

当从建筑物或单柱外部观测时，观测点应选在受热面的顶部或受热面上部的不同高度处于底部（视观测方法需要布置）适中位置，并设置照准标志，单柱亦可直接照准顶部与底部中心线位置；测站点应选在与观测点连线呈正交或近于正交的两条方向线上，其中一条宜与受热面垂直，距观测点的距离约为照准目标高度 1.5 倍的固定位置处，并埋设标石。

日照变形观测的方法包括激光垂准仪观测法、测角前方交会法和方向差交会法，可根据不同观测条件与要求选用。

（1）当建筑物内部具有竖向通视条件时，应采用激光垂准仪观测法。在测站点上可安置激光垂准仪或激光经纬仪，在观测点上安置接收靶。每次观测,可从接收靶读取或量出顶部观测点的水平位移值和位移方向,亦可借助附于接收靶上的标示光点设施,直接获得各次观测的激光中心轨迹图,然后反转其方向即为实测日照变形曲线图。

(2)从建筑物外部观测时,可采用测角前方交会法或方向差交会法。对于单柱的观测,按不同量测条件,可选用经纬仪投点法、测顶部观测点与底部观测点之间的夹角法或极坐标法。按上述方法观测时,从两个测站对观测点的观测应同步进行。所测顶部水平位移量与位移方向,应以首次测算的观测点坐标值或顶部观测点相对底部观测点的水平位移值作为初始值,与其他各次观测的结果相比较后计算求取。

(二)日照变形观测时间

日照变形的观测时间,宜选在夏季的高温天进行。一般观测项目,可在白天时间段观测,从日出前开始,日落后停止,每隔约 1h 观测一次;对于有科研要求的重要建筑物,可在全天 24h 内,每隔约 1h 观测一次。在每次观测的同时,应测出建筑物向阳面与背阳面的温度,并测定风速与风向。

(三)日照变形观测精度

日照变形观测的精度,可根据观测对象的不同要求和不同观测方法,具体分析确定。用经纬仪观测时,观测点相对测站点的点位中误差,对投点法不应大于 ±1.0mm,对测角法不应大于 ±2.0mm。

日照变形观测应提交的资料

(1)日照变形观测点位布置图。

(2)日照变测成果表。

(3)日照变形曲线图。

二、动态变形测量

对于建筑在动荷载作用下而产生的动态变形,应测定其一定时间段内的瞬时变形量,计算变形特征参数,分析变形规律。

动态变形的观测点应选在变形体受动荷载作用最敏感并能稳定牢固地安置传感器、接收靶和反光镜等照准目标的位置上。动态变形测量的精度应根据变形速率、变形幅度、测量要求和经济因素来确定。

一般来说,动态变形测量的主要方法有以下几种:

(一)采用全站仪自动跟踪测量的方法

(1)测站应设立在基准点或工作基点上,并使用有强制对中装置的观测台或观测墩。

(2)变形观测点上宜安置观测棱镜,距离短时也可采用反射片。

(3)数据通信电缆宜采用光纤或专用数据电缆,并应安全敷设。连接处应采取绝缘和防水措施。

(4)测站和数据终端设备应备有不间断电源。

(5)数据处理软件应具有观测数据自动检核、超限数据自动处理、不合格数据自动重测、观测目标被遮挡时可自动延时观测以及变形数据自动处理、分析、预报和预警等功能。

(二)采用激光测量方法进行动态变形观测

(1)激光经纬仪、激光导向仪、激光准直仪等激光器宜安置在变形区影响之外或受变形影响小的区域。激光器应采取防尘、防水措施。

(2)安置激光器后,应同时在激光器附近的激光光路上,设立固定的光路检核标志。

(3)整个光路上应无障碍物,光路附近应设立安全警示标志。

(4)目标板或感应器应稳固设立在变形比较敏感的部位并与光路垂直;目标板的刻划应均匀、合理。观测时,应将接收到的激光光斑调至最小、最清晰。

(三)采用 GPS 动态实时差分测量方法

(1)应在变形区之外或受变形影响小的地势高处设立 GPS 参考站。参考站上部应无高度角超过 $10°$ 的障碍物,且周围无大面积水域、大型建筑等 GPS 信号反射物及高压线、电视台、无线电发射源、热源、微波通道等干扰源。

(2)变形观测点宜设置在建筑顶部变形敏感的部位,变形观测点的数目应依建筑结构和要求布设,接收天线的安置应稳固,并采取保护措施,周围无高度角超过 $10°$ 的障碍物。卫星接收数量不应少于 5颗,并应采用固定解成果。

(3)长期的变形观测宜采用光缆或专用数据电缆进行数据通信,短期的也可采用无线电数据链。

(四)采用数字近景摄影测量方法

(1)应根据观测体的变形特点、观测规模和精度要求,合理选用作业方法,可采用时间基线视差法、立体摄影测量方法或多摄站摄影测量方法。

(2)像控点可采用独立坐标系。像控点应布设在建筑的四周,并应在景深范围内均匀布设。像控点测定中误差不宜大于变形观测点中误差的 $1/3$。当采用直接线性变换法解算待定点时,一个像对宜布设 6~9 个控制点;当采用时间基线视差法时,一个像对宜至少布设 4个控制点。

(3)变形观测点的点位中误差宜为 $±1~10mm$,相对中误差宜为 $1/5000~1/20000$。观测标志,可采用十字形或同心圆形,标志的颜色可采用与被摄建筑色调有明显反差的黑、白两色相间。

(4)摄影站应设置固定观测墩。对于长方形的建筑,摄影站宜布设在与其长轴线相平行的一条直线上,并使摄影主光轴垂直于被摄物体的主立面;对于圆柱形外表的建筑,摄影站可均匀布设在与物体中轴线等距的四周。

(5)多像对摄影时,应布设像对间起连接作用的标志点。

(6)近景摄影测量的其他技术要求,应满足现行国家标准《工程摄影测量规范》(GB 50167)的有关规定。

动态变形测量方法的选择

动态变形测量方法的选择可根据变形体的类型、变形速率、变形周期特征和测定精度要求等确定,并符合下列规定:

(1)对于精度要求高、变形周期长、变形速率小的动态变形测量,可采用全站仪自动跟踪测量或激光测量等方法;

(2)对于精度要求低、变形周期短、变形速率大的建筑,可采用位移传感器、加速度传感器、GPS动态实时差分测量等方法;

(3)当变形频率小时,可采用数字近景摄影测量或经纬仪测角前方交会等方法。

三、建筑风振观测

风振观测应在高层、超高层建筑物受强风作用的时间段内,同步测定建筑物的顶部风速、风向和墙面风压以及顶部水平位移,以获取风压分布、体型系数及风振系数。

1. 观测精度

风振位移的观测精度,如采用自动测记法,应视所用仪器设备的性能和精确程度要求具体确定;如采用经纬仪观测,观测点相对测站点的点位中误差不应大于±15mm。

当用自动测记法时,风振位移的观测精度应根据所用仪器设备的性能和精度要求具体确定。当采用经纬仪观测时,观测点相对测站点的点位中误差不应大于±15mm。

2. 建筑风振观测数据计算

由实测位移值计算风振系数 β 时,可采用下式计算:

$$\beta = (d_{\mathrm{m}} + 0.5A)/d_{\mathrm{m}}$$
$$\beta = (d_{\mathrm{s}} + d_{\mathrm{d}})/d_{\mathrm{s}}$$

式中　　A——风力振幅(mm);

d_m——平均位移值（mm）；

d_s——静态位移（mm）；

d_d——动态位移（mm）。

风振观测应提交的资料

（1）风速、风压、位移的观测位置布置图。

（2）各项观测成果表。

（3）风速、风压、位移及振幅等曲线图。

（4）观测成果分析说明资料。

四、裂缝观测

裂缝是由于构筑物不均匀沉降产生，裂缝观测与沉降观测应同步进行，便于综合分析，及时采取措施，确保构筑物安全。裂缝观测应测定建筑物上的裂缝分布位置，裂缝走向、长度、宽度及其变化程度。观测数量视需要而定，主要的或变化大的裂缝应进行观测。

裂缝观测的周期应视其裂缝变化速度而定。通常开始可半月测一次，以后一月左右测一次。当发现裂缝加大时，应增加观测次数，直至几天或逐日一次的连续观测。

（一）裂缝观测布设

对需要观测的裂缝应统一进行编号。每条裂缝至少应布设两组观测标志，一组在裂缝最宽处，另一组在裂缝末端。每组标志由裂缝两侧各一个标志组成。

裂缝观测标志应具有可供量测的明晰端面或中心。观测期较长时，可采用镶嵌或埋入墙面的金属标志、金属杆标志或楔形板标志；观测期较短或要求不高时可采用油漆平行线标志或用建筑胶粘贴的金属片标志。要求较高、需要测出裂缝纵横向变化值时，可采用坐标方格网板标志。使用专用仪器设备观测的标志，可按具体要求另行设计。

特别提示

不同情况下的观测方法

对于数量不多，易于量测的裂缝，可视标志形式不同，用比例尺、小钢尺或游标卡尺等工具定期量出标志间距离求得裂缝变位值，或用方格网板定期读取"坐标差"计算裂缝变化值；对于较大面积且不便于人工量测的众多裂缝宜采用近景摄影测量方法；当需连续监测裂缝变化时，还可采用测缝计或传感器自动测记方法观测。

(二)裂缝观测方法

1. 近景摄影测量法

较大面积且不便于人工量测的众多裂缝，用近景摄影测量方法。需连续监测裂缝变化时，裂缝宽度数据应量取至 0.1mm，每次观测应绘出裂缝的位置、形态和尺寸，注明日期，附必要的照片资料。

2. 直接观测法

直接观测是将裂缝进行编号并画出测读位置，通过裂缝观测仪进行宽度测读，该仪器肉眼观测的精度为 0.1mm，在无裂缝观测仪的情况下也可以简单地对照裂缝宽度板大致确定所观测裂缝的宽度。

3. 间接观测法

间接观测是一种定性化观察方法，对于确定裂缝是否继续开展很有作用，其中有石膏标志方法和薄铁片标志方法。

石膏标志方法是将石膏涂在裂缝上，长约 250mm，宽 50～80mm，厚约 10mm。石膏干后，用色漆在其上标明日期和编号。

薄铁片标志方法如图 14-11 所示，采用两片厚约 0.5mm 的铁片，首先将一方形铁片固定在裂缝的一侧，使其边缘与裂缝边缘对齐。然后将另一矩形铁片一端固定在裂缝的另一侧，另一侧压在方形铁片上约 75mm。将两片铁片全部涂上红漆，然后在其上写明设置日期和编号。

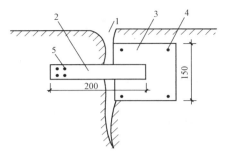

图 14-11　裂缝观测

建筑物裂缝观测应提交的资料

(1)裂缝分布位置图。

(2)裂缝观测成果表。

(3)观测成果分析说明资料。

(4)当建筑物裂缝和基础沉降同时观测时,可选择典型剖面绘制两者的关系曲线。

思考与练习

一、单项选择题

1. 建筑物的(　　)观测,是测定建筑物或其基础的高程随着时间的推移所产生的变化。

   A. 平面　　　　　B. 水平　　　　　C. 倾斜　　　　　D. 沉降

2. 沉降观测水准点的数目应尽量不少于(　　)个。

   A. 1　　　　　　B. 2　　　　　　C. 3　　　　　　D. 4

3. 沉降曲线包括(　　)和时间与荷载关系曲线。

   A. 沉降量与荷载关系曲线

   B. 沉降量与速度关系曲线

   C. 时间与沉降量关系曲线

   D. 沉降量与荷载关系曲线

4. 下列不属于建筑水平位移观测的方法有( )。

    A. 视准线法   B. 激光准直法

    C. 测边角法   D. 轴线引侧法

5. 基坑垂直位移监测可采用( )等。

    A. 极坐标法

    B. 水准测量方法

    C. 交会法

    D. 电磁波测距三角高程测量方法

二、简答题

1. 如何进行建筑场地沉降点位的选择?

2. 建筑水平位移观测常用的方法有哪几种?

3. 日照变形观测工作结束后,应提交哪些成果资料?

4. 如何进行动态变形测量方法的选择?

5. 简述裂缝观测常用的方法。

附录 《建筑测量员专业与实操》模拟试卷

模拟试卷(一)

一、单项选择题

1. 为了测量工作计算的便利,通常选用非常近似于大地体,可以用数学公式表示的几何形体代替地球总的形状,这个形体是( )。

A. 圆形　　　　B. 椭圆形　　　　C. 圆球体　　　　D. 椭球体

2. 在三面正投影图展开过程中,必须注意物体投影的"三等关系",即长对正、高平齐、( )。

A. 宽对高　　　　B. 宽相等　　　　C. 宽平齐　　　　D. 宽等高

3. 在水准测量一个测站上,已知后视点 A 的高程为 756.458,测得后视点 A 的读数为 1.320,则可求得该测站仪器的视线高为( )。

A. 755.138　　B. −755.138　　C. 757.778　　D. −757.778

4. 水准器的分划值愈小,其灵敏度愈( )。

A. 小　　　　B. 大　　　　C. 低　　　　D. 高

5. 在水准测量中,起传递高程作用的点称为( )。

A. 水准点　　　B. 前视点　　　C. 后视点　　　D. 转点

6. 用普通水准仪进行观测时,通过转动( )使符合水准气泡居中。

A. 调焦螺旋　　B. 脚螺旋　　　C. 微动螺旋　　　D. 微倾螺旋

7. 在比例尺为 1∶1000 的地形图上量得两点的图上距离为 35mm,则这两点的实际水平距离是( )m。

    A. 35000m   B. 3500m   C. 350m   D. 35m

8. DS_1 水准仪的观测精度要（　　　）DS_3 水准仪。

    A. 高于   B. 低于   C. 接近于   D. 等于

9. 地形图的比例尺用分子为 1 的分数形式表示时，（　　　）。

    A. 分母大，比例尺大，表示地形详细

    B. 分母大，比例尺小，表示地形详细

    C. 分母小，比例尺小，表示地形概略

    D. 分母小，比例尺大，表示地形详细

10. 转动目镜对光螺旋的目的是使（　　　）十分清晰。

    A. 物像   B. 十字丝分划板

    C. 对焦   D. 物像与对焦

11. 竖角亦称倾角，是指在同一垂直面内倾斜视线与水平线之间的夹角，其角值范围为（　　　）。

    A. $0°\sim360°$ B. $0°\sim\pm180°$ C. $0°\sim\pm90°$ D. $0°\sim90°$

12. 在测量学科中，水平角的角值范围是（　　　）。

    A. $0°\sim360°$ B. $0°\sim\pm180°$ C. $0°\sim\pm90°$ D. $0°\sim90°$

13. 过地面上某点的真子午线方向与磁子午线方向常不重合，两者之间的夹角，称为（　　　）。

    A. 真磁角   B. 真偏角

    C. 磁偏角   D. 子午线偏角

14. 工业厂房一般应建立（　　　），作为厂房施工测设的依据。

    A. 导线网   B. 建筑基线

    C. 建筑方格网   D. 厂房矩形控制网

15. 下列不属于裂缝观测的方法有（　　　）。

    A. 近景摄影测量法   B. 直接观测法

    C. 间接观测法   D. GPS 动态分侧法

16. 普通水准测量中，在水准尺上每个读数应读（　　　）位数。

    A. 5   B. 3   C. 2   D. 4

17. 在水准测量中，若后视点 A 的读数大，前视点 B 的读数小，则有（　　　）。

A. A 点比 B 点低

B. A 点比 B 点高

C. A 点与 B 点可能同高

D. A、B 点的高低取决于仪器高度

18. 四等水准采用中丝读数法,每站观测顺序为(　　)。

    A. 后—前—后—前 　　　　　B. 前—前—后—后

    C. 后—后—前—前 　　　　　D. 前—后—后—前

19. 测量精度的高低是由(　　)的大小来衡量。

    A. 中误差 　　B. 闭合差 　　　C. 改正数 　　　D. 观测数

二、多项选择题

1. 新中国成立后,我国采用的主要高程系统为(　　)。

    A. 1954 年北京高程 　　　　　B. 1956 年黄海高程系统

    C. 1980 年西安高程系统 　　　　D. 1985 年国家高程基准

    E. 1985 广州高程系统

2. 在普通水准测量中,高程的计算方法有(　　)。

    A. 水准面法 　　B. 水平面法 　　C. 视线高法 　　D. 高差法

    E. 几同法

3. 经纬仪轴线间应满足的几何条件有(　　)。

    A. 照准部水准管轴应垂直于仪器竖轴

    B. 望远镜视准轴应垂直于仪器横轴

    C. 仪器横轴应垂直于仪器竖轴

    D. 十字丝横丝应该垂直于视准轴

    E. 照准部旋转轴应垂直于仪器竖轴

4. 用钢尺量距时,其误差主要来源于(　　)。

    A. 定线误差 　　B. 温度误差 　　C. 尺长误差 　　D. 角度误差

    E. 距离误差

5. 按测量高差原理和所有仪器不同,常用的高程测量方法(　　)。

    A. 视距高程测量 　　　　　　B. 几何水准测量

    C. 三角高程测量 　　　　　　D. 光电高程测量

    E. 水平高程测量

三、填空题

1. 测回法是测量水平角的基本方法,常用来观测_____目标之间的单一角水平角度。

2. 方向观测法,适用于在一个测站上观测_____方向间的角度。

3. 用方向观测法进行角度观测时,所选定的起始方向称为_____。

4. 尺长误差是因钢尺的名义长度和_____不相等产生的误差。

5. 从直线起点处的标准方向北端起,到直线的水平夹角,称为直线的_____。

6. 研究测量误差的目的之一,是对观测值的_____做出科学的评定。

7 在地形图上表示地物类别、形状、大小及位置的符号,称为_____。

8. 沿着一个方向延伸的高地称为山脊,山脊上最高点的连线称为_____或_____。

9. 由正方形或矩形组成的施工平面控制网,称为_____,或称为_____。

10. 常用的裂缝观测方法有_____、_____及_____三种。

四、判断题

1. 在地球表面,水准面有无数个,通过平均海水面高度的那个水准面,称为大地水准面。（　　　）

2. 在测量学中,把大地水准面所包围的形体称为地球椭球体。（　　　）

3. 大地水准面是国家统一的高程起算面(高程基准面)。（　　　）

4. 管水准器的玻璃管内壁为圆弧,圆弧的中心点称为水准管的零点。通过零点与圆弧相切的切线称为水准管轴。（　　　）

5. 水准器的分划值越小,其灵敏度越高,用来整平仪器的精度也

越高。（　　　）

6. 当观测者的眼睛在测绘仪器的目镜处晃动时，若发现十字丝与目标影像相对移动，这种现象称为视差。（　　　）

7. 钢尺上所标注的长度，称为钢尺的实际长度。（　　　）

8. 当量距精度要求较高时，应采用测量仪器进行定线。（　　　）

9. 绝对值相等的正误差与负误差出现的机会不相同。（　　　）

10. 用导线测量的方法建立的控制点，叫导线点。（　　　）

11. 图上线段长度与它所对应的地面线段长度之比，叫作比例尺的精度。（　　　）

12. 地形图上 0.1mm 所代表的实际水平距离，叫作地形图的比例尺。（　　　）

13. 地面上高程相等的相邻点所连成的闭合曲线，称为等高距。（　　　）

14. 根据直线始点的坐标、直线的水平距离及其方位角计算直线终点的坐标，称为坐标反算。（　　　）

五、名词解释

1. 地貌

2. 高程测量

3. 直线定向

4. 视差

5. 水平角

六、简答题

1. 建筑工程测量的主要任务是什么？

2. 民用建筑主要由哪几部分组成？

3. 经纬仪安置包括哪两个内容？目的何在？

4. 产生视差的原因是什么？视差应如何消除？

5. 直线定向与直线定线有何区别？

七、计算题

1. 已知 A、B 两点的高程分别为：$H_A = 1546.520$，$H_B = 1508.265$，求 A、B 两点的高差 h_{AB}。

2. 对图 1 所示的一段等外支水准路线进行往返观测,路线长为 1.2km,已知水准点为 BM_8,待测点为 P。已知点的高程和往返测量的高差数值标于图中,试检核测量成果是否满足精度要求? 如果满足,请计算出 P 点高程。

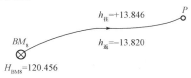

图 1

模拟试卷(二)

一、单项选择题

1. 下列四种比例尺地形图,比例尺最大的是(   )。

    A. 1∶5000   B. 1∶2000   C. 1∶1000   D. 1∶500

2. 高差与水平距离之(   )为坡度。

    A. 差   B. 和   C. 比   D. 积

3. 1∶2000 地形图的比例尺精度是(   )。

    A. 0.2cm   B. 2cm   C. 0.2m   D. 2m

4. 在比例尺为 1∶500 的地形图上的两点间的图上距离为 36m, 则这两点的实际水平距离是(   )。

    A. 18000m   B. 1800m   C. 180m   D. 18m

5. 已知 M、N 两点间的高差为 2m,两点的实际水平距离为 400m,则 M、N 两点间的坡度为(   )。

    A. 5%   B. 5‰   C. 50%   D. 50‰

6. 山脊线也称为(   )。

    A. 示坡线   B. 集水线   C. 山谷线   D. 分水线

7. 已知 A、B 两点间的高差为 -2m,两点间的水平距离为 20m,则 A、B 两点间的坡度为(   )。

    A. -10% B. 10% C. 1% D. -1%

8. 管道中线测量的任务,是将设计的管道(   )位置测设于地面上,作为管道施工的依据。

    A. 纵断面   B. 坡度线   C. 转向角   D. 中心线

9. 管道中心测量的主要内容有管道转向角测量,(   )及里程桩测设等工作。

    A. 主点桩   B. 纵断面   C. 坡度线   D. 中心线

10. 沉降曲线包括时间与沉降量关系曲线和(   )。

    A. 沉降量与荷载关系曲线

    B. 沉降量与速度关系曲线

C. 时间与荷载关系曲线

D. 沉降量与荷载关系曲线

11. 在距离丈量中衡量精度的方法是用（　　　）。

    A. 往返较差　　　　　　　　　　B. 相对误差

    C. 闭合差　　　　　　　　　　　D. 绝对误差

12. 水准测量中，同一测站，当后尺读数大于前尺读数时说明后尺点（　　　）。

    A. 高于前尺点　　　　　　　　　B. 低于前尺点

    C. 高于测站点　　　　　　　　　D. 低于测站点

13. 在水准测量中设 A 为后视点，B 为前视点，并测得后视点读数为 1.120m，前视读数为 1.420m，则 B 点比 A 点（　　　）

    A. 高　　　　　B. 低　　　　　C. 等高　　　　　D. 等差

14. 圆水准器轴与管水准器轴的几何关系为（　　　）。

    A. 互相垂直　　　B. 互相平行　　　C. 相交　　　D. 斜交

15. 用回测法观测水平角，测完上半测回后，发现水准管气泡偏离 2 格多，在此情况下应（　　　）。

    A. 继续观测下半测回　　　　　　B. 整平后观测下半测回

    C. 整平　　　　　　　　　　　　D. 整平后后全部重测

16. 衡量一组观测值的精度的指标是（　　　）

    A. 中误差　　　　　　　　　　　B. 允许误差

    C. 算术平均值中误差　　　　　　D. 相对误差

17. 尺长误差和温度误差属（　　　）

    A. 偶然误差　　　　　　　　　　B. 系统误差

    C. 中误差　　　　　　　　　　　D. 允许误差

18. 导线的布置形式有（　　　）

    A. 一级导线、二级导线、图根导线

    B. 单向导线、往返导线、多边形导线

    C. 闭合导线、附和导线、支导线

    D. 三角形、导线测量

19. 等高距是两相邻等高线之间的（　　　）。

A. 高程之差　　B. 平距　　　　C. 间距　　　　D. 步距

20. 一组闭合的等高线是山丘还是盆地,可根据(　　)来判断。

A. 助曲线　　　　　　　　B. 首曲线

C. 高程　　　　　　　　　D. 高程注记

21. 地形测量中,若比例尺精度为 b,测图比例尺为 M,则比例尺精度与测图比例尺大小的关系为(　　)

A.b 与 M 无关　　　　　　B.b 与 M 成正比

C.b 与 M 成反比　　　　　D.b 与 M 成级数

22. 在地形图上表示的方法是用(　　)

A. 比例符号、非比例符号

B. 线形符号和地物注记

C. 地物符号和地貌符号

D. 计曲线、首曲线、间曲线、助曲线

23. 测图前的准备工作主要有(　　)。

A. 图纸准备、方格网绘制、控制点展绘

B. 组织领导、场地划分

C. 后勤供应

D. 资料、仪器工具、文具用品的准备

24. 在多层建筑墙身砌筑过程中,为了保证建筑物轴线位置正确,可用吊锤球或(　　)将轴线投测到各层楼板边缘或柱顶上。

A. 经纬仪　　B. 水准仪　　　C. 目测　　　　D. 水平尺

25. 在高层建筑施工过程中,建筑物轴线的竖向投测,主要有外控法和内控法。内控法有吊线坠法和(　　),通过预留孔进行轴线投测。

A. 目测法　　　　　　　　B. 激光铅垂仪法

C. 水准仪　　　　　　　　D. 经纬仪

二、多项选择题

1. 在普通水准测量一个测站上,不属于所读的数据有(　　)。

A. 前视读数　　　　　　　B. 后视读数

C. 上视读数　　　　　　　D. 下视读数

E. 测量读数

2. 普通微倾式水准仪上装置的水准器通常有（　　　）。

  A. 指示水准器   B. 圆水准器

  C. 管水准器   D. 照准部水准器

  E. 长水准器

3. 普通微倾式水准仪的基本操作程序包括安置仪器、粗略整平和（　　　）。

  A. 读数   B. 对中

  C. 照准目标   D. 精确整平

  E. 调焦

4. 经纬仪的技术操作包括仪器安置、（　　　）读数等工作。

  A. 对中   B. 整平   C. 精平   D. 照准

  E. 测设

三、填空题

1. 在无数多个水准面中，其中一个与平均海水面相吻合的水准面，称为_____。

2. 望远镜中十字丝的作用是提供照准目标的标准。在十字丝中丝上、下对称的两根短横丝，是用来测量距离的，称为_____。

3. 水平角用于确定地面点位_____的。

4. 水准管上2mm圆弧所对的圆心角，称为_____，用字母表示。

5. 用水准测量的方法测定的_____，称为水准点，一般缩写为_____。

6. 在面积小于$15km^2$范围内建立的控制网，称为_____。

7. 供地形测图使用的控制点，称为_____控制点，简称_____。

8. 建筑方格网的主轴线，应布设在建筑区的中部，与主要建筑物轴线_____。

9. 建筑施工场地的高程控制网，一般采用_____方法建立。

10. 大比例尺地形图中常用_____表示地貌。

四、判断题

1. 在水准测量中,利用高差法进行计算时,两点的高差等于前视读数减后视读数。( )

2. 在水准测量中,利用视线高法进行计算时,视线高等于后视读数加上仪器高。( )

3. 测绘仪器的望远镜中都有视准轴,视准轴是十字丝交点与目镜光心的连线。( )

4. 水准器内壁 2mm 弧长所对应的圆心角,称水准器的分划值。( )

5. 进行水准测量时,每测站尽可能使前后视距离相等,可以消除或减弱视差对测量结果的影响。( )

6. 经纬仪对中的目的,是使仪器中心(即水平度盘中心)位于同一条铅垂线上。( )

7. 经纬仪整平的目的,是使仪器竖轴竖直,使水平度盘处于水平位置。( )

8. 绝对值大的误差比绝对值小的误差出现的机会多。( )

9. 在一定的观测条件下,偶然误差不会超过一定的限值。( )

10. 为测量地形图所建立的控制点,称为施工控制点。( )

11. 三角高程测量是根据两点间的水平距离(或倾斜距离)与竖直角计算两点间的高差,再计算出所求点的高程。( )

12. 相邻两条等高线之间的水平距离,称为等高距。( )

13. 同一条等高线上,各点的高程不一定相等。( )

14. 房屋基础墙是指±0.000m 以下的砖墙,它的高度常用基础皮数杆进行控制。( )

15. 在工业建筑施工测量中,柱子安装测量的目的是使柱子位置正确、柱身铅垂及牛腿面高程符合设计要求。( )

五、名词解释

1. 等高距

2. 相对误差

3. 磁子午线方向

4. 系统误差

5. 坐标正算

六、简答题

1. 建筑物产生倾斜观测的主要原因有哪些?

2. 降观测水准点布设应考虑的因素有哪些?

3. 确定工业厂房主轴线点及矩形控制网位置的注意事项有哪些?

4. 高层建筑如何进行高程传递?

5. 简述运用钢尺测设法进行距离测设的步骤。

七、计算题

已知 A、B 两点的精确高程分别为:$H_A = 644.286m$,$H_B = 644.175m$。水准仪安置在 A 点附近,测得 A 尺上读数 $a = 1.466m$,B 尺上读数 $b = 1.545m$。问这架仪器的水准管轴是否平行于视准轴?若不平行,应如何进行校正?

参考文献

［1］国家标准.GB 50026—2007 工程测量规范［S］.北京:中国计划出版社,2007.

［2］孔德志.工程测量［M］.郑州:黄河水利出版社,2005.

［3］赵玉肖,布亚芳.工程测量［M］.北京:北京理工大学出版社,2012.

［4］田文,唐杰军.工程测量技术［M］.北京:人民交通出版社,2011.

［5］李生平.建筑工程测量［M］.北京:高等教育出版社,2002.

［6］杨松林.测量学［M］.北京:中国铁道出版社,2006.

［7］赵景利,杨凤华.建筑工程测量［M］.北京:北京大学出版社,2010.

［8］凌支援.建筑施工测量［M］.北京:高等教育出版社,2009.

［9］王勇智.GPS 测量技术［M］.北京:中国电力出版社,2007.

［10］李天和.工程测量［M］.郑州:黄河水利出版社,2006.

中国建材工业出版社
China Building Materials Press

我们提供 |||

图书出版、图书广告宣传、企业/个人定向出版、设计业务、企业内刊等外包、代选代购图书、团体用书、会议、培训，其他深度合作等优质高效服务。

编辑部 ||| **宣传推广** ||| **出版咨询** ||| **图书销售** ||| **设计业务** |||

010-68343948   010-68361706   010-68343948   010-88386906   010-68361706

邮箱：jccbs-zbs@163.com   网址：www.jccbs.com.cn

发展出版传媒　　服务经济建设
传播科技进步　　满足社会需求